원리와 실습

C언어 프로그래밍

학습자가 원하는 수준의 C언어 습득을 위해
최대한의 목적 달성을 위한 C언어의 **핵심적인 개념**과 **다양한 문제들**을 제시하여
스스로 학습을 통해 실력 향상을 할 수 있도록 구성하였다.

이춘수 · 홍성일 · 류근택 공저

preface 머리말

컴퓨터의 활용은 소프트웨어를 얼마나 잘 사용하는가에 달려있다. 잘 만들어진 소프트웨어를 보면 나도 한번쯤 이런 소프트웨어를 개발해 봤으면 하는 바람이 생길 것이다. 좋은 소프트웨어의 개발을 위해서는 먼저 프로그램 언어에 대한 지식이 필요하며, 더불어 컴퓨터를 사용한 문제 해결 방법과 그 방법을 프로그램으로 작성할 수 있는 기술이 요구된다.

초기의 프로그래밍 언어와 현재의 고급 프로그래밍 언어에는 수많은 변화가 있어왔다. 이러한 고급 언어들 중에서 C 언어는 다른 언어가 가지지 못한 많은 장점을 가지고 있으며, C 언어로 작성된 대부분의 프로그램들은 어떤 특정 하드웨어와 무관하게 거의 모든 컴퓨터 기종에서 사용될 수 있다. 또한 C 언어는 이식성, 호환성, 유연성이 다른 언어에 비해 월등히 우수하여 시스템 프로그램, 네트워크 프로그램, 데이터베이스 프로그램 그리고 수치 해석 등 모든 분야에 걸쳐 광범위하게 사용될 수 있다. 따라서 이러한 C 언어는 대학 교육 및 연구를 위해 반드시 알아야 할 필수적인 언어이며, C++과 같은 상위 언어를 습득하기 위한 기초가 된다.

이 책은 대학생들을 위한 강의 교재뿐만 아니라, 학원, 연구소 등에서 C를 이용한 프로그래밍 연습이 용이하도록 내용이 구성되어 있다. C 언어에 대한 핵심적인 개념을 풍부한 예제와 설명을 통해 자세하게 다루고 있으며, 다양한 문제들을 제시하여 스스로 학습을 통한 실력 향상을 할 수 있도록 구성되어 있다.

C 언어는 최소 반 년 동안 C 언어의 개념과 본질에 대하여 배워야 하고, 최소 2-3년은 실무를 통한 프로젝트를 수행해야 C 언어의 진정한 맛을 조금 볼 수 있다. 이 과정 중 어떤 부분이 어렵고 이해가 되지 않는다고 포기하지 말고, 느긋한 마음으로 조금씩 내용을 학습하다 보면 C 언어가 얼마나 간결하고 명료한지 느끼게 될 것이다. 그리고 그 과정을 지나면 복잡해 보이던 다른 프로그램 언어가 너무나 쉽고 그 원리와 이해가 바로 되는 순간이 올 것이다. 비록 이 책이 이러한 과정을 단축시켜 주지는 못하지만, 학습자가 원하는 수준의 C 언어 습득을 위해 최대한의 목적을 달성할 수 있도록 바른길을 안내하고자 한다.

수많은 C 언어 관련 서적이 출판된 현실에서 프로그램 언어, 특히 C 언어를 처음 접하는 학습자에게 이 책이 효과적으로 활용될 수 있기를 바라며, 이 책이 출판되기까지 도와주신 출판사 관계자 여러분께 깊은 감사를 드린다.

저자 일동

contents | 목 차

Chapter 05 자료의 표현과 자료형 변환

Chapter 06 배열과 문자열

contents 목차

Chapter 01

C프로그램의 시작

⟳ 이 장에서는 C 언어의 역사적 배경과 특징 그리고 프로그램을 작성하고 실행하는 과
정에 대하여 살펴본다. 이를 위해 C 언어의 역사를 간략히 소개하고, C로 작성된 프
로그램의 기본 구조와 구성 요소를 학습할 것이다. 이 장을 통해 C 라는 프로그램이
어떠한 구조로 되어 있고, 어떻게 수행되는지 그리고 프로그램 작성에 필요한 여러
가지 용어들을 이해하도록 하자.

1.1　C 언어의 역사와 특징

　C 언어는 1972년 벨 연구소(Bell Lab.)에서 Dennis Ritchie와 Ken Thompson
에 의해 UNIX 운영체제(operating system)를 개발하기 위한 특별한 목적으로
개발되었다. C 언어가 제공하는 뛰어난 기능과 융통성 때문에 오래지 않아 벨 연구소 뿐만
아니라 다른 여러 곳으로 빠르게 보급되었으며, 많은 프로그래머들이 프로그램 작성을
위해 C 언어를 사용하기 시작했다.

　그러나 서로 다른 곳에서 C 언어를 사용하는 프로그래머들은 C 언어를 약간씩 수정
하여 각자 자신만의 독특한 환경을 구성하기 시작했고, 결과적으로 C 언어로 작성된 프
로그램들 간에는 미묘한 차이가 생기게 되었으며, 그로 인해 많은 프로그래머들은 다른
곳에서 작성된 프로그램을 정상적으로 실행하기 위해 다시 수정해야 하는 현상이 발생
했다.

　이러한 문제점을 해결하기 위해서 미국의 국가 표준 협회(ANSI : American
National Standard Institute)에서는 C에 대한 표준을 만들기 위해서 1983년 위
원회를 결성했고, 1980년대 말에 ANSI C(ANSI Standard C, C89)라고 알려진 표준
안을 발표했다. C 언어의 명칭은 이전에 사용되던 B 언어를 계승한다는 점에서 'C'라
는 이름을 가지게 되었다.

　C 언어는 다음과 같은 특징을 가지고 있다.

● C 언어는 강력한 기능을 제공하며 융통성을 발휘하는 언어이다.

　C 언어를 사용한 작업의 종류에는 아무런 제한이 없다. C 언어는 운영체제, 문서 작
성기(word processor), 스프레드시트(spreadsheet)와 같은 응용 프로그램을
제작하는 데 사용될 수 있으며, 심지어는 다른 언어의 컴파일러를 개발하기 위해서도
사용될 수 있다.

● **C 언어는 이식성(portability)이 뛰어나다.**

IBM PC와 같은 컴퓨터 시스템에서 작성된 C 프로그램이 DEC VAX와 같은 시스템에서도 거의 수정 없이 컴파일 되고 실행될 수 있다

● **프로그램의 구성 요소가 단순하다.**

C 언어는 키워드(keyword)라는 몇 개의 단어만을 사용하여 프로그램을 구성하는 간편함을 제공한다. C 언어를 사용하여 많은 프로그래밍 작업을 수행함에 따라, 기본적인 키워드만으로도 대부분의 작업을 수행하는 프로그램을 작성할 수 있다.

● **C 언어는 모듈을 기본으로 한다.**

C 언어로 작성되는 프로그램은 **함수**(function)라는 각각의 기능별로 작성될 수 있으며, 작성된 함수들은 다른 응용 프로그램을 작성할 때 재사용될 수 있다.

1.2 프로그램의 작성 과정

C와 같은 고급 언어로 작성된 프로그램은 컴퓨터가 이해할 수 있는 **기계어**(machine language)로 변환해 주어야 하는데 이 과정을 **컴파일**(compile)이라 하고, **컴파일러**(compiler)라는 프로그램에 의해 수행된다. 컴파일에 의해 생성된 기계어 코드는 컴퓨터에서 수행할 수 있는 **실행 파일**(exe 파일)이 아니라 단순히 소스 코드를 기계어로 변환한 **목적 파일**(object file)이라 부르며 **.obj** 또는 **.o**의 파일 확장자를 가진다.

컴퓨터에서 수행 가능한 실행 파일은 컴파일 과정 다음의 **링크**(link) 과정을 거쳐야 생성된다. 링크는 실행 파일로 만드는데 필요한 기능들을 목적 파일에 연결시킨다는 의미이며, **링커**(linker)에 의해 수행된다. 보통 컴파일과 링크 과정을 합쳐 컴파일 과정이라 부르기도 한다.

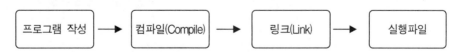

프로그램의 작성과 컴파일 방법은 사용하는 컴파일러와 운영체제에 따라 달라진다. 일반적인 Windows 운영체제에서 사용할 수 있는 컴파일러로 대표적인 것이 Borland사의 TURBO C/C++과 Microsoft사의 Visual C++(이하 VC++) 컴파일러가 있다. 이들

컴파일러들은 프로그램 안에서 프로그램의 작성과 편집, 컴파일, 실행 등이 모두 가능하도록 만들어져 사용자가 손쉽게 프로그램을 작성할 수 있는 **통합 개발 환경**(IDE : Integrated Development Environments)을 제공한다.

현재 사용할 수 있는 대부분의 C++ 컴파일러는 C 언어로 작성된 소스 코드도 컴파일할 수 있다. 따라서 C 언어로 작성된 소스 코드를 C++ 컴파일러를 사용하여 컴파일 하더라도 아무런 문제없이 동작한다. 다만 C++ 컴파일러를 사용하여 C 프로그램을 컴파일 할 경우, 소스 파일의 확장자를 반드시 **.c**로 사용해야 한다. 만일 C++ 프로그램의 확장자인 **.cpp**를 사용할 경우 C++ 언어의 문법과 규칙을 적용받게 되므로 몇 가지 경우에서 오류가 발생할 수도 있다. C 언어가 C++언어의 기초가 되기는 하지만, 모든 C 프로그램이 C++ 프로그램이 될 수는 없다.

1.2.1 Microsoft VC++를 이용한 C 프로그램의 컴파일

VC++는 C, C++ 언어를 사용하여 응용 프로그램을 개발할 수 있는 도구로서 Windows 환경에서 사용된다. 먼저, Windows의 프로그램 메뉴에서 VC++를 실행한다.

C 프로그램을 작성하기 위해서 먼저 새로운 프로젝트를 생성한다. VC++의 메뉴에서 File을 클릭하여 ①**New**를 선택한다.

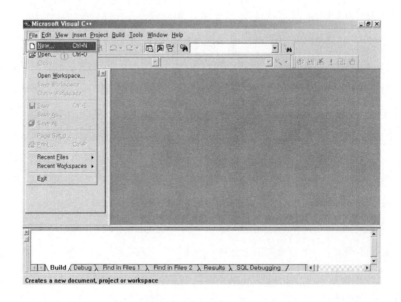

프로젝트를 준비하기 위해 **New** 대화상자의 ①**Project** 탭을 선택하고 ②**Win32 Console Application**을 지정한다. 그리고 ③**Project name**에는 자신이 만들고 자 하는 프로그램의 이름을 입력하고, ④**Location**에는 저장하고자 하는 위치를 정한 다. ④의 **...**을 클릭하면 탐색기가 나타나며 프로젝트 폴더를 저장할 위치를 지정할 수 있다.

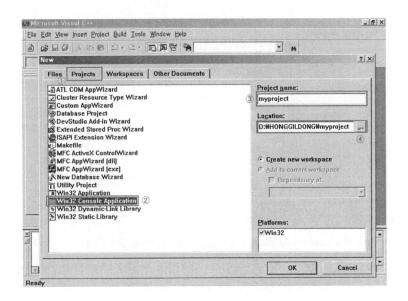

만들어질 **Console Application**의 형태를 지정하기 위해 그림과 같이 ①의 **An empty project**를 선택하고 ②**Finish**를 누른다.

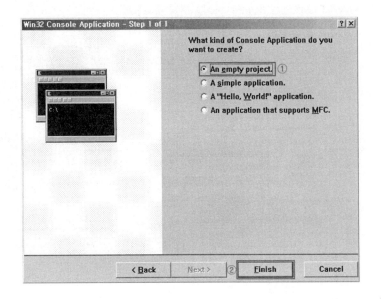

새로 만들어지는 프로젝트에 대한 간략한 설명이 나오며 프로젝트를 시작할 준비가
되었다는 메시지가 나타난다. ①**OK**를 누른다.

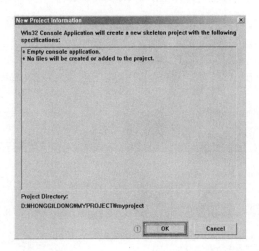

다음에 화면 왼쪽의 ①**FileView** 탭을 선택한다. ②**myproject files**를 확장
시켜 **Source Files, Header Files, Resource Files** 폴더를 나타내게 한 다
음, ③**Source Files**를 오른쪽 마우스 클릭하여 **Add Files to Folder...**를 선
택한다. 화면에 **Insert Files into Project** 대화상자가 나타나며, ④와 같이 작
성할 소스 파일의 이름을 입력한다. 이때 파일 이름 뒤의 확장자는 **.c**로 입력한다. 파
일 이름을 입력하고 ⑤**OK**를 선택한 다음 ⑥**예(Y)**를 선택한다.

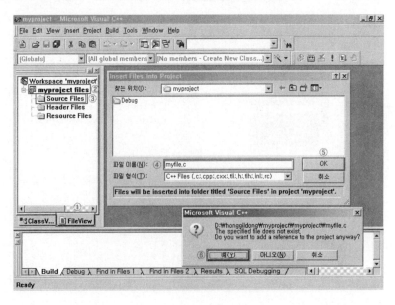

이전의 과정에서 작업한 파일 이름이 ①**Source Files**에 추가되어 있다. ②를 더블 클릭하면 파일을 생성한다는 대화상자가 나타나고, ③**예(Y)**를 선택한다.

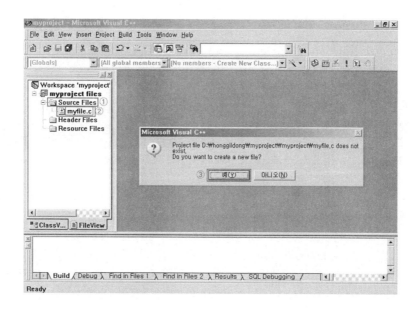

위의 화면 중 ①은 현재 자신이 진행하는 프로젝트의 구성 파일들의 종류가 표시되는 프로젝트 윈도우이고. ②는 파일(소스 코드)의 내용을 입력할 수 있는 에디터 윈도우이다. ③은 자신이 만든 C 파일을 컴파일 또는 링크 과정을 수행할 때 발생하는 오류(error), 컴파일 상태 등이 표시되는 아웃풋(output) 윈도우이다.

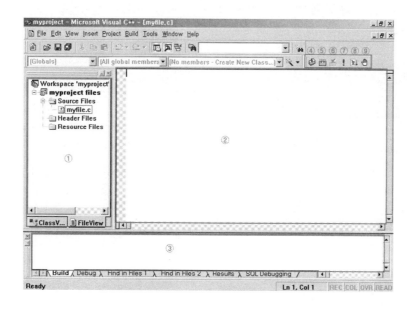

프로그램 작성 시 편리하게 이용할 수 있는 화면 오른쪽 상단의 몇 가지 단축 아이콘에 대한 설명을 아래에 나타내었다.

④ 아이콘은 **Compile**이다. 자신이 만든 C 코드를 목적 파일(object file)로 만든다. 단축키는 **Ctrl+F7**.

⑤ 아이콘은 **Build**이다. 목적 파일을 실행 파일(execute file)로 만든다. 단축키는 **F7**.

⑥ 아이콘은 **Stop Build**이다. ⑤ **Build**시에만 선택가능하며, **Build** 과정을 중지한다. 단축키는 **Ctrl+Break**.

⑦ 아이콘은 **Execute Program**이다. **Build** 과정 후 생성된 실행파일을 실행시킨다. 만일, 작성한 코드가 **Compile**, **Build** 과정을 거치지 않았거나, 프로그램의 내용이 변경된 경우에는 자동으로 **Compile**과 **Build** 과정을 수행한 다음 실행파일을 실행시킨다. 단축키는 **Ctrl+F5**.

⑧ 아이콘은 **Go**다. **Build**로 만들어진 실행 파일을 실행시키는 데, ⑦ 아이콘과 다른 것은 ⑨ **Break Point**와 함께 사용하여 디버깅(Debugging)을 수행할 수 있다. 단축키는 **F5**.

⑨ 아이콘은 **Insert/Remove Break Point**이다. ② 윈도우에서 소스 코드 입력 위치 앞에 **Break Point**를 설정/해제 할 수 있다. **Break Point**는 이 위치까지만 프로그램을 실행하라는 의미로 자신이 만든 C 코드의 디버깅을 위해 사용할 수 있다. ⑧ 아이콘과 함께 사용한다.

1.2.2 **소스 코드의 컴파일과 프로그램 오류 수정**

다음 프로그램을 에디터 윈도우에 입력한 다음, Build 아이콘을 사용하여 컴파일 시켜보자.

예제 1-1

```
#include <stdio.h>
int main(void)
{
    printf("Hello, World!");
    return 0;
}
```

　　프로그램을 컴파일 시키면 VC++ 프로그램 하단 아웃풋 윈도우에 컴파일 정보가 나타난다. 출력된 메시지는 **myproject.c** 소스 코드를 컴파일하여, **myproject.exe** 파일을 성공적으로 생성되었다는 것을 나타낸다. 만약, 컴파일 과정 중 어떤 오류가 발생하면 **0 error(s), 0 warning(s)** 라는 형태의 메시지가 나타나지 않을 것이다. 프로그램의 실행을 위해 Execute Program의 아이콘(!)을 눌러 보자. 아래와 같이 **"Hello, World!"** 라는 문자들이 화면에 출력되었다. 참고로 다음의 **"Press any key to continue"** 라는 문장은 VC++ 상에서 프로그램을 실행 시켰을 때 발생하는 메시지이며, 사용자가 작성한 프로그램과는 관련이 없다.

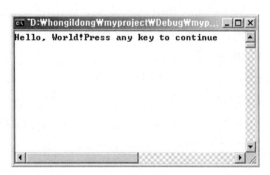

　　다음의 화면은 프로그램에 문법적인 문제가 있을 경우에 나타나는 메시지를 보여준다.

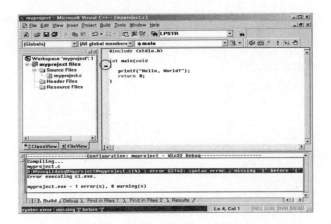

소스 코드에 잘못된 부분이 있으면 컴파일러는 컴파일 과정에서 발견된 문법상의 오류들을 메시지로 출력한다. 출력 메시지는 **myproject.c**를 컴파일하는 과정 중 발생되었으며, 그 내용은 다음과 같다.

> D:\...\myproject.c(4) : error C2143: syntax error : missing ')' before '{'
> ①   ②   ③

먼저 ①은 오류가 발생한 소스 파일의 경로와 오류가 발생한 줄 번호(괄호안)를 나타낸다. 그리고 ②는 발생한 문제가 **"Error"**이며, 해당 오류의 번호를 나타낸다. 때때로 발생한 문제가 문법적으로 문제가 없지만 잘못될 가능성이 있다고 판단되는 문장은 **"error"** 대신에 **"warning"** 메시지를 출력한다. ③은 발생된 오류의 구체적인 정보를 보여주고 있다. 즉, 발생된 오류가 문법 오류(syntax error)이며, 그 내용은 **'{'** 전에 **')'**가 빠져 있다는 내용이다.

대부분의 컴파일러는 소스 코드의 문법을 해석하는 과정에서 잘못된 부분을 자신이 가지고 있는 정보에만 의존하기 때문에, 컴파일러가 출력하는 오류 메시지가 실제 오류의 원인을 정확하게 나타내지 못하는 경우가 많다. 따라서 문법상의 오류 메시지가 나타난 경우 오류로 표시된 줄의 주변을 살펴보아야 한다.

연습문제 1.2

1. 소스 코드를 실행 파일로 변환하기 위해 무엇을 사용하며, 이 과정을 무엇이라 하는가?
2. C 프로그램의 소스 파일 확장자는 무엇인가?
3. 프로그램에서 발생한 오류를 찾아서 수정하는 과정을 무엇이라 하는가?
4. 컴파일 할 때 발생할 수 있는 "warning"이란 무엇인가?

1.3   C 프로그램의 기본 구조

모든 C 프로그램의 기본 구조는 공통적으로 한 개 이상의 **함수**(function)로 구성되고, 각 함수는 내부에 한 개 이상의 **문장**(statement)을 가지고 있다.

함수는 정해진 규칙에 의해 일련의 작업을 수행하는 **부 프로그램**(sub program)이다. 크게 **사용자 정의 함수**(user defined function)와 **라이브러리 함수**(library function)로 나누어지며, 프로그램의 다른 부분에서 **호출**(call)을 통해 실행된다.

문장은 컴퓨터에게 작업 명령을 내리는 기본 단위로서, 프로그램이 수행할 하나의 동작을 나타낸다. C의 모든 문장들은 **세미콜론**(;)으로 종료되고, 세미콜론은 문장의 끝을 나타내는 기호가 된다. 이것은 C가 한 줄의 끝을 문장의 끝으로 판단하지 않으며, 세미콜론이 포함된 여러 개의 문장을 한 줄에 작성해도 된다는 것을 의미한다.

1.3.1   사용자 정의 함수

C의 모든 함수는 아래의 왼쪽 그림과 같이 외부에서 데이터를 입력받을 수도 있고, 함수 내부의 데이터를 외부로 출력할 수도 있다. C에서 사용자 정의 함수는 아래 오른쪽의 형식으로 작성한다.

반환형(return type)은 함수가 외부로 어떤 데이터를 반환(출력)할 때, 그 데이터의 형태가 무엇인지를 나타낸다. 또한 어떤 함수를 호출하여 실행시킬 때, 이 함수에 데이터를 전달(입력)해 줄 수 있다. 이 데이터는 함수 이름 다음의 괄호 ()에 있는 **매개변수 목록**(parameter list)으로 전달된다. **함수이름**(function name)은 이 함수가 사용할 이름을 의미한다.

매개변수 목록에 다음에 중괄호 한 쌍 {} 안에 이 함수가 수행할 문장들을 작성하며, 이 부분을 함수의 **몸체**(body)라 한다. 실제 프로그램의 수행은 함수의 몸체인 중

괄호 시작 **{** 다음에 나타나는 문장부터, 중괄호 닫기 **}** 직전의 문장까지 위에서 아래로 한 문장씩 순차적으로 수행되면서 프로그램이 실행된다.

간단한 예제 프로그램을 통해 사용자 정의 함수의 형식을 이해하자.

> **참고**   C 언어는 대·소문자를 구별하므로, 프로그램 작성시 대소문자를 정확하게 입력해 주어야 한다.

예제 1-2

```
1:  #include <stdio.h>
2:  int main(void)
3:  {
4:      printf("Hello, World!");
5:      return 0;
6:  }
```

※ 위의 프로그램에서 각 문장 앞의 번호와 콜론(:)은 줄 번호를 위한 참고 기호이다.

위의 프로그램을 사용자 정의 함수의 형식과 비교했을 때, 2번째 줄의 **int**는 반환형에 해당되고, **main**은 함수의 이름, 괄호 안의 **void**는 매개변수 목록에 해당된다.

C에서 **int**와 **void**는 데이터의 형태를 나타내는 키워드로 각각 정수(integer)와 "자료형이 정해지지 않음"을 의미한다. 따라서 반환형 자리에 기재된 **int**는 이 함수의 반환(출력) 값이 정수라는 것을 말하며, 매개변수 목록 위치의 **void**는 이 함수로 전달(입력)되는 데이터의 형태가 정해지지 않았음을 나타낸다.

함수의 몸체는 3~6번째 줄이며, 이 몸체 안에는 2개의 문장이 존재한다. 즉, 4, 5번째 줄이 실제 컴퓨터에게 실행시킬 명령에 해당하는 부분이다. 4번째 줄의 문장은 라이브러리 함수인 **printf**를 호출하여 **Hello, World!** 라는 문자들을 화면에 출력시킨다.

5번째 줄의 문장은 이 함수를 호출한 곳으로 0을 반환(출력)하라는 의미이다. 이 문장의 **return** 역시 C에서 어떤 값을 반환(출력)할 때 사용되는 키워드이다. 그리고 더

이상 수행할 문장이 존재하지 않으므로 **main** 함수가 종료된다. **main** 함수의 종료는 프로그램의 종료와 같다.

1.3.2 함수의 이름

사용자 정의 함수의 이름은 프로그래머에 의해서 만들어 지며, 몇 가지 예외적인 경우를 제외하고 어떠한 이름이라도 가질 수 있다. 사용자 정의 함수 이름을 만들 때 사용하는 규칙은 다음과 같다.

- 사용할 수 있는 문자 : A~Z, a~z, 0~9, _ (underscore)
- 숫자가 처음에 올 수 없다
- 대/소문자를 구별한다(case sensitive)
- 예약어(reservation word 또는 keyword)는 사용할 수 없다

1.3.3 프로그램의 시작 위치(entry point)

하나의 프로그램은 여러 개의 함수를 포함할 수 있으나, 하나의 프로그램이 반드시 가지고 있어야 하는 특별한 함수가 있는데, 이 함수를 **main** 함수라 한다. **main** 함수는 프로그램에서 제일 먼저 수행되는 함수이다. 프로그램이 실행되면 **main** 함수의 몸체 **'{'** 다음의 문장부터 **'}'** 이전의 문장들이 차례로 수행된다.

1.3.4 라이브러리 함수

ANSI C 표준에는 C 컴파일러가 기본적으로 제공되어야 하는 다양한 함수를 규정하고 있다. 이러한 함수들을 **표준 라이브러리 함수**라 하고 C 컴파일러와 함께 배포된다. 여기에는 데이터의 입·출력, 수학계산, 스트링 조작, 시간 계산 등 프로그램 작성에 필요한 기본 함수들이 포함되어 있다.

일반적으로 C의 모든 함수들은 프로그램 내의 다른 이름들과 구별하기 위해 함수의 이름 다음에 괄호 한 쌍**()**을 붙여 표기한다. 즉, **main** 함수는 **main()**, **printf** 함수는 **printf()**로 표기한다.

표준 라이브러리 함수

데이터 입출력	수학 계산	스트링 조작	시간 계산	
printf() scanf() getchar() gets() ...	cos() sin() atan() sqrt() ...	strcpy() strlen() strcmp() strcat() ...	asctime() clock() ctime() mktime() ...	...

라이브러리 함수는 사용자 정의 함수와 달리 이미 만들어져 있는 함수이기 때문에, 사용자 정의 함수처럼 함수의 생성 규칙에 따라 함수를 만들 필요가 없다. 단지 프로그램을 작성할 때 필요하다고 생각되는 함수를 규칙에 맞게 호출을 통해 사용하기만 하면 된다.

C에서 함수를 호출할 때는 함수의 이름을 먼저 쓰고, 바로 다음에 함수에 전달할 인수(argument)들을 괄호 ( ) 안에 기재한다. 인수는 함수를 호출할 때 전달(입력)하는 값을 말한다. 인수를 전달할 필요가 없는 함수는 괄호만 사용하며, 인수가 두 개 이상일 경우에는 콤마 ' , '를 사용하여 인수들을 분리한다.

예제 1-2의 4번째 줄에서 라이브러리 함수 **printf()**를 호출하여 사용하고 있다. 이 함수는 데이터를 화면상으로 출력시키고자 할 때 사용한다. **printf()**는 매우 다양한 형식으로 사용할 수 있지만, 가장 간단한 사용 방법은 다음과 같다.

```
printf("출력하고자하는 데이터");
```

위의 형식과 같이 함수의 호출은 하나의 문장이기 때문에 문장 마지막에 세미콜론이 포함되어야 한다. **printf()** 함수는 인수에 해당하는 큰 따옴표 " " 사이의 문자들을 화면에 출력한다. 여기서 큰 따옴표로 표현되는 하나 이상의 문자들의 집합을 **문자열**(string)이라고 부른다.

1.3.5 헤더 파일(header file)

C 언어가 제공하는 라이브러리 함수들을 사용하기 위해서는 사용할 라이브러리 함수가 어떤 **헤더 파일**에 정보가 들어있는 지를 명시해 주어야 한다. 헤더 파일은 확장자가 **.h**로 끝나는 텍스트 파일로서 고정된 이름을 가지고 있다. 예를 들면, 데이터의 입력과 출력에 관계되는 라이브러리 함수들은 **stdio.h**(**St**andard **I**nput **O**utput)에 함수들

의 정보가 포함되어 있으며, 각종 수학 계산과 관련된 라이브러리 함수들은 **math.h**라는 헤더 파일에 정보가 들어 있다.

표준 라이브러리 함수

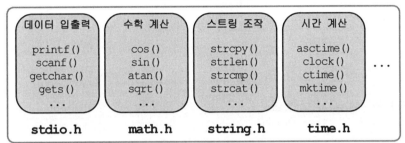

헤더 파일을 프로그램에서 사용한다는 것을 컴파일러에게 알려주기 위해서 **#include**라는 전처리 지시어(preprocessor directive)를 사용한다. C의 전처리 지시어는 항상 **#**으로 시작하며, **#include** 지시어는 프로그램 코드 내의 어느 위치에서도 사용될 수 있으나 일반적으로 프로그램의 시작 부분에 기재한다. **#include** 지시어의 사용법은 다음과 같다.

```
#include <헤더파일이름.h>
```

예제 1-2의 첫 줄 **#include <stdio.h>**가 이 프로그램에서 사용할 헤더 파일을 명시한 부분이다. 헤더 파일의 이름은 대·소문자를 가리지 않기 때문에 어떤 형태를 사용해도 좋으나, 일반적으로 소문자를 이용한다.

#include 지시어를 사용할 때, 코드의 마지막에 세미콜론을 붙이지 않는다. 이것은 **#include** 지시어가 문장이 아니라, C 컴파일러에게 컴파일 할 때 필요한 정보를 제공하기 위해서만 사용되기 때문이다.

연습문제 1.3

1. 함수란 무엇인가?

2. 함수의 종류에는 무엇이 있는가?

3. 함수는 어떻게 실행시킬 수 있는가?

4. 문장이란 무엇이며, 문장의 끝은 어떻게 표현하는가?

5. 사용자 정의 함수의 형식은 무엇인가?

6. 함수의 이름을 만드는 규칙은 무엇인가?

7. 다음 중 함수의 이름으로 사용할 수 있는 것은 무엇인가?
   ① 2ids ② _yes_or_no ③ print*start ④ void ⑤ say-yes ⑥ 3_go
   ⑦ sorry^^;

8. 다음의 주어진 정보를 참고로 하여 사용자 정의 함수를 생성하시오.
   ① 반환형 : **void**, 함수이름 : sum, 매개변수목록 : **void**
   ② 반환형 : **int**, 함수이름 : multi, 매개변수목록 : **void**

9. 하나의 프로그램이 반드시 가져야 하는 함수는 무엇인가?

10. 표준 라이브러리 함수란 무엇인가?

11. C에서 큰 따옴표로 둘러싸인 문자들을 무엇이라 하는가?

12. 함수를 호출하는 방법을 설명하시오.

13. 함수를 호출할 때 전달해 주는 값을 무엇이라 하는가?

14. 다음은 라이브러리 함수의 호출 예를 보여주고 있다. 다음 예에서 인수에 해당하는
    것은 무엇인가?
    ① printf("hello! world");
    ② getche();
    ③ scanf("%d", &i);

15. 헤더 파일이란 무엇인가?

16. 헤더 파일을 어떻게 프로그램에 포함시킬 수 있는가?

Chapter 01
Chapter 02
Chapter 03
Chapter 04
Chapter 05
Chapter 06
Chapter 07

종합문제

1. 다음 프로그램의 출력 결과는 무엇인가?

```
1:  #include <stdio.h>
2:  int main(void)
3:  {
4:      printf("The C Programming Language");
5:      return 0;
6:  }
```

2. 다음 프로그램의 출력 결과는 무엇인가?

```
1:  #include <stdio.h>
2:  int main(void)
3:  {
7:      printf("    ***==> START <==***    ");
4:      printf("안녕하세요?");
5:      printf("저는 홍길동입니다");
8:      printf("    ***==> END <==***    ");
6:      return 0;
7:  }
```

3. 실행 결과와 같이 자신의 이름과 학번을 화면으로 출력하는 프로그램을 작성하시오.

⓵ ••• 실행 결과

학번 : 123456, 이름 : 홍길동

Chapter 02

C프로그램의 개요

이 장에서는 C 언어를 이용한 프로그램 개발에 기본이 되는 변수, 상수, 데이터 입·출력의 기초 그리고 계산을 위한 몇 가지 연산자들에 대하여 살펴본다. 이 내용들은 앞으로 학습하게 될 문법의 이해를 위해서, 반드시 알아두어야 하는 필수적인 내용이다.

2.1 데이터의 저장

컴퓨터는 내부적으로 모든 데이터의 표현과 계산에 0과 1, 즉 2진수를 사용한다. 다음은 프로그램에서 숫자의 표현을 위해 사용되는 2진수와 10진수, 8진수 그리고 16진수의 예를 나타내었다.

표 2-1 : 2진수, 10진수, 16진수의 비교

10진수	2진수	8진수	16진수	10진수	2진수	8진수	16진수
0	0	0	0	9	1001	11	9
1	1	1	1	10	1010	12	A
2	10	2	2	11	1011	13	B
3	11	3	3	12	1100	14	C
4	100	4	4	13	1101	15	D
5	101	5	5	14	1110	16	E
6	110	6	6	15	1111	17	F
7	111	7	7	16	10000	20	10
8	1000	10	8	17	10001	21	11

표에서 8진수와 16진수는 2진수를 좀 더 쉽게 표현하기 위해 사용한다. 큰 숫자를 2진수로만 표현하면 길이가 너무 길어지게 되는데, 이러한 경우 2진수 3개 또는 4개를 하나로 묶어 8진수나 16진수로 표현하면 짧게 표현할 수 있다.

컴퓨터에서 **비트**(bit)는 하나의 2진수를 저장할 수 있다. 비트가 8개 모여서 **바이트**(byte)가 되며, 모든 데이터는 바이트 단위로 메모리에 저장된다. 메모리 내의 비트와 바이트의 구조는 아래 그림과 같다.

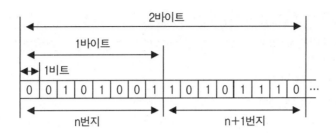

그림과 같이 메모리를 구성하는 비트들은 바이트 단위로 관리되며, 이것을 위해 각 바이트 마다 고유한 **주소(번지)**가 부여된다.

2.2 변수와 상수의 기초

2.2.1 변수

프로그램을 작성할 때 데이터의 저장을 위해 매우 빈번하게 메모리를 사용하게 된다. 만일 프로그래머가 메모리의 주소를 가지고 데이터를 관리한다면, 주소를 표현하기도 어려울 뿐만 아니라, 데이터가 저장된 각 번지를 가지고 프로그래밍 한다는 것은 거의 불가능하다.

따라서 주소를 직접 사용하는 대신, 좀 더 기억하기 쉽고 다루기 편리한 **변수**(variable)라는 것을 사용한다. 변수는 프로그램에서 수시로 변경되는 다양한 형태의 데이터를 저장할 수 있도록 메모리 주소에 별도의 이름을 붙여 놓은 것이다.

● 변수의 선언

C에서는 변수를 사용하기 전에 저장될 데이터의 형태와 어떤 이름을 사용할 것인지를 미리 알려 주어야 한다. 이것을 **변수의 선언**(declaration)이라 하며, 다음 형식을 사용한다.

> 자료형 변수이름;

자료형(data type)은 메모리에 저장될 데이터의 형태를 의미하며, 문자형, 정수형, 실수형이 있다. C에서는 이러한 자료형들을 의미하는 5가지의 키워드를 사용한다.

표 2-2 : 기본 자료형		
자료형(data type)	키워드(keyword)	사용하는 메모리 공간
문자형 데이터	char	8bit(1 byte)
부호 있는 정수형 데이터	int	32bit(4 byte)
부호 있는 실수형 데이터	float	32bit(4 byte)
부호 있는 배정도 실수형 데이터	double	64bit(8 byte)
자료형이 정해지지 않음	void	-

변수 이름은 프로그래머가 직접 작성해야 하며, 그 규칙은 함수의 이름을 만드는 규칙과 동일하다. 변수의 선언은 하나의 문장에 해당하기 때문에 마지막에 세미콜론으로 종료시킨다. 다음은 변수 선언의 예를 보여준다.

예제 2-1

```
1:  #include <stdio.h>
2:  int main(void)
3:  {
4:     int num;
5:     char ch;
6:     float val;
7:     double data;
        :
```

4번째 줄은 정수형 변수 **num**을 선언한 것이다. 5번째 줄은 문자형 변수 **ch**를 선언하였고, 6, 7번째 줄은 실수형 변수 **val**, 배정도 실수형 변수 **data**를 선언한 문장이다.

정수형 변수는 부호 있는 정수 값을 저장하기 위해 사용된다. 32비트 운영체제 기반의 컴파일러에서는 32비트가 할당되고, DOS나 Windows 3.1과 같은 16비트 운영체제 기반의 컴파일러에서는 16비트가 할당된다. 32비트 크기의 정수형 변수에 데이터를 저장할 경우, 저장할 수 있는 데이터의 범위는 -2^{31}~2^{31}-1(-2,147,483,648~2,147,483,647)이다.

문자형 변수는 하나의 문자형 데이터를 저장하기 위해 사용되며, 8비트의 메모리가 할당된다. 컴퓨터에서 문자는 내부적으로 미리 약속된 정수가 사용되는데, 이러한 문자 표현에 대한 약속(표준)을 ASCII(American Standard Code for Information Interchange) 코드라 한다. ASCII 코드는 부록 A와 같이 0~127까지의 128개의 정수로 구성된다. 즉, 대문자 **'A'**가 변수에 저장될 때 **'A'**의 ASCII 코드 값인 정수 65가 실제로 저장된다. 이러한 특징으로 문자형 변수를 정수형 변수로 분류하기도 하며, 실제 -128~127의 작은 범위의 정수를 저장하기 위해 문자형 변수를 사용할 수도

있다.

실수(**float**)형 변수와 배정도(**double**) 실수형 변수는 각각 32비트, 64비트 크기로 할당된다. 배정도(double precision) 실수인 **double**형은 **float**형보다 두 배의 정밀도를 갖는다. 여기서 정밀도는 오차 없이 표현 가능한 소수점 이하의 자릿수를 말한다. **float**형은 소수이하 7자리, **double**형 실수는 15자리까지 오차 없이 표현할 수 있다.

● 값의 저장

변수에 어떤 값을 저장하는 것을 **치환**(assignment)이라 하고, **치환 연산자**(assignment operator)인 **'='**를 이용한다. 변수에 데이터를 저장하는 문장인 **치환문**은 다음과 같은 형식을 사용한다.

> 변수이름 = 값;

치환 연산자는 오른쪽의 값을 왼쪽의 변수에 저장시킨다. 다음 예제를 살펴보자.

예제 2-2

```
1:   #include <stdio.h>
2:   int main(void)
3:   {
4:     int num;
5:     num = 100;
       :
```

5번째 줄은 4번째 줄에서 선언된 정수형 변수 **num**에 100을 치환하는 문장이다. 따라서 **num**에는 정수 100이 저장된다.

2.2.2 상수

앞 예제의 **num = 100;**에서 치환문 오른쪽에 사용된 100을 **상수**(constant)라 한다. 상수는 그 값이 고정되어 변경되지 않는 데이터를 의미하며, 정수형, 문자형, 실수형 상수 등이 있다.

정수형 상수는 **0, 1, -3, 100**등과 같은 숫자를 말한다. 문자형 상수는 **'A'**, **'b'**, **'#'**, **' '**등과 같이 작은따옴표로 묶어 문자를 표현한다. 여기서 **' '**는 공백(space) 문자를 의미한다. 실수형 상수는 **0.3**, **-1.2**, **0.002**등과 같이 소수점을 가지는 숫자이다. 실수형 상수는 **float**형 상수와 **double**형 상수로 구분할 수 있는데, **float**형 상수는 **0.3f**, **-1.2f**, **0.002f**와 같이 상수 끝에 **f** 또는 **F**를 붙여 주어야 한다. 다음 예제를 살펴보자.

예제 2-3

```
1:  #include <stdio.h>
2:  int main(void)
3:  {
4:    int num;
5:    char ch;
6:    float val;
7:    double data;
8:
9:    num = 0;
10:   ch = '0';
11:   val = 0.1f;
12:   data = 0.1;
        :
```

9번째 줄의 변수 **num**에는 정수 0이 치환되지만, 10번째 줄의 변수 **ch**에는 문자 '0', 즉 ASCII 코드값 **48**이 저장된다.

변수의 선언 방법과 값을 치환하는 방법은 다음 예제와 같이 다양한 형식이 존재한다.

예제 2-4

```
1:  #include <stdio.h>
2:  int main(void)
3:  {
4:    int num, sum;
5:    char ch='a';
6:    int c=3, d=4;
7:
8:    num = c;
9:    sum = num + 4;
        :
```

여러 개의 변수가 모두 동일한 자료형이라면, 4번째 줄과 같이 변수들을 콤마(,)로 구분하여 동시에 선언할 수 있다.

```
int num;        ⇔   int num, sum;
int sum;
```

5번째 줄은 변수의 선언과 값의 치환을 동시에 수행하는 문장이며, 다음의 문장 형태와 동일하다.

```
char ch;          ⇔    char ch = 'a';
ch = 'a';
```

8번째 문장은 변수 **num**에 변수 **c**의 값을 치환하며, **num**에는 **3**이 저장된다. 9번째 문장은 변수 **num**의 값과 **4**를 더한 결과를 변수 **sum**에 저장한다.

치환문에서 치환 연산자의 왼쪽에는 변수가 위치하고, 오른쪽에는 **상수**, **변수**, **식** 그리고 **함수**의 형태도 올 수 있다.

2.2.3 선언 위치

변수를 선언하는 위치는 함수의 내부와 외부가 될 수 있다. 함수 내부는 함수 몸체인 중괄호 안쪽을, 외부는 함수 바깥을 의미한다. 다음의 예제를 살펴보자.

예제 2-5

```
1:  #include <stdio.h>
2:  int b;
3:  int main(void)
4:  {
5:      int a, b;
6:      double c, d;
7:              :
8:  }
```

4~8번째 줄이 함수의 내부에 해당하며, 이곳에 선언된 변수들을 **지역 변수**(local variable)라 한다. 변수 **b**와 같이 함수의 외부에 선언된 변수들을 **전역 변수**(global variable)라 한다. 두 변수는 많은 차이점이 존재하는데, 그 중 초기값과 접근 범위가 가장 큰 차이점이다.

표 2-3 : 지역 변수와 전역 변수

차이점	초기값	접근범위
지역 변수	임의의 값 (쓰레기 값)으로 초기화	함수 내부에서만 접근 가능
전역 변수	0	프로그램 전체에서 접근 가능

지역 변수의 선언문은 반드시 함수 몸체의 시작 부분에 위치해야 한다. 따라서 다음 프로그램과 같이 어떤 실행문 다음에 변수 선언문이 존재하면 문법 오류가 된다.

예제 2-6

```
1:  #include <stdio.h>
2:  int main(void)
3:  {
4:     int a;
5:
6:     a=3;
7:     double c;
         :
```

연습문제 2.2

1. 다음 중 변수의 이름으로 사용될 수 없는 것은 무엇인가?

   ① num-1 ② 3miles ③ lost+found ④ int_3 ⑤ float_실수

2. 다음의 변수 선언문을 간략하게 수정하시오.

   ```
   int a;
   int b=4;
   int c=5;
   double f=0.5;
   double d;
   ```

3. 다음에서 상수의 표현은 올바른가? 올바르다면 그 자료형은 무엇인가?

   ① 0.0 ② ' ' ③ '$' ④ 3.14 ⑤ 'num' ⑥ 3.14F ⑦ 1000

   ⑧ -20.3 ⑨ '100'

4. 다음 물음에 답하시오.

   ① 문자를 저장하기 위한 변수 alpha를 선언하고, 문자 0을 저장하시오.

   ② 배정도 실수를 저장하기 위한 변수 beta를 선언하고, 2.414를 저장하시오.

5. 지역 변수와 전역 변수의 차이점은 무엇인가? 그리고 지역 변수의 선언 위치는 어디인가?

2.3 데이터의 출력

화면에 데이터를 출력하기 위해 사용하는 라이브러리 함수 **printf()** 는 그 사용법이 매우 다양하며, 문자열 이외에도 변수나 상수의 출력을 위해 사용할 수 있다. 다음의 예제를 살펴보자.

예제 2-7

```
1: #include <stdio.h>
2: int main(void)
3: {
4:    printf("Hello, World! \n");
5:    printf("결과 : %d", 100);
6:    return 0;
7: }
```

!··· 실행 결과

```
Hello, World!
결과 : 100
```

4번째 줄은 **printf()** 가 문자열 **"Hello! Word! \n"** 라는 하나의 인수를 전달한다. 출력 결과는 화면에 **"Hello! Word!"** 를 출력하고, 그 다음 줄로 줄 바꿈이 발생한다. 문자열 끝에 포함된 **'\n'** 은 **개행**(new line)을 의미하는 특수한 문자이다. **'\n'** 이 **printf()** 에 의해 출력되면, 다음 줄의 처음으로 캐럿(caret) 위치가 이동한다.

5번째 줄은 문자열 **"결과 : %d"** 와 100, 두 개의 인수를 **printf()** 로 전달하며, 출력 결과는 **"결과 : 100"** 의 형태가 된다. 즉, 첫 번째 문자열에 포함된 **%d** 대신에, 두 번째 인수 100이 그 자리에 출력되었다는 것을 알 수 있다.

$$\text{printf("결과 : } \textbf{%d"}, \underline{100}) ;$$

C에서 퍼센트(**%**)로 시작하는 문자를 **형식 지정자**(format specifier)라 한다. 형식 지정자는 **printf()** 에서 출력하고자 하는 문자열 내에서, 출력 대상의 출력 형태를 지정한다. 여기서 출력 대상은 **printf()** 의 두 번째 인수부터 전달 받게 되는데, 여기에는 상수, 변수, 식 혹은 함수가 될 수 있다.

형식 지정자 **%d**는 하나의 10진 정수를 출력하는데 사용된다. 이 외에 문자와 실수 데이터를 위한 형식 지정자는 다음과 같다.

- %d : 10진 정수로 출력
- %c : 하나의 문자로 출력
- %f : 부동 소수점 실수 출력(소수점 표기법)

다음 예제를 살펴보자.

예제 2-8

```
1:  #include <stdio.h>
2:  int main(void)
3:  {
4:      int i=-50;
5:      char c='k';
6:      float f=0.5f;
7:      double d=0.3;
8:
9:      printf("constant : %c \n", 'x');
10:     printf("상수 : %f \n", 1.3f);
11:     printf("variable i is %d \n", i);
12:     printf("변수 d는 %f \n", d);
13:     printf("variable c, f is %c, %f \n", c, f);
14:     printf("%d는 i+5의 값입니다. \n", i+5);
15:     return 0;
16: }
```

● ··· 실행 결과

```
constant : x
상수 : 1.300000
variable i is -50
변수 d는 0.300000
variable c, f is k, 0.500000
-45는 i+5의 값입니다.
```

13번째 줄의 **printf()**에서 형식 지정자 두 개가 존재하며, 출력될 데이터는 두 번째, 세 번째 인수인 변수 **c**, **f**가 순서대로 **%c**와 **%f**에 전달된다. 14번째 줄은 **%d**에 식 **i+5**의 결과 값이 화면에 출력된다.

$$\textbf{printf("variable c, f is \%c, \%f \textbackslash n", c, f);}$$

형식 지정자와 인수는 서로 일대일로 대응하므로 그 개수가 같아야 하며, 인수와 형식 지정자의 자료형은 서로 일치해야 한다. 이 두 가지가 올바르지 않을 경우 정확한 출력을 보장할 수 없다. 다음 예제의 결과를 확인해보자.

예제 2-9

```
1:  #include <stdio.h>
2:  int main(void)
3:  {
4:      int i=-50;
5:      char c='k';
6:
7:      printf("%d, %c \n", i, c, 3);
8:      printf("%f, %c \n", i);
9:      return 0;
10: }
```

❗ ... 실행 결과

```
-50, k
0.000000, ?
```

연습문제 2.3

1. 다음의 출력 결과를 나타내는 프로그램을 작성하시오.

❗ ... 실행 결과

```
*
**
***
****
```

2. 다음의 출력 결과를 나타내는 프로그램을 작성하시오(단, 숫자의 출력을 위해 형식 지정자를 사용할 것).

❗ ... 실행 결과

```
이름 : 홍길동
나이 : 21
학번 : 2005-100
학점 : B+(3.500000)
```

3. 다음의 출력 결과를 나타내는 프로그램을 작성하시오(단, 숫자의 출력을 위해 형식 지정자를 사용할 것).

> **❶ ··· 실행 결과**
>
> 2 * 1 = 2
> 2 * 2 = 4
> 2 * 3 = 6
> 2 * 4 = 8

4. 다음의 출력 결과를 나타내는 프로그램을 작성하시오(단, 숫자와 %의 출력을 위해 형식 지정자를 사용할 것).

> **❶ ··· 실행 결과**
>
> 금리 : 5.200000%

5. 다음 프로그램의 출력 결과를 확인하고, 그 이유를 설명하시오.

```
1:  #include <stdio.h>
2:  int b;
3:  int main(void)
4:  {
5:      int a;
6:
7:      printf("전역 변수 b의 값 : %d \n", b);
8:      printf("지역 변수 a의 값 : %d \n", a);
9:      return 0;
10: }
```

2.4 키보드에서 데이터의 입력

키보드에서 데이터를 입력받기 위해 라이브러리 함수 **scanf()**를 사용할 수 있다 (**stdio.h** 사용). **scanf()**의 사용 방법은 다음과 같다.

$$\text{scanf("\%d", \&var);}$$

scanf()는 입력한 데이터를 형식 지정자 **%d**에 의해 10진 정수형으로 변환하여, 변수 **var**에 저장한다. 따라서 변수 **var**는 정수형 변수이어야 하며, 변수 앞에는 반드시

연산자 '**&**'가 변수의 이름과 함께 사용되어야 한다. 다음 예제는 키보드에서 정수값을 입력받아 화면에 출력한다.

예제 2-10

```
1:  #include <stdio.h>
2:  int main(void)
3:  {
4:      int var;
5:
6:      printf("데이터 입력 : ");
7:      scanf("%d", &var);
8:      printf("입력된 데이터는 %d입니다. \n", var);
9:      return 0;
10: }
```

❗ ··· 실행 결과

데이터 입력 : 5⏎
입력된 데이터는 5입니다.

7번째 줄에서 **scanf()**에 의해 데이터가 입력되기를 기다린다. 데이터를 입력하고 <enter> 키를 누르면, 변수 **var**에 저장시킨다. 이 외에 **scanf()**에서 사용되는 형식 지정자는 다음과 같다.

- %d : 10진 정수로 입력
- %c : 하나의 문자로 입력
- %f : float형 실수로 입력
- %lf : double형 실수로 입력

다음 예제를 확인해 보자.

예제 2-11

```
1:  #include <stdio.h>
2:  int main(void)
3:  {
4:      int var;
5:      float f;
6:      double d;
7:
8:      printf("정 수 입력 :");
9:      scanf("%d", &var);
10:     printf("float형 실수 입력 :");
```

```
11:     scanf("%f", &f);
12:     printf("double형 실수 입력 :");
13:     scanf("%lf", &d);
14:     printf("var의 값 : %d \n", var);
15:     printf("f의 값 : %f \n", f);
16:     printf("d의 값 : %f \n", d);
17:     return 0;
18: }
```

❗••• 실행 결과

```
정수 입력 : 1┛
float형 실수 입력 : 2┛
double형 실수 입력 : 3┛
var의 값 : 1
f의 값 : 2.000000
d의 값 : 3.000000
```

다음과 같이 하나의 **scanf()**를 사용하여 여러 개의 데이터를 입력받는 것도 가능하다.

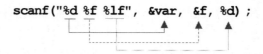

위의 형식은 정수, **float**형 실수, **double**형 실수 값을 변수 **var, f, d**에 각각 저장시킨다. 이 방식을 사용하여 데이터를 입력받을 경우, 각 데이터를 <enter>나 <space> 또는 <tab>을 사용하여 분리해 주어야 한다.

예제 2-12

```
1:  #include <stdio.h>
2:  int main(void)
3:  {
4:     int var;
5:     float f;
6:     double d;
7:
8:     printf("데이터 입력 :");
9:     scanf("%d%f%lf", &var, &f, &d);
10:    printf("정수형 변수 var의 값 : %d \n", var);
11:    printf("float형 변수 f의 값 : %f \n", f);
```

```
12:    printf("double형 변수 d의 값 : %f \n", d);
13:    return 0;
14: }
```

❶••• 실행 결과

데이터 입력 : 1 `Space Bar` 2 `Space Bar` 3 ↵
정수형 변수 var의 값 : 1
float형 변수 f의 값 : 2.000000
double형 변수 d의 값 : 3.000000

2.5 산술 연산자

C 언어에서 매우 다양한 연산자들을 제공하는데, 이 절에서는 가장 빈번하게 사용되는 기본 **산술 연산자**(arithmetic operator)를 먼저 알아본다. C의 기본 산술 연산자는 5가지가 있다.

표 2-4 : 기본 산술 연산자

연산자(operator)	연산자의 의미	사용가능한 자료형
+	덧셈, 양의 부호	문자형, 정수형, 실수형
–	뺄셈, 음의 부호	문자형, 정수형, 실수형
*	곱셈	문자형, 정수형, 실수형
/	나눗셈	문자형, 정수형, 실수형
%	나머지	문자형, 정수형

+, -, *, / 연산자는 모든 자료형에 사용 가능하지만, % 연산자는 문자, 정수형 데이터만 계산 가능하다. 5가지 산술 연산자는 모두 두 개의 **피연산자**(operand)를 필요로 하는 **이항 연산자**(binary operator)이지만, +, -는 양(+) 또는 음(-)의 부호를 표현하기 위해 하나의 피연산자만 필요로 하는 **단항 연산자**(unary operator)로 사용되기도 한다.

하나의 식에 여러 연산자가 혼용되어 사용될 경우에는 연산자의 **우선순위**(precedence)에 따라 *, /, % 연산자가 +, - 보다 먼저 계산된다. 만일 연산자의 우선순위가 같을 경우 **결합성**(associativity)에 따라 연산 실행 방향이 결정된다. **좌 결합성**은 왼쪽에서 오른쪽으로 연산이 수행(+, -, *, /, %)되며, **우 결합성**은 오른쪽에서 왼쪽으로 연산이 수행(=, 단항 연산자 : +, -)된다.

연산자의 우선순위를 변경하고자 할 경우 **괄호( )**를 사용한다. 하나의 괄호 안에 여러 개의 괄호가 중첩될 수 있으며, 이러한 경우 가장 안쪽의 괄호부터 계산된다. 괄호( )는 연산자들 중에서 제일 높은 우선순위를 가지고 있다. 다음은 산술 연산자의 사용 예를 보여준다.

예제 2-13

```
 1:  #include <stdio.h>
 2:  int main(void)
 3:  {
 4:      int num1=1, num2=2, num3;
 5:
 6:      printf("덧셈 결과 = %d \n", num1+num2);
 7:      printf("뺄셈 결과 = %d \n", num1-num2);
 8:      printf("곱셈 결과 = %d \n", num1*num2);
 9:      printf("나눗셈 결과 = %d \n", num1/num2);
10:      printf("나머지 결과 = %d \n", num1%num2);
11:      num3 = num1 + num2 * 3;
12:      printf("괄호 사용 전 = %d \n", num3);
13:      num3 = (num1 + num2) * 3;
14:      printf("괄호 사용 후 = %d \n", num3);
15:      num3 = num1 * num2 / 3;
16:      printf("우선순위가 같을 경우의 결과 = %d \n", num3);
17:      return 0;
18:  }
```

◑··· 실행 결과

```
덧셈 결과 = 3
뺄셈 결과 = -1
곱셈 결과 = 2
나눗셈 결과 = 0
나머지 결과 = 1
괄호 사용 전 = 7
괄호 사용 후 = 9
우선순위가 같을 경우의 결과 = 0
```

9번째 줄의 나눗셈 **num1/num2**의 결과는 0.5가 아니라 0이 출력된다. 산술 연산의 결과는 피연산자의 자료형과 일치한다. 정수형과 정수형 데이터를 계산하면, 그 결과는 항상 정수형이 된다. 만일 정수형과 실수형이 계산되면, 그 결과는 실수형이 된다.

연습문제 2.5

1. 가로와 세로의 길이를 사용자로부터 정수형으로 입력받아 사각형의 면적을 계산하는 프로그램을 작성하시오.

2. 세 개의 정수를 입력받아 (a-b) * (b+c) * (a%c)의 값을 계산하는 프로그램을 작성 하시오.

3. 하나의 정수를 입력받아 x^3을 계산하여 출력하는 프로그램을 작성하시오.

4. 직렬로 연결된 저항 R1, R2, R3의 값을 **double**형으로 입력받아 전류가 5A일 때 전 압을 계산하여 출력하는 프로그램을 작성하시오 (전압 V=I*R, R=(R1+R2+R3).

5. 하나의 문자를 입력받아 그 문자의 ASCII 코드 값을 출력하는 프로그램을 작성하 시오.

6. 마일(mile)을 **int**형으로 입력받아 킬로미터(km)로 변환하는 프로그램을 작성하시 오 (1mile=1.609344km).

7. 평방미터(m^2)를 **double**로 입력받아 평(坪)으로 변환하는 프로그램을 작성하시오 ($1m^2$=121/400평).

2.6　프로그램의 설명문(주석)

주석(comment)은 프로그램을 이해하기 쉽도록, 프로그래머에 의해 기재해 놓은 설 명문을 말한다. 이러한 주석을 컴파일러는 무시해 버리기 때문에 주석이 있더라도 프로 그램의 수행에는 아무런 차이가 없다. 프로그램 작성시 분석하기 어려운 부분이 발생했 을 때, 이 부분에 자세한 주석을 기재해 놓으면 나중에 코드를 참조하는데 큰 도움이 될 수 있다.

C 언어에서 주석을 삽입하는 방법에는 **/*, */** 사이에 주석을 기재하는 방법(block comment)과, 한 줄 주석(single line comment)인 **//**를 이용하는 두 가지가 있다. **/*, */**의 사용 방법은 다음과 같다.

```
/* mile을 km로 변환하는 프로그램 */
/*
   mile -> km 변환 공식
   km = mile * 1.609344
*/
```

//는 한 줄을 주석 처리하기 위해 사용되며, ANSI C 표준은 아니지만 대부분의 C 컴파일러에서 이 주석을 지원하고 있다. **//**의 사용 방법은 다음과 같다.

```
// mile을 km로 변환하는 프로그램
// mile -> km 변환 공식
// km = mile * 1.609344
```

Block comment를 사용할 때 주석문이 서로 중첩되지 않도록 주의해야 한다. 즉, 다음과 같은 주석문은 오류에 해당한다.

```
/* mile을 km로 변환하는 프로그램
/* mile -> km 변환 공식 */
   km = mile * 1.609344 */
```

2.7 함수의 사용

함수는 프로그램 내에서 특정 작업을 수행하기 위해 독립적으로 만들어진 하나의 프로그램 블록(block)을 의미한다. 함수를 사용하는 목적은 프로그램을 **모듈**(module)화 하여 반복되는 작업에서 프로그램을 재사용하기 위해서이며, 이렇게 모듈화된 프로그램은 이해하기 쉽고, 수정이 편리하다.

C에서 함수의 종류는 사용자 정의 함수와 라이브러리 함수가 있다. 두 함수는 누가 만들었는가만 다를 뿐 동일한 특성을 가진다. 먼저 사용자 정의 함수에 대하여 살펴보자.

2.7.1 사용자 정의 함수

　사용자 정의 함수는 프로그래머가 필요에 따라 만들어 사용하는 함수이다. C에서 사용자 정의 함수는 하나의 프로그램에 여러 개가 존재할 수 있지만, 지금까지 사용한 사용자 정의 함수는 프로그램의 시작 위치(entry point)로 사용되는 **main()** 하나만을 사용했었다. 표준 라이브러리 함수들이 프로그램 작성에 필요한 모든 기능을 다 제공해 주는 것은 아니기 때문에 프로그램 개발자는 그 목적에 따라 적합한 함수를 만들어 사용할 수 있어야 한다. 이 절에서는 **main()** 이외의 사용자 정의 함수를 작성하고, 사용하는 방법을 살펴본다.

　C에서 사용되는 모든 함수는 외부로부터 데이터를 입력받을 수도 있고, 함수 내부의 데이터를 외부로 출력할 수도 있다. 이것의 개념과 실제 사용자 정의 함수의 형식을 비교하면 다음 그림과 같다.

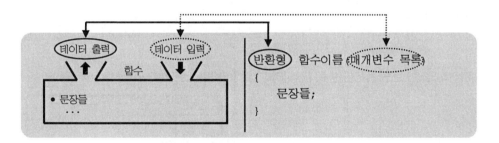

　매개변수는 외부로부터 전달되는 데이터(인수)를 저장하기 위해 선언되는 변수를 말하고, **반환형**은 함수 내부의 데이터를 외부로 반환(출력)할 때, 그 데이터의 자료형을 말한다. 즉, 매개변수 목록과 반환형은 각각 외부로부터 함수 내부로 들어오는 입력값, 함수 내부에서 외부로 나가는 출력값과 관계가 있다.

　매개변수는 없을 수도, 여러 개가 존재할 수도 있다. 매개변수가 존재하지 않을 경우에는 그 자리에 **void**를 기재한다. 만일 매개변수를 여러 개 사용한다면, 각 매개변수를 콤마(,)로 분리해 준다. 반환형은 오직 하나만 사용할 수 있으며, 반환값이 정수라면 **int**, 문자라면 **char**등으로 반환되는 데이터의 자료형을 기재한다. 함수의 이름은 명칭을 만드는 규칙에 따라 **main**을 제외한 기억하기 쉽고, 함수의 의미를 잘 표현할 수 있는 고유한 이름을 부여한다.

　사용자 정의 함수의 형태는 반환형과 매개변수의 존재 유무에 따라 네 가지로 구분할 수 있다. 함수의 형태에 따라 호출하는 방법이 달라지며, 함수가 호출되기 전까지는 함수는 수행되지 않는다.

2.7.1.1 반환형과 매개변수가 없는 함수

반환형과 매개변수가 존재하지 않는 함수의 형태는 사용자 정의 함수 중에서 가장 단순한 형태이다. 다음과 같은 사용자 정의 함수 **start()**를 만들어보자.

```
테이터 출력          테이터 입력            void start(void)
    \ X  / start \ X /                    {
                                              printf("Program Start \n");
    ● "Program Start"를 화면에 출력         }
```

반환형과 매개변수가 존재하지 않기 때문에 반환형 자리에 **void**, 매개변수 목록자리에 **void**를 기재한다. 이 함수는 다음과 같이 사용될 수 있다.

예제 2-14

```
 1:  #include <stdio.h>              #include <stdio.h>
 2:  int main(void)
 3:  {                               int main(void)
 4:    start(); //함수의 호출         { ①
 5:    printf("Program End");            start();
 6:    return 0;                         printf("Program End");
 7:  }                               ②
 8:                                      return 0; ⑤
 9:  void start(void)                }                          ④
10:  {
11:    printf("Program Start \n");   void start(void)
12:  }                               {
                                     ③  printf("Program Start \n");
                                     }
```

위의 예에서 사용자 정의 함수는 **main()**, **start()** 두 개가 존재한다. **start()**와 같이 반환형과 매개변수를 가지지 않는 함수의 호출은 4번째 줄과 같이 함수의 이름과 괄호**( )**만을 사용한다.

모든 프로그램은 **main()**에서부터 프로그램의 시작 되므로 사용자 정의 함수의 호출은 **main()** 내에서 처음 수행된다. 예제의 오른쪽 그림의 순서(① ~ ⑤) 와 같이 함수가 호출되면 함수 몸체의 문장들을 차례로 수행한다. 그리고 문장이 모두 수행되면 호출한 문장의 바로 다음 위치로 복귀한 다음, 프로그램이 계속 수행된다.

그러나 위의 프로그램을 실제로 컴파일하면 5번째 줄에서 오류가 발생한다. 위의 예에서 왼쪽 프로그램은 컴파일의 진행 순서로 봤을 때 1번째 줄부터 컴파일 되며,

main() 내의 start()를 만나게 되면, 컴파일러는 start()에 대한 정보를 가지고 있지 않기 때문에 오류를 표시하게 된다. 이것은 컴파일러가 단순히 위에서 아래로만 컴파일을 하기 때문에 실제 start() 함수가 아래에 존재해도, start()를 컴파일 하기 전까지는 존재 여부를 알지 못한다.

따라서 위의 예제와 같이 프로그램을 작성할 경우, 즉 호출되는 함수가 호출하는 곳의 아래 부분에 위치할 때에는 함수가 호출되기 전에 미리 컴파일러에게 해당 함수의 존재를 알려주어야 한다. 이것을 위해 **함수의 원형**(function prototype)을 사용한다. 함수의 원형은 컴파일러가 함수의 호출을 적절히 처리할 수 있도록 정보를 제공하며, 반환형, 함수이름, 매개변수의 자료형으로 구성된다.

함수의 원형은 호출되는 함수가 사용되기 전에 그 함수의 존재를 미리 알려주는 역할을 한다. 또한 함수의 원형 마지막에는 반드시 세미콜론(;)으로 종료시켜 주어야 한다. 예제 2-14를 수정하면 다음 예제의 왼쪽과 같다.

예제 2-15

```
1:  #include <stdio.h>
2:  void start(void); // 함수의 원형
3:  int main(void)
4:  {
5:      start(); // 함수의 호출
6:      printf("Program End \n");
7:      return 0;
8:  }
9:
10: void start(void) //함수 정의
11: {
12:     printf("Program Start \n");
13: }
```

```
1: #include <stdio.h>
2: void start(void)
3: {
4:     printf("Program Start \n");
5: }
6:
7: int main(void)
8: {
9:     start();
10:    printf("Program End \n");
11:    return 0;
12: }
```

함수의 원형을 사용하지 않으려면, 호출되는 함수를 먼저 작성한다. 예제 2-15의 오른쪽 프로그램과 같이 main() 내에서 호출되는 start()를 main() 앞에 작성하면, 컴파일러는 start()를 main()보다 먼저 컴파일 하기 때문에 start()에 대한 정보를 가지고 있게 되어, 문제없이 컴파일 된다.

연습문제 2.7.1.1

1. 다음 사용자 정의 함수들의 원형은 무엇인가? 그리고 어떻게 호출할 수 있는가?

```
1:  void mytest(void)
2:  {
3:    printf("This is a test program");
4:  }
5:
6:  void myintro(void)
7:  {
8:    printf("**** START **** \n");
9:    printf("정수를 입력하세요.");
10: }
```

2. 다음 프로그램의 수행 결과는 무엇인가? 또한 함수의 원형이 필요한지를 설명하시오.

```
1:  #include <stdio.h>
2:  void myfunc_1(void)
3:  {
4:      printf("One\n");
5:  }
6:
7:  int main(void)
8:  {
9:      printf("**** START **** \n");
10:     myfunc_1();
11:     printf("Two \n");
12:     myfunc_2();
13:     return 0;
14: }
15:
16: void myfunc_2(void)
17: {
18:     printf("Three \n");
19:     printf("**** END ****");
20: }
```

3. **main()**가 함수의 원형을 사용하지 않는 이유는 무엇인가?

4. 다음 프로그램을 반환형과 매개변수가 없는 사용자 정의 함수를 사용한 프로그램으로 수정하시오.

```
 1:  #include <stdio.h>
 2:  int main(void)
 3:  {
 4:      printf("---------------- \n");
 5:      printf("학번 : 2008011234 \n");
 6:      printf("---------------- \n");
 7:      printf("이름 : 홍길동 \n");
 8:      printf("---------------- \n");
 9:      printf("나이 : 19세 \n");
10:      printf("---------------- \n");
11:      return 0;
12:  }
```

5. 연습문제 2.5의 6, 7번을 반환형과 매개변수가 없는 사용자 정의 함수의 형태로 작성하시오.

2.7.1.2 반환형은 없지만 매개변수가 존재하는 함수

사용자 정의 함수는 필요에 따라 매개변수를 가질 수 있다. 매개변수는 함수가 호출될 때 외부로부터 전달되는 값(인수)을 저장하기 위한 변수를 말한다. 매개변수의 개수와 이 함수를 호출할 때 전달하는 인수의 개수는 서로 일치해야 하며, 인수와 매개변수의 자료형 역시 서로 일치해야 한다.

마일(mile)을 킬로미터(km)로 변환하는 사용자 정의 함수 **MileToKm()**를 매개변수가 존재하는 형태로 작성하면 다음과 같다.

데이터 출력 mile 입력
× / MileToKm
• km = mile * 1.609344 계산
• 계산된 km을 화면에 출력

```
void MileToKm(int mile)
{
    double km;
    km = mile * 1.609344;
    printf("%d mile : %f km \n", mile, km);
}
```

사용자 정의 함수 **MileToKm()**는 매개변수로 하나의 정수형 변수 **mile**을 선언하였다. 따라서 이 함수를 사용하기 위해서는 다음 예제와 같이 하나의 정수형 인수를 사용하여 호출해 주어야 한다.

2.7 함수의 사용 **49**

예제 2-16

```
1: #include <stdio.h>
2: void MileToKm(int mile); //함수의 원형
3: int main(void)
4: {
5:      int mile;
6:
7:      printf("마일 입력 : ");
8:      scanf("%d", &mile);
9:      MileToKm(mile); // 변수 mile의 값을 인수로 전달
10:     MileToKm(120); // 상수 120을 인수로 전달
11:     MileToKm(mile*2); // 수식 mile*2의 결과값을 인수로 전달
12:     return  0;
13: }
14:
15: void MileToKm(int mile)
16: {
17:     double km;
18:
19:     km = mile * 1.609344;
20:     printf("%d 마일 : %f 킬로미터 \n", mile, km);
21: }
```

❶··· 실행 결과

```
마일 입력 : 100↵
100 마일 : 160.934400 킬로미터
120 마일 : 193.121280 킬로미터
200 마일 : 321.868800 킬로미터
```

위 예에서 **main()**의 정수형 변수 **mile**과 **MileToKm()**의 매개변수 **mile**은 이름이 같지만, 두 변수 사이에는 아무런 관계가 없는 완전히 다른 변수다. 함수의 매개변수는 그 함수 내부에 선언된 지역 변수와 동일하게 취급한다. 따라서 매개변수의 접근 범위가 함수 내부로 제한되기 때문에 다른 함수에서 사용되는 지역 변수들과 이름이 동일해도 아무런 연관성이 없다.

예제 2번째 줄에 작성된 함수의 원형은 다음과 같이 작성할 수도 있다.

```
void MileToKm(int);
```

함수의 원형을 사용하는 경우, 컴파일러에게 제공해야 하는 정보는 반환형과 함수 이름, 그리고 매개변수의 자료형이다. 따라서 매개변수의 이름은 반드시 필요한 것은 아니므로 **MileToKm()**의 함수 원형을 위의 형식으로 사용할 수 있다.

매개변수를 여러 개 사용해야 한다면, 각 매개변수를 콤마를 사용하여 구분해준다. 또한 이러한 함수를 호출할 때, 인수의 개수 역시 매개변수의 개수와 일치해야 한다. 다음은 두 개의 매개변수를 가지는 사용자 정의 함수의 예를 보여준다.

예제 2-17

```
1:  #include <stdio.h>
2:  void sum(int, int); // void sum(int a, int b);와 동일한 문장
3:  int main(void)
4:  {
5:      int x=5, y=7;
6:
7:      sum(2, 3);
8:      sum(x+1, y/2);
9:      return 0;
10: }
11:
12: void sum(int a, int b)
13: {
14:     printf("두 데이터의 합 = %d \n", a + b);
15: }
```

예제의 사용자 정의 함수 **sum()**는 두 개의 정수형 매개변수가 존재한다. 이 함수는 매개변수로 전달된 두 값을 더하고, 그 결과를 화면에 출력하는 기능을 수행한다. 따라서 7, 8번째 줄과 같이 이 함수를 호출할 때 인수 역시 두 개를 사용해야 한다.

사용자 정의 함수에 사용할 수 있는 매개변수의 개수는 거의 제한이 없다(ANSI 표준 : 최소 31개). 단, 일반적인 지역 변수의 선언에서는 동일한 자료형의 변수를 선언할 때 **int x, y;** 형식을 사용할 수 있지만, 매개변수에서는 이것이 허용되지 않는다.

```
int main(void)                      void sum(int x, y) // 사용 불가
{                                   {
    int x, y; // 사용 가능               ....
        ....                        }
}
```

1. 다음 함수를 사용하는 프로그램을 작성하시오.

```
1:  void print_char(int a, char ch)
2:  {
3:    printf("%d 번째 문자 : %c \n", a, ch);
4:  }
```

2. 다음 프로그램에서 잘못된 곳을 수정하시오.

```
1:  #include <stdio.h>
2:  void add(int a, b);
3:  int main(void)
4:  {
5:    add(3.0, 2);
6:    return 0;
7:  }
8:
9:  void add(int a, b)
10: {
11:   printf("Result : %d \n", a+b);
12: }
```

3. x, c를 **int**형 매개변수로 전달받아 y=2x+c를 계산하여 y를 화면에 출력하는 사용자 정의 함수 **bang()**와 이 함수를 사용하는 프로그램을 작성하시오.

4. 원의 둘레와 면적을 계산하여, 그 결과를 화면에 출력하는 사용자 정의 함수 **output()**와 이 함수를 사용하는 프로그램을 작성하시오. 이 함수는 반지름의 값을 **double**형 매개변수로 전달 받는다.

5. 연습문제 2.5의 3, 4, 7번을 반환형은 없고, 매개변수가 존재하는 사용자 정의 함수의 형태로 작성하시오.

2.7.1.3 반환형이 존재하고 매개변수가 없는 함수

함수 내부의 데이터를 외부로 반환(출력)하고자 할 때, **return** 문을 사용한다. **return** 문의 사용 형식은 다음과 같다.

```
return 반환값;
```

return 다음의 반환값은 상수나 변수, 식 또는 값이 없을 수도 있다. 함수의 반환값은 오직 하나만 존재할 수 있으며, 이 경우 반환값의 자료형과 일치하는 반환형을 반드시 명시해 주어야 한다. 함수의 반환값은 하나만 존재하지만, 함수 내에서 **return**문은 여러 개가 사용될 수도 있다.

return 문이 실행되면, **return** 다음의 반환값을 함수를 호출한 곳으로 반환하면서 함수의 실행이 종료된다. 함수가 종료되면, 프로그램의 실행 순서는 그 함수를 호출한 곳으로 즉시 복귀한다.

마일(mile)을 킬로미터(km)로 변환하는 사용자 정의 함수 **MileToKm()**를 반환형이 존재하고 매개변수가 없는 형태로 작성해보자.

```
      km 반환(출력)       데이터 입력
          ↑    MileToKm      ×
    • mile 입력 → scanf() 사용
    • km = mile * 1.609344 계산
    • 계산된 km을 return 문으로 반환
```

```
double MileToKm(void)
{
    int mile; double km;

    printf("마일 입력 : ");
    scanf("%d", &mile);
    km = mile * 1.609344;
    return km;
}
```

사용자 정의 함수 **MileToKm()**는 키보드로부터 마일을 입력받아 킬로미터로 변환하고, 그 값을 **return** 문을 사용하여 반환한다. **return** 문에 의해 반환되는 변수 **km**가 **double**형 값이므로, **MileToKm()**의 반환형은 **double**로 작성되었다. 이 함수의 호출과 반환값의 처리 방법을 다음 예제에 나타내었다.

예제 2-18

```
1:   #include <stdio.h>
2:   double MileToKm(void);
3:   int main(void)
4:   {
5:       double km;
6:
7:       km = MileToKm();
8:       printf("결과 : %f \n", km);
9:       return 0;
10: }
11:
12: double MileToKm(void)
13: {
14:     int mile; double km;
```

```
1:   #include <stdio.h>
2:   double MileToKm(void);
3:   int main(void)
4:   {
5:     printf("결과 : %f \n", MileToKm());
6:     return 0;
7:   }
8:
9:   double MileToKm(void)
10: {
11:     int mile;
12:
13:     printf("마일 입력 : ");
14:     scanf("%d", &mile);
```

```
15:                              15:     return mile * 1.609344;
16:     printf("마일 입력 : ");      16: }
17:     scanf("%d", &mile);
18:     km = mile * 1.609344;
19:     return km;
20: }
```

예제의 왼쪽 프로그램에서 7번째 줄이 함수의 호출문이다. 이 문장은 치환문이므로 **MileToKm()**가 먼저 호출되어, 14~19번째 문장이 차례로 수행된다. 19번째 줄의 **return** 문에 의해 변수 **km**의 값이 반환되고, 함수가 종료된다. **return** 문에 의해 반환되는 이 값은 7번째 줄의 변수 **km**에 저장된다.

오른쪽 프로그램은 왼쪽 프로그램과 완전히 동일하다. 5번째 줄의 **printf()**에서 **MileToKm()**가 먼저 호출되고, **MileToKm()**의 반환값이 **printf()**의 형식 지정자 **%f**에 출력된다. 15번째 줄의 **return** 문은 수식 **mile*1.609344**의 결과 값을 반환하게 된다.

만일 함수의 반환형을 기재하지 않을 경우, 반환형은 자동적으로 **int**로 결정된다. 또한 반환값과 반환형의 자료형이 다르면, 반환값이 반환형의 자료형으로 변환되어 호출한 곳으로 반환된다. 다음 예제의 결과를 확인해 보자.

예제 2-19

```
1:  #include <stdio.h>
2:  exam(void);
3:  int main(void)
4:  {
5:      printf("결과 : %d \n", exam());
6:      return 0;
7:  }
8:
9:  exam(void)
10: {
11:     return 100.3;
12: }
```

---

exam()는 반환형이 명시되어 있지 않으므로, 자동적으로 **int**로 결정된다. 11번째 줄의 반환값 100.3은 반환형의 자료형인 100으로 변환되어 반환된다.

아래와 같이 **return** 문에 반환값이 없다면, 이것은 단순히 함수의 실행을 종료한다는 의미이다.

```
return;
```

이 경우 반환값이 없기 때문에 함수의 반환형은 **void**가 된다. 다음 예제의 결과를 확인해 보자.

예제 2-20

```
1:  #include <stdio.h>
2:  void exam(void);
3:  int main(void)
4:  {
5:      exam();
6:      return 0;
7:  }
8:
9:  void exam(void)
10: {
11:     printf("이 문장은 화면에 출력됩니다. \n");
12:     return;
13:     printf("이 문장은 화면에 출력되지 않습니다. \n");
14: }
```

만일 다음 예제와 같이 함수의 반환값을 사용하지 않는다면, 그 값은 자동으로 사라지며 문법적인 오류에 해당하지 않는다.

예제 2-21

```
1:  #include <stdio.h>
2:  int exam(void);
3:  int main(void)
4:  {
5:      exam();
6:      return 0;
7:  }
8:
9:  int exam(void)
10: {
11:     return 100;
12: }
```

Chapter 01
Chapter 02
Chapter 03
Chapter 04
Chapter 05
Chapter 06
Chapter 07

> **참고** main()가 종료될 때 return 0;에 의해 정수 0을 반환한다. main()는 운영체제
> 에 의해 호출되는 함수이므로 main()의 반환값 0은 운영체제가 받게 된다. 운영
> 체제는 main()의 반환값을 통해 프로그램이 정상적으로 종료했는지의 여부를 판
> 단하게 된다. 여기서 정수 0은 정상적인 종료를 의미한다.

연습문제 2.7.1.3

1. 다음 두 프로그램에서 잘못된 부분을 찾아 수정하시오.

```
1:   #include <stdio.h>
2:   int exam(void);
3:   int main(void)
4:   {
5:      float result;
6:
7:      result = exam();
8:      printf("결과 : %d \n", result);
9:      return 0;
10: }
11:
12: int exam(void)
13: {
14:    return 100;
15: }
```

```
1:   #include <stdio.h>
2:   void func(void);
3:   int main(void)
4:   {
5:      printf("입력값 : %f \n", func());
6:      return 0;
7:   }
8:
9:   void func(void)
10: {
11:    int k;
12:    printf("정수 입력 : ");
13:    scanf("%d", &k);
14:    return k;
15: }
```

2. 섭씨온도(c)를 화씨온도(f)로 변환하는 공식은 f=1.8*c+32이다. c를 double형
   으로 입력받아 f로 변환하여 반환하는 사용자 정의 함수 **fahrenheit()**와 이 함수
   를 사용하는 프로그램을 작성하시오.

3. 3개의 **float**형 숫자를 입력받아 평균을 계산하여 반환하는 사용자 정의 함수
   avg()와 이 함수를 사용하는 프로그램을 작성하시오.

4. 연습문제 2.5의 3, 4, 7번을 반환형이 존재하고, 매개 변수가 없는 사용자 정의 함
   수의 형태로 작성하시오.

2.7.1.4 반환형과 매개변수가 존재하는 함수

마일(mile)을 킬로미터(km)로 변환하는 사용자 정의 함수 **MileToKm()**를 반환형

과 매개변수가 존재하는 형태로 작성해보자.

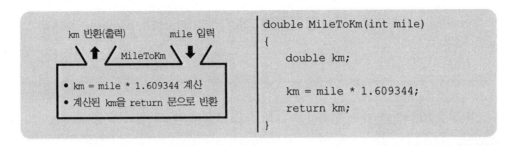

```
double MileToKm(int mile)
{
    double km;

    km = mile * 1.609344;
    return km;
}
```

사용자 정의 함수 **MileToKm()**는 매개변수로 전달되는 마일을 킬로미터로 변환하고, 그 값을 **return** 문을 사용하여 반환한다. 이 함수의 호출 방법과 반환값 처리는 다음 예제와 같다.

예제 2-22

```
1:  #include <stdio.h>
2:  double MileToKm(int mile);
3:  int main(void)
4:  {
5:      double km; int mile;
6:
7:      printf("마일 입력 : ");
8:      scanf("%d", &mile);
9:      km = MileToKm(mile);
10:     printf("결과1 : %f \n", km);
11:     printf("결과2 : %f \n", MileToKm(200));
12:     return 0;
13: }
14:
15: double MileToKm(int mile)
16: {
17:     double km;
18:
19:     km = mile * 1.609344;
20:     return km;
21: }
```

예제 9번째 줄의 치환문에서 변수 **mile**의 값을 인수로 사용하여 함수 **MileToKm()**를 호출한다. **MileToKm()**의 반환값은 치환문 왼쪽의 변수 **km**에 저장되고, 이 값은 10번째 줄에서 출력된다. 11번째 줄의 **printf()**에서 상수 200을 **MileToKm()**의 인수로 전달하며, **MileToKm()**의 반환값은 **%f**로 바로 출력된다.

사용자 정의 함수 **MileToKm()**를 다음과 같이 작성해도 그 기능은 동일하다.

```
double MileToKm(int mile)
{
    return mile * 1.609344;
}
```

이 경우 **MileToKm()**의 반환값은 수식 **mile*1.609344**의 결과가 된다.

연습문제 2.7.1.4

1. x의 값을 **int**형 매개변수로 전달받아 $y=x^2+2x+3$을 계산하여 반환하는 사용자 정의 함수 **bang2()**와 이 함수를 사용하는 프로그램을 작성하시오.

2. 두 개의 **double**형 실수를 매개변수로 전달받아 평균을 계산하여 반환하는 사용자 정의 함수 **avg()**와 이 함수를 사용하는 프로그램을 작성하시오.

3. 연습문제 2.5의 3, 4, 7번을 반환형과 매개변수가 존재하는 사용자 정의 함수의 형태로 작성하시오.

4. 연습문제 2.7.1.3의 2, 3번을 반환형과 매개변수가 존재하는 사용자 정의 함수의 형태로 작성하시오.

2.7.2 라이브러리 함수

printf(), **scanf()**와 같은 라이브러리 함수들은 C 컴파일러와 함께 만들어져 사용자에게 제공된다. 이미 만들어져 있기 때문에 함수의 기능과 호출 방법만 알고 있으면 언제든지 사용할 수 있다.

예를 들어 수식 $c=\sqrt{a^2+b^2}$을 프로그램으로 작성한다고 했을 때, 식의 a^2, b^2은 **a*a**, **b*b**의 방법으로 계산할 수 있지만, 제곱근은 불가능하다. 결국 프로그래머는 제곱근을 계산할 수 있는 프로그램을 직접 작성하던가, 아니면 이 기능을 수행할 수 있는 라이브러리 함수가 지원되는지를 찾아 봐야한다.

일반적으로 라이브러리 함수들에 대한 정보는 컴파일러와 함께 제공되는 매뉴얼 (VC++의 경우 MSDN)에 자세한 정보가 포함되어 있다. 위의 제곱근을 계산하기 위한 라이브러리 함수를 찾아보면, 다음과 유사한 형태로 함수의 사용법을 제공한다.

①은 함수의 이름과 기능에 대한 설명, ②는 이 함수를 사용하기 위해 필요한 헤더 파일, ③은 함수의 원형 그리고 ④는 함수의 반환값에 대한 내용이다.

위의 내용을 정리하면 **sqrt()**는 제곱근을 계산하는 함수이며, 함수를 사용하기 위해서는 **math.h**가 필요하다는 것을 알 수 있다. 그리고 함수의 원형을 보면, 이 함수는 다음과 같은 형태로 만들어 졌다는 것을 알 수 있다.

제곱근 반환   x 입력
    ↑ sqrt ↓
- $\sqrt{x}$ 를 계산
- 계산된 $\sqrt{x}$ 를 double형으로 반환

```
double sqrt(double x)
{
    ...
}
```

따라서 이 함수를 사용하기 위해서는 **math.h**를 프로그램에 포함시키고, 앞 절에서 학습한 반환형과 매개변수가 존재하는 사용자 정의 함수의 사용법과 동일하게 함수를 호출하면 된다. 다음 예제를 살펴보자.

예제 2-23

```
1:  #include <stdio.h>
2:  #include <math.h>
3:  int main(void)
4:  {
5:      double a=2.0, b=3.0, c;
6:
7:      c = sqrt(a*a+b*b);
8:      printf("결과 : %f \n", c);
9:      return 0;
10: }
```

7번째 줄에서 식 **a*a+b*b**의 결과가 **sqrt()**의 인수로 전달된다. **sqrt()**는 **a*a+b*b**의 제곱근을 계산하여 반환하게 되고, 이 값은 **double**형 변수 **c**에 저장된다.

라이브러리 함수들은 매우 다양한 종류와 기능을 가지고 있어, 프로그램 작성에 유용하게 사용될 수 있다. 라이브러리 함수와 사용자 정의 함수는 누가 만들었는가만 다를 뿐 문법적으로는 똑같은 함수이며, 사용하는 방법 역시 동일하다.

연습문제 2.7.2

1. a, b 값을 입력받아 $c = \sqrt{a^2 + b^2}$을 계산하는 프로그램을 작성하시오.

2. 라이브러리 함수 **pow()**는 x^y을 계산하는 함수이며, 헤더 파일 **math.h**을 사용한다. x, y의 값을 입력받아 x^y을 계산하는 프로그램을 작성하시오. 이 함수의 원형은 **double pow(double x, double y);** 이다.

3. 두 점 (x, y), (z, w) 사이의 거리 d를 구하는 공식은 $d = \sqrt{(x-z)^2 + (y-w)^2}$ 이다. x, y, z, w의 값을 입력받아 두 점 사이의 거리를 계산하는 프로그램을 작성하시오.

4. $x^y = e^{y \log x}$와 같다. x, y의 값을 입력받아 $e^{y \log x}$를 계산하는 프로그램을 수학 함수를 사용하여 작성하시오.

5. θ가 750°일 때, $\sin\theta$, $\cos\theta$, $\tan\theta$를 계산하는 프로그램을 수학 함수를 사용하여 작성하시오. 필요시 radian = degree*3.141592654/180 공식을 이용할 것.

2.8 C 언어의 키워드(예약어)

C 언어에서 **int, float, return** 등과 같은 특정 단어는 고유한 기능을 갖도록 미리 정해져 있다. 이러한 단어들을 **키워드**(keyword) 혹은 **예약어**(reserved word) 라고 한다. C 언어는 이러한 키워드가 모여 문법 체계를 구성하기 때문에 프로그램 작성시 키워드로 사용하는 단어들을 함수나 변수의 이름으로 사용할 수 없다.

ANSI C(C89)에서 32개의 키워드가 정의되었고, 그 후에 1999 표준안(C99) 개정에 의해 5개의 키워드가 추가로 도입되었다.

표 2-5 : C의 키워드들				
auto	break	case	char	const
continue	default	do	double	else
enum	extern	float	for	goto
if	**inline***	int	long	register
restrict*	return	short	signed	sizeof
static	struct	switch	typedef	union
unsigned	void	volatile	while	_Bool*
_Complex*	**_Imaginary***			

* C99에서 추가된 키워드

또한 이상의 표준 키워드 외에 컴파일러 자체에서 추가로 지원하는 키워드도 있다. 이를 확장 키워드라 하며, 컴파일러 종류에 따라서 확장 키워드의 형태가 다르다. 확장 키워드는 표준 키워드가 아니므로 컴파일러에 따라서 호환되지 않을 수 있다.

종합문제

1. 초를 정수로 입력받아 시, 분, 초로 계산하여 출력하는 프로그램을 작성하시오.
   예를 들어 10000초를 입력 하면, 2시간 46분 40초의 결과가 출력되어야 한다.

2. 다음 프로그램에서 잘못된 곳을 수정하고 수행결과를 확인하시오.

```
1:  #include <stdio.h>
2:  void myfunction(void);
3:  int main(void)
4:  {
5:      myfunction2();
6:      printf("World!");
7:      return 0;
8:  }
9:
10: void myfunction2(void)
11: {
12:     myfunction();
13:     printf(" to C ");
14: }
15:
16: void myfunction(void)
17: {
18:     printf("Welcome");
19: }
```

3. 4개의 수 a, b, c, d에 대한 산술 평균(AM)과 기하 평균(GM)의 공식은 각각
   $AM = (a+b+c+d)/4,\ GM = (abcd)^{1/4}$이다. 4개의 **double**형 실수를 입력
   받아 AM과 GM을 계산하는 프로그램을 작성하시오.

4. 병렬로 연결된 저항 세 개(R1, R2, R3)의 값을 **double**형 매개변수로 전달받아,
   전압을 계산하여 반환하는 사용자 정의 함수 **voltage()**와 이 함수를 사용하는 프
   로그램을 작성하시오. 전압 V=I*R, R=1/(1/R1+1/R2+1/R3)이며, 전류(I)는
   10A로 가정한다.

5. 힘의 법칙은 다음 그림과 같다. F1, F2, θ를 **double**형 매개변수로 전달받아, F를 계산하여 반환하는 사용자 정의 함수 **function()**과 이 함수를 사용하는 프로그램을 작성하시오. 단, $\theta = 60°$로 가정한다.

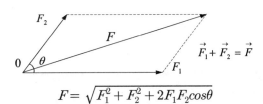

$$F = \sqrt{F_1^2 + F_2^2 + 2F_1F_2cos\theta}$$

Chapter 03

제어문의 기초

제어문은 순차적인 프로그램의 흐름을 필요에 변경시키는 명령문을 말한다. 이장에서는 C 언어의 중요한 제어문인 **if** 조건문과 **for** 반복문을 사용하여 프로그램의 흐름을 제어하는 방법에 대해 학습한다. 또한 제어문과 함께 사용되는 관계 연산자와 논리 연산자, 증감 연산자에 대해서도 알아본다.

3.1 if 조건문과 관계 연산자

if 조건문(conditional statement)은 조건의 결과에 따라 문장의 실행 여부가 결정된다. **if** 문의 구조와 문법은 다음 그림과 같다.

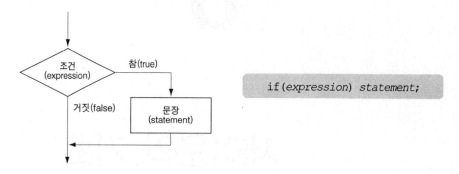

위 형식에서 **if** 괄호 안의 조건으로 주어지는 수식(expression)의 결과가 **참**(true)이면 문장(statement)을 실행하고, **거짓**(false)이면 문장은 실행되지 않는다. C에서 0이 아닌 모든 값은 참으로, 0은 거짓으로 취급한다.

따라서 **if** 문의 조건 수식에 0이 아닌 값이 사용되면 문장이 실행된다. **if** 문과 같은 C의 제어문에서 조건이 참일 수행되는 문장을 **목표문**(target statement)이라 한다. 다음 예를 확인해 보자.

예제 3-1

```
1:  #include <stdio.h>
2:  int main(void)
3:  {
4:      int a=0;
5:
6:      if(a) printf("a는 0이므로 거짓 \n");
7:      if(-1) printf("-1은 참 \n");
8:      if(0.5) printf("0.5는 참 \n");
```

```
9:      if('a') printf("문자 a는 참 \n");
10:     if(a+1) printf("a+1=1이므로 조건 결과는 참 \n");
11:     return 0;
12: }
```

if 문의 조건 수식에는 C에서 문법적으로 유효한 문장이라면 모두 사용 할 수 있다. 10번째 줄과 같이 어떤 연산이 조건으로 사용된다면, 연산을 먼저 실행하고 그 결과에 따라 참인지 거짓인지를 판단하게 된다.

● 관계 연산자를 사용한 비교 연산

일반적인 **if** 문의 조건식에는 **관계 연산자**(relational operator)를 사용한 비교 연산이 주로 사용된다. 관계 연산자는 데이터의 크기를 비교하여 큰지, 작은지 혹은 같은지를 알려준다. 관계 연산자의 종류는 다음과 같다.

표 3-1 : 관계 연산자

연산자	연산자의 의미	연산자	연산자의 의미
>	크다	<=	작거나 같다
<	작다	==	같다
>=	크거나 같다	!=	같지 않다

위의 관계연산자 중 **>=, <=, ==, !=**은 기호 사이에 공백이 포함될 수 없으며, **>=, <=, !=**는 기호의 순서가 바뀌면 오류가 된다. 관계 연산자는 조건을 만족하면(참이면) 정수 1을 출력하고, 만족하지 못하면(거짓이면) 정수 0을 반환한다.

예를 들어 조건식 **if(9>7)**의 결과는 참이 된다. 따라서 관계 연산자 '**>**'는 1을 출력하게 되고, **if(9>7)**는 **if(1)**의 형태가 된다. 다음 예제는 사용자가 입력한 값이 양수인지 음수인지를 판별한다.

예제 3-2

```
1:  #include <stdio.h>
2:  int main(void)
3:  {
4:      int num;
5:
6:      printf("정수 입력 : ");
7:      scanf("%d", &num);
8:      if(num>0) printf("양수! \n");
```

```
9:      if(num<0) printf("음수! \n");
10:     return 0;
11: }
```

만일 다음 예제와 같이 **if** 문의 조건식에서 관계 연산자와 산술 연산자가 함께 사용되었다면, 연산자의 우선순위에 따라 산술 연산자가 먼저 수행된다.

예제 3-3

```
1:  #include <stdio.h>
2:  int main(void)
3:  {
4:      int num;
5:
6:      printf("2+2는? ");
7:      scanf("%d", &num);
8:      if(num == 2+2) printf("정답! \n");
9:      return 0;
10: }
```

연습문제 3.1

1. 두 개의 정수를 입력받아 두 정수 중 큰 수를 출력하는 프로그램을 **if** 문으로 작성하시오.

2. 사용자가 1을 입력하면 두 수의 덧셈, 2는 뺄셈, 3은 곱셈, 4는 나눗셈을 수행하는 프로그램을 **if** 문으로 작성하시오. 계산할 두 값은 **double**형 실수를 사용하시오.

3.2 if-else 조건문

else 문은 독립적으로 사용되지 않고, **if** 문과 함께 사용되어 하나의 문장을 구성한다. **if-else** 문의 구조와 문법은 다음 그림과 같다.

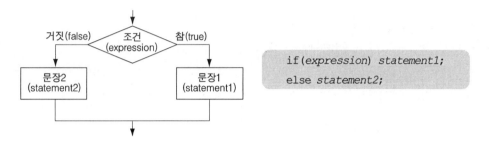

if 문에 **else** 문이 함께 사용되면, 조건이 참일 때 문장 1이 수행되고, 조건이 거짓이면 문장 2가 수행된다. 문장 1과 문장 2는 동시에 수행되지 않으며, 두 개의 문장 중 조건의 결과에 따라 하나의 문장만 수행된다. 예제 3-2를 **if-else** 문으로 작성할 경우 다음과 같다.

예제 3-4

```
1:  #include <stdio.h>
2:  int main(void)
3:  {
4:      int num;
5:
6:      printf("정수 입력 : ");
7:      scanf("%d", &num);
8:      if(num>0) printf("양수! \n");
9:      else printf("음수! \n");
10:     return 0;
11: }
```

예제 3-2와 같이 **if** 문만 사용할 경우 두 번의 조건을 검사한다. 그러나 **if-else** 문을 사용하면 한 번의 조건 검사만으로 동일한 결과를 출력하기 때문에 **if** 문 보다 효율적이다. 다음은 두 정수 중 큰 수를 반환하는 함수를 **if-else** 문을 사용하여 작성한 예제이다.

예제 3-5

```
1:  #include <stdio.h>
2:  int max_num(int a, int b);
3:  int main(void)
4:  {
5:      int num1, num2;
6:
7:      printf("첫 번째 정수 입력 : ");
8:      scanf("%d", &num1);
9:      printf("두 번째 정수 입력 : ");
10:     scanf("%d", &num2);
11:     printf("큰 수는 %d \n", max_num(num1, num2));
12:     return 0;
13: }
14:
15: int max_num(int a, int b)
16: {
17:     if(a > b) return a;
18:     else return b;
19: }
```

예제의 **max_num()**는 **if-else** 문을 사용하여 조건이 참일 경우 매개변수 **a**의 값을 반환하고, 거짓인 경우 **b**의 값을 반환한다.

연습문제 3.2

1. 하나의 정수를 입력받아 그 값이 홀수인지 짝수인지를 판별하는 프로그램을 **if-else** 문으로 작성하시오.

2. 예제 3-3에서 사용자가 입력한 답이 맞았을 경우 "정답입니다", 틀렸을 경우 "오답입니다"를 출력하도록 **if-else** 문을 사용하여 프로그램을 수정하시오.

3.3 코드 블록의 사용

C 언어의 제어문에서 조건의 결과에 따라 수행시킬 수 있는 문장은 하나이다. 다음 예제의 실행 결과를 살펴보자.

예제 3-6

```
1:  #include <stdio.h>
2:  int main(void)
3:  {
4:      int num;
5:
6:      printf("2+2? : ");
7:      scanf("%d", &num);
8:      if(num == 2+2) printf("정답! \n");
9:      else printf("오답! \n");
10:          printf("공부 좀 더 하지? \n");
11:     return 0;
12: }
```

❶ … 실행 결과

```
2+2? : 4↵
정답!
공부 좀 더 하지?
```

위의 프로그램 의도는 사용자가 입력한 답이 맞았을 경우 8번째 줄의 **printf("정답! \n");**을 실행하고, 답이 틀렸을 경우 9, 10번째 줄의 **printf("오답! \n");**과 **printf("공부 좀 더 하지? \n");**를 실행하고자 하였다. 그러나 **if-else** 문의 목표문이 될 수 있는 문장은 8번째 줄 **printf("정답! \n");** 하나와 9번째 줄의 **printf("오답! \n");** 하나이다. 결국 10번째 줄의 문장은 **if-else**와 관련 없는 독립된 문장이 되어, 조건과 상관없이 무조건 실행되게 된다.

코드 블록(code block)은 여러 개의 문장들을 하나의 문장처럼 만들어주는 역할을 한다. 여러 개의 문장들을 중괄호 **{ }**로 묶어버리면, 그 문장들은 논리적으로 하나의 문장처럼 인식되는 코드 블록이 된다.

코드 블록을 사용하여 위 예제의 **if-else** 부분을 수정하면 다음 예와 같다.

```
if(num == 2+2) printf("정답! \n");
else {                 // 코드 블록의 시작
    printf("오답! \n");
    printf("공부 좀 더 하지? \n");
}                      // 코드 블록의 끝
```

예에서 **else** 이하의 문장들은 코드 블록으로 묶여있기 때문에 하나의 문장처럼 인식되어, 조건 결과가 거짓일 때만 수행되는 **else** 문의 목표문이 된다.

일반적으로 프로그램 내에 코드 블록이 사용되면 예와 같이 들여쓰기를 하는 것이 좋다. 들여쓰기를 하게 되면 문장들의 구분이 명확해 져서, 프로그램을 수정하거나 분석하기가 쉬워진다.

연습문제 3.3

1. 사용자가 1을 입력하면 원의 넓이 (πr^2)를 계산하고, 2를 입력하면 사각형의 넓이 (가로×세로)를 계산하는 프로그램을 **if-else** 문과 코드 블록을 사용하여 작성하시오.

3.4 for 반복문과 증감 연산자

반복문은 어떤 문장이나 코드 블록을 지정된 회수 또는 조건에 맞추어 반복을 시키는 제어문이다. 반복문을 사용하지 않고 1부터 5까지 화면에 출력하는 프로그램을 작성한다면, 다음 예제와 같이 작성할 수 있다.

예제 3-7

```
1:  #include <stdio.h>
2:  int main(void)
3:  {
4:      printf("1");
5:      printf("2");
6:      printf("3");
7:      printf("4");
```

```
1:  #include <stdio.h>
2:  int main(void)
3:  {
4:      printf("12345");
5:      return 0;
6:  }
```

```
8:      printf("5");
9:      return 0;
10: }
```

만일 1부터 1000까지 출력하고자 할 때, 위의 방법을 사용한다면 비효율적인 프로그램이 될 것이다.

C의 제어문 중 하나인 반복문은 **for, while** 그리고 **do-while** 3가지 형태가 있다. 이 중 **for** 반복문은 가장 많이 사용되며, 굉장히 다양한 변형과 융통성을 가지고 있다. 이 절에서는 **for** 반복문의 기본적인 사용 방법에 대하여 알아본다. **for** 문의 구조와 문법은 다음 그림과 같다.

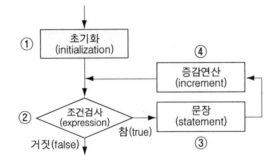

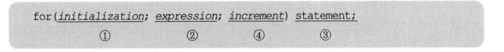

위의 형식에서 ① 초기화는 반복문에 들어가기 전에 필요로 하는 초기화 문장을 의미한다. 일반적으로 반복을 제어하기 위해 사용되는 변수(**반복 제어 변수**)의 초기화하는 문장이 포함된다. ② 조건검사는 반복을 계속할 것인지의 여부를 판단하기 위한 조건 수식이 들어가며, 조건의 결과가 참이면 ③의 문장을 수행하고, 조건의 결과가 거짓이면 반복이 종료된다. ③은 ②의 조건을 만족했을 때 수행하는 목표문이 되며, 수행할 문장이 하나 이상이라면 코드 블록을 사용한다. ④의 증감 연산은 반복 제어 변수를 증가 혹은 감소시킴으로서 반복 회수를 조절하기 위한 문장이 들어간다. **for** 반복문을 사용하여 예제 3-7을 수정하면 다음과 같다.

예제 3-8

```
1:  #include <stdio.h>
2:  int main(void)
3:  {
4:     int i;
5:
6:     for(i=1; i<6; i=i+1) printf("%d", i);
7:     return 0;
8:  }
```

6번째 줄 반복문에서 **i=1**이 제일 먼저 수행되고, **i<6**의 결과가 참일 때 까지 **printf("%d", i);** 문장을 반복하게 된다. 반복 제어 변수 **i**의 값은 **i=i+1** 문장에 의해 1씩 증가하므로, 목표문을 5번 반복하게 될 것이다.

for 반복문에서 초기화, 조건검사, 증감연산 부분은 C에서 사용 가능한 모든 문장이 올 수 있다. 따라서 반복 제어 변수와 관련되지 않더라도 C의 문법에 맞는 임의의 문장을 식으로 사용할 수 있으며, 정수형 변수가 아닌 다른 자료형의 변수를 반복 제어 변수로 사용할 수 있다. 다음 예제를 확인해 보자.

예제 3-9

```
1:  #include <stdio.h>
2:  int main(void)
3:  {
4:     int i;
5:     double d;
6:
7:     for(i=10; i<10; i=i+1) printf("%d ", i); //반복이 한 번도 수행되지 않는다.
8:     for(i=1; i<10; i=i+2) printf("%d ", i);
9:     printf("\n");
10:    for(i=10; i>0; i=i-1) printf("%d ", i);
11:    printf("\n");
12:    for(d=0.1; d<0.5; d=d+0.1) printf("%f ", d);
13:    return 0;
14: }
```

반복할 문장이 여러 개라면 코드 블록을 사용한다. 다음 예제는 1부터 100까지의 홀수의 합과 짝수의 합을 계산하는 프로그램을 **for** 반복문과 코드 블록을 사용하여 작성하였다.

예제 3-10

```
1:  #include <stdio.h>
2:  int main(void)
3:  {
4:     int i, odd_sum=0, even_sum=0;
5:
6:     for(i=1; i<101; i=i+2){
7:         odd_sum = odd_sum + i;          // 홀수의 합을 누적
8:         even_sum = even_sum + (i+1);  // 짝수의 합을 누적
9:     }
10:    printf("홀수의 합 : %d \n", odd_sum);
11:    printf("짝수의 합 : %d \n", even_sum);
12:    return 0;
13: }
```

7번째 줄의 문장에서 반복이 계속될 때마다 변수 **odd_num**에 **i**의 값(1, 3, 5, …
99)이 누적이 되고, 8번째 줄의 문장에서는 변수 **even_num**에 **i+1**의 값(2, 4, 6, …
100)이 누적된다.

● 증감 연산자

for 반복문에서 반복 제어 변수의 값을 1씩 증가 혹은 감소시킬 때, 증가 연산자
(**++**)나 감소 연산자(**--**)를 사용할 수 있다.

표 3-2 : 증감 연산자

연산자	연산자의 의미	사용 예
++	증가 연산	i++, ++i
--	감소 연산	i--, --i

표의 사용 예와 같이 **i=i+1** 문장은 **i++**(또는 **++i**), **i=i-1** 문장은 **i--**(또는
--i)와 결과가 동일하다. 증가 연산자를 사용하여 예제 3-8을 수정하면 다음 예와
같다.

```
for(i=1; i<6; i++) printf("%d", i);
```

증감 연산자의 사용에 있어 주의할 사항은 증감 연산자가 치환문을 포함한 다른 연산
자들과 함께 사용될 때이다. 이 경우 증감 연산자가 **후위형**(postfix), **전위형**
(prefix)인가에 따라 계산 결과가 달라진다. 후위형은 연산자가 피연산자 뒤(**i++**,

i--)에, 전위형은 피연산자 앞(**++i, --i**)에 사용되는 것을 말한다.

증감 연산자가 후위형으로 사용되면, 피연산자의 값이 먼저 사용된 다음 피연산자를 증가 혹은 감소하게 된다. 전위형으로 사용되면, 피연산자의 증가 혹은 감소 연산이 먼저 수행되고 피연산자의 값이 사용된다. 다음 예제로 확인해 보자.

예제 3-11

```
1:  #include <stdio.h>
2:  int main(void)
3:  {
4:      int i = 5, j = 5, k;
5:
6:      k = i++;
7:      printf("k : %d \n", k);
8:      printf("j : %d \n", j++);
9:      k = ++i;
10:     printf("k : %d \n", k);
11:     printf("j : %d \n", ++j);
12:     return 0;
13: }
```

❗ ··· 실행 결과

```
k : 5
j : 5
k : 7
j : 7
```

6번째 줄에서 증감 연산자가 후위형으로 사용되었다. 따라서 아래의 그림과 같이 변수 **i**의 값 5가 변수 **k**에 먼저 치환되고 난 후 **i**가 증가하여 6이 된다.

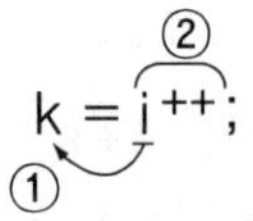

$$k = i^{++};$$

9번째 줄에서는 증감 연산자가 전위형으로 사용되었다. 따라서 아래 그림과 같이 변수 **i**의 값 6이 먼저 증가되어 7이 되고, 그 값이 변수 **k**에 치환된다.

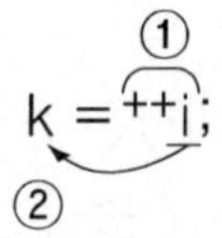

$$k = {}^{++}i;$$

8, 11번째 줄 역시 치환문과 동일한 연산을 수행하게 된다. 다음 예제 또한 증감 연산자의 위치에 따라서 다른 결과를 나타낼 수 있다는 것을 보여준다.

예제 3-12

```
1:  #include <stdio.h>
2:  int main(void)
3:  {
4:      int i, j=4;
5:
6:      i = j-- * 5;
7:      printf("결과 : %d \n", i);
8:      i = --j * 5;
9:      printf("결과 : %d \n", i);
10:     return 0;
11: }
```

6번째 줄의 연산은 **j**의 값이 먼저 사용이 되고 **j**가 1 감소되므로 **i=4*5**의 형태와 같은 문장이며, 8번째 줄은 **j**의 값이 먼저 1 감소되고, 나머지 계산이 수행되므로 **i=2*5**의 형태의 문장이 된다.

증감 연산자가 단독으로 사용될 경우에는 전위형이나 후위형이나 그 결과의 차이는 없다.

연습문제 3.4

1. 하나의 정수를 입력받아 1부터 입력받은 정수까지의 합을 계산하는 프로그램을 **for** 반복문을 사용하여 작성하시오.

2. 두 개의 정수를 변수 num1, num2에 입력받아 num1<num2일 때 num1~num2 사이의 정수들의 합을 계산하는 프로그램을 **for** 반복문을 사용하여 작성하시오.

3. 1부터 20까지의 수들 중에서 3으로 나누어떨어지는 수를 출력하는 프로그램을 **for** 반복문을 사용하여 작성하시오.

4. 다음과 같은 수열로 300 이하의 모든 항을 출력하는 프로그램을 작성하시오.
   ① 1, 7, 13, 19, 25 ...
   ② 3, 6, 12, 24, 48 ...

5. 4번 문제에서 수열의 모든 항의 합을 계산하여 출력하는 프로그램을 작성하시오.

3.5   printf()와 특수 문자

이 절에서는 '\n'과 같은 특수한 문자들의 종류와 사용 방법을 알아본다. 먼저 특수한 형태의 문자가 필요한 이유를 생각해 보자.

예제 3-13

```
1: #include <stdio.h>
2: int main(void)
3: {
4:     printf("큰따옴표는 '"'입니다.");
5:     return 0;
6: }
```

위 예제에서 **printf()**는 문자열 중 "큰따옴표는 '" 까지만 인식하고, 나머지 '입니다." 는 문법에 맞지 않는 것으로 판단하여 오류를 발생시킨다.

```
printf("큰따옴표는 '"'입니다.");
           ↳printf()가 인식하는 문자열
```

C에서는 큰따옴표, 작은따옴표, <enter>, <tab>등 직접 표현하거나 입력할 수 없는 몇몇 문자들을 특수 문자를 사용하여 표현하는데, 이것을 **역 슬래쉬 코드** (backslash character code 또는 escape sequence) 라고 한다. 역 슬래쉬 코드는 다음 표와 같이 역 슬래쉬(\) 문자와 미리 약속되어 있는 하나의 문자를 사용하여 나타낸다. 역 슬래쉬 코드를 사용하여 위의 문장을 수정하면 다음과 같다.

```
printf("큰따옴표는 '\"'입니다.");
```

표 3-3 : 역 슬래쉬 문자 코드

역 슬래쉬 코드	의미	ASCII Code (16진수)
\a	Bell 소리	7 (7)
\b	백스페이스 (backspace)	8 (8)
\f	폼 피드 (form feed)	12 (c)
\n	뉴 라인 (new line; line feed)	10 (a)
\r	캐리지 리턴 (carriage return)	13 (d)

\t	수평 탭 (horizontal tab)	9 (9)
\v	수직 탭 (vertical tab)	11 (b)
\\	역 슬래쉬 (back slash)	92 (5c)
\'	작은따옴표 (single quote)	39 (27)
\"	큰 따옴표 (double quote)	34 (22)
\0	널 문자 (null character)	0 (0)

위의 표에서 '**\b**'는 키보드의 <backspace>, '**\t**'는 <tab>을 의미하며, 문자 '**\f**'와 '**\v**'는 프린터와 같은 출력장치를 제어하기 위해 사용된다. 다음은 '**\b**', '**\t**'의 사용 예를 나타내었다.

예제 3-14

```
1: #include <stdio.h>
2: int main(void)
3: {
4:     printf("Programming\tLanguage\b \n");
5:     return 0;
6: }
```

❗ ··· 실행 결과

```
Programming    Languag
```

'**\r**'은 캐럿을 현재 줄의 처음으로 이동시키는 Carriage Return(CR)을 의미하며, 키보드의 <enter>에 해당하는 문자이다. '**\n**'은 New Line(NL)을 말하며, 캐럿의 위치를 다음 줄로 이동시킨다. 따라서 '**\r**'+'**\n**'의 조합이 실행되면 개행(캐럿의 위치가 다음 줄의 처음으로 이동)이 된다. 개행의 처리 방법은 운영체제에 따라 조금씩 달라진다. Unix/Linux의 경우 '**\n**', DOS/Windows는 '**\r**'+'**\n**', MAC OS는 '**\r**'을 사용한다.

DOS/Windows에서 개행을 위해 '**\n**'만 사용하는 것은 **printf()**가 '**\n**'을 출력할 때 '**\r**'+'**\n**'의 조합으로 변환해 주기 때문이다. 이것의 세부 내용은 10장에서 다시 다루게 된다.

역 슬래쉬 코드는 두 개의 문자로 구성되어 있지만, C에서는 하나의 문자 상수로 취급한다. 따라서 역 슬래쉬 코드를 문자 상수로 사용할 때에는 다음 예제와 같이 일반 문자처럼 작은따옴표를 사용하여 표현한다.

예제 3-15

```
1:  #include <stdio.h>
2:  int main(void)
3:  {
4:      char ch, ch2;
5:
6:      ch = '\t';
7:      ch2 ='\'';
8:      printf("tab %c tab \n", ch);
9:      printf("작은따옴표 : %c \n", ch2);
10:     return 0;
11: }
```

연습문제 3.5

1. 1부터 10까지 수들을 화면에 출력하는 프로그램을 **for** 반복문을 사용하여 작성하시오. 이 때 각 숫자 사이를 <tab>으로 구분하시오.

2. **printf()**를 사용하여 실행 결과와 같이 화면에 출력하시오.

> ... 실행 결과

```
"c:\exam\test"
```

3.6 논리 연산자와 연산자 우선순위

C의 **논리 연산자**(logical operator)는 두 개 이상의 관계 수식을 하나의 수식으로 결합하여 참이나 거짓을 판단하기 위해서 사용된다. C의 세 가지 논리 연산자는 다음과 같다.

표 3-4 : 논리 연산자

연산자	연산자의 의미	사용 예
&&	피연산자가 모두 참이면 1(참)을 반환 (AND)	a && b
||	피연산자 중 하나라도 참이면 1(참)을 반환 (OR)	a || b
!	피연산자가 참이면 거짓(0)을, 거짓이면 참(1)을 반환 (NOT)	!a

논리 연산자의 사용 방법을 간단한 예제를 통해 살펴보자.

예제 3-16

```
1: #include <stdio.h>
2: int main(void)
3: {
4:     int a = 3, b = -1;
5:
6:     printf("%d \n", 3 && -1);
7:     printf("%d \n", a || b);
8:     printf("%d, %d \n", !a, !b);
9:     return 0;
10: }
```

논리 연산자는 피연산자의 데이터를 오직 참과 거짓으로만 해석하며, 연산의 결과 역시 참(1) 또는 거짓(0)으로 출력한다.

만일 "변수 **a**의 값이 0보다 크고, 변수 **b**의 값이 0보다 작을 때"라는 문장을 관계 연산자와 논리 연산자를 사용하여 표현한다면, **a>0 && b<0**와 같은 형태가 된다. 이 경우 관계 연산자는 논리 연산자 보다 우선순위가 높기 때문에 이 수식은 다음 그림과 같은 순서로 진행된다.

$$a > 0 \quad \&\& \quad b < 0$$
$$\underline{\quad\quad}_{①} \quad \underline{\quad\quad}_{②}$$
$$\underline{\quad\quad\quad\quad}_{③}$$

다음 프로그램의 실행 결과를 확인해보자.

예제 3-17

```
1:  #include <stdio.h>
2:  int main(void)
3:  {
4:    char key;
5:
6:    printf("command : ");
7:    scanf("%c", &key);
8:    if(key == 'q' || key == 'Q') printf("Quit. \n");
9:    if(key == 'h' || key == 'H') printf("Help. \n");
10:   if(key == 'm' || key == 'M') printf("Print Message. \n");
11:   return 0;
12: }
```

논리 연산자를 잘못 사용하는 경우는 "변수 x가 1보다 크고 10보다 작을 때"라는 조건을 다음과 같은 수학적인 형태로 표현하는 것이다.

```
1<x<10   // 잘못된 사용법
```

위의 조건식은 문법적으로는 올바르다. 그러나 조건이 **1<x<10**일 경우, 이것은 **(1<x)<10**과 동일한 문장이기 때문에 **x**가 어떤 값이 되어도 결과가 항상 참이 되기 때문이다.

```
x>1 && x<10   // 올바른 사용법
```

지금까지 학습한 연산자들의 우선순위를 다음과 같이 정리할 수 있다.

표 3-5 : 연산자의 우선순위

우선순위	연산자의 의미
높음 ↑	( ) (괄호)
	!, ++, --, +(단항 연산자), -(단항연산자)
	*, /, %
	+, -
	>, <, >=, <=
	==, !=
↓ 낮음	&&
	||
	=

1. 다음의 문장을 C의 조건식으로 표현하시오.
   ① 변수 a가 0이상이고 10미만이다.
   ② 변수 b가 1이상이거나 100미만이다.
   ③ 변수 c는 변수 a보다 작고, 변수 b보다 작다.
   ④ 변수 x는 변수 y 또는 변수 z보다 작으며 0보다 크다.

2. 시간을 입력받아 0~12 사이이면 "good morning", 13~18 사이이면 "good afternoon", 19~24 사이이면 "good evening"을 출력하는 프로그램을 작성하시오.

3. 다음 그림은 디지털 논리 회로 중 배타적 논리합(XOR) 소자의 심벌과 진리표를 나타낸다. 두 개의 정수를 매개변수로 전달받아 XOR의 기능을 수행하여 결과를 반환하는 사용자 정의 함수 **xor()**과 이 함수를 사용하는 프로그램을 작성하시오.

$$Y = A \cdot \overline{B} + \overline{A} \cdot B$$

A	B	Y
0	0	0
0	1	1
1	0	1
1	1	0

4. 다음 프로그램은 올바르게 수행될 수 있는가? 틀리다면 어떻게 수정해야 하는가?

```
1:   #include <stdio.h>
2:   int main(void)
3:   {
4:       int num;
5:
6:       printf("정수 입력 : ");
7:       scanf("%d", &num);
8:       if(1<= num <= 10) printf("%d는 1과 10 사이의 수입니다. \n", num);
9:       else printf("%d는 1과 10 사이의 수가 아닙니다. \n", num);
10:      return 0;
11: }
```

종합문제

1. 구어, 영어, 수학 성적을 입력받아 3과목의 평균과 학점을 출력하는 프로그램을 **if-else** 문을 사용하여 작성하시오. 단, 학점 평균이 90 이상이면 A, 80 이상이면 B, 70 이상이면 C, 60 이상이면 D, 그 이하는 F를 출력한다.

2. 두 정수를 매개변수로 전달받아, 두 정수의 차를 계산하여 반환하는 사용자 정의 함수 **diff()**와 이 함수를 사용하는 프로그램을 **if-else** 문을 사용하여 작성하시오. 단, 입력받은 수 들 중에서 큰 수에서 작은 수를 **빼야** 한다.

3. 하나의 문자를 매개변수로 전달받아, 영문자인지 아닌지를 판별하여 반환하는 사용자 정의 함수 **alphabet()**와 이 함수를 사용하는 프로그램을 **if-else** 문을 사용하여 작성하시오.

4. 다음과 같은 구구단 출력 프로그램을 **for** 문을 사용하여 작성하시오.

ⓘ··· 실행 결과

```
출력할 단을 입력 하세요 : 5↵
 5 * 1 = 5
 5 * 2 = 10
 5 * 3 = 15
     :
 5 * 9 = 45
```

5. 1부터 100사이의 수들 중에서 3의 배수이면서 5의 배수인 수를 출력하는 프로그램을 **for** 문과 **if** 문을 사용하여 작성하시오.

6. 사각형의 개수와 각 사각형의 가로와 세로의 크기를 입력받아 사각형의 총 면적을 계산하는 프로그램을 **for** 문을 사용하여 작성하시오.

7. 임의의 수를 프로그램 내에 지정하여, 그 수를 알아맞히는 프로그램을 작성하시오.
   ① 사용자는 수를 알아맞히기 위해 10번 까지 수를 추측하여 입력할 수 있다.
   ② 입력된 수가 정답인 수와 일치하면 "정답" 메시지를 출력하고 프로그램을 끝낸다.
   ③ 만일 추측한 수가 정답인 수보다 작으면 "숫자가 작습니다!"를 출력한다.
   ④ 만일 추측한 수가 정답인 수보다 크면 "숫자가 큽니다!"를 출력한다.
   ⑤ ③-④과정을 정답인 수를 맞추거나 10번까지 계속 수행한다.
   ⑥ 시도한 회수도 함께 출력한다.

8. 원금을 a, 연리를 r이라 할 때 n년 후의 원리합계 P는 복리로 $P = a(1+r)^n$이다. a, r, n의 값을 매개변수로 전달받아, P를 계산하여 반환하는 사용자 정의 함수 **compound()**와 이 함수를 사용하는 프로그램을 **for** 문을 사용하여 작성하시오.

Chapter 04

다양한 형태의 제어문

이 장에서는 앞장에서 살펴보았던 **if** 조건문 외에 중첩된 **if** 문과 **if-else-if** 구조, **if-else** 문을 간결하게 표현할 수 있는 조건 연산자에 대하여 알아본다. 그리고 **for** 반복문의 다양한 사용법과 **while**, **do-while** 반복문, **switch** 문에 대하여 다룬다. 그리고 반복문들 내에서 문장의 흐름을 강제로 변화시키기 위한 **break** 문과 **continue** 문, 무조건 분기문인 **goto** 문에 대하여 살펴본다.

4.1 if 조건문의 다양한 사용법

4.1.1 if 조건문의 중첩

if 문이나 **else** 문의 목표문 내에 또 다른 **if** 문이 존재할 때 이것을 **중첩된 if 문** (nested if)이라 한다. 중첩된 **if** 문의 간단한 형태를 먼저 살펴보자.

```
if(a>0)
    if(b<100) printf("결과 : 0 < %d < 100 \n", a);
```

위 예는 두 개의 **if** 문이 사용되었다. 두 번째 줄의 **printf()**는 변수 **a**가 0보다 크고, 100보다 작아야만 수행된다. 따라서 두 번째 **if** 문은 첫 번째 **if** 문의 결과가 참일 때만 수행되는 목표문이 된다.

만일 다음 예와 같이 하나의 **else** 문이 여러 개의 **if** 문과 함께 사용되는 경우, **else** 문은 동일한 블록 내에서 가장 가까운 **if** 문과 연결된다. 이러한 경우 왼쪽보다 오른쪽과 같이 들여쓰기를 하는 것이 프로그램을 쉽게 읽을 수 있다.

```
if(a>0)                          if(a>0)
    if(b<0) printf("a>0, b<0");      if(b<0) printf("a>0, b<0");
else printf("a>0, b>0");             else printf("a>0, b>0");
```

if-else 문에서 else 문이 또 다른 if 문을 목표문으로 가질 수 있다. 이러한 제어문을 if-else-if 조건문이라 하며, 형식은 다음과 같다.

```
if(expression1) statement1;
else if(expression2) statement2;
    else if(expression3) statement3;
        else if(expression4) statement4;
                    :
                    else statement5;
```

위의 형식에서 조건1(expression1)이 참이면 문장1(statement1)이 수행되며, 거짓이면 else 문 이하의 조건2(expression2)를 검사하고 결과가 참이면 문장2(statement2)가 수행되는 구조이다. 만일 위 형식에서 마지막의 else 문이 존재하지 않고, 모든 조건식이 거짓이라면 어떤 문장도 수행되지 않는다.

if-else-if 문을 위의 형식과 같이 들여쓰기를 할 경우, 문장 구조가 너무 깊게 들어갈 수 있다. 이러한 경우 프로그램을 수정하는 데 어려움이 있기 때문에 if-else-if 문은 일반적으로는 다음과 같은 작성 방법을 사용한다.

```
if(expression1) statement1;
else if(expression2) statement2;
else if(expression3) statement3;
else if(expression4) statement4;
            :
else statement5;
```

if-else-if 문을 사용하여 예제 3-17의 if 문을 다시 작성하면 다음과 같다.

```
if(key == 'q' || key == 'Q') printf("Quit. \n");
else if(key == 'h' || key == 'H') printf("Help. \n");
else if(key == 'm' || key == 'M') printf("Print Message. \n");
```

예제 3-17은 if 문과 관련된 모든 조건 검사를 수행해야 하지만, 위 예는 첫 if 문의 조건이 참일 경우 나머지 조건 검사는 수행하지 않기 때문에 예제 3-17보다 효율적이다.

if-else-if 문과 코드 블록을 함께 사용하면, 조건을 만족했을 때 여러 개의 문장을 수행시킬 수 있다. 다음은 **if-else-if** 문과 코드 블록을 사용한 예제이다.

예제 4-1

```
 1:  #include <stdio.h>
 2:  int main(void)
 3:  {
 4:      char key;
 5:
 6:      printf("command : ");
 7:      scanf("%c", &key);
 8:      if(key == 'q' || key == 'Q') {
 9:          printf("Operation Done. \n");
10:          printf("Press any key to Quit. \n");
11:      }
12:      else if(key == 'h' || key == 'H') {
13:          printf("h or H : This screen. \n");
14:          printf("m or M : Print out message. \n");
15:          printf("q or Q : Quit");
16:      }
17:      else if(key == 'm' || key == 'M') printf("Print Message. \n");
18:      return 0;
19: }
```

4.1.3 조건 연산자

조건 연산자(conditional operator) **?**는 C 언어의 유일한 **삼항 연산자**(ternary operator)이다. 조건 연산자는 **if-else** 문을 간단하게 표현하는데 사용되며, 세 개의 피연산자를 가지고 있다. **if-else** 문과 조건 연산자의 관계는 다음과 같다.

if(*expression*) *statement1*; else *statement2*;	(*expression*) ? *statement1* : *statement2* ;

조건 연산자 **?** 앞에 조건식이 있고 **?** 뒤에 콜론 **:** 사이에 두 개의 문장이 온다. **?**와 **:**은 하나의 연산자를 구성하는 짝이기 때문에 반드시 함께 사용되어야 한다. 조건 연산자는 조건식의 결과가 참이면 문장1을 수행하고 거짓이면 문장2를 수행한다. 다음 사용예는 조건 연산자와 **if-else** 문을 비교한 것이다.

```
if(i<0)printf("음수");          (i<0) ? printf("음수") : printf("양수");
else printf("양수");
```

조건 연산자의 조건식에는 일반적으로 관계 연산자를 사용하지만, 다른 제어문의 조건식과 마찬가지로 변수나 상수, 함수 호출문 등 참과 거짓을 판별할 수 있는 모든 문장이 올 수 있다. 그리고 조건 연산자의 괄호는 필요에 따라 생략할 수도 있다. 다음 예제를 살펴보자.

예제 4-2

```
 1:  #include <stdio.h>              1:  #include <stdio.h>
 2:  int main(void)                  2:  int main(void)
 3:  {                               3:  {
 4:      int i, j, k;                4:      int i, j, k;
 5:                                  5:
 6:      printf("정수 1 입력 : ");    6:      printf("정수 1 입력 : ");
 7:      scanf("%d", &i);            7:      scanf("%d", &i);
 8:      printf("정수 2 입력 : ");    8:      printf("정수 2 입력 : ");
 9:      scanf("%d", &j);            9:      scanf("%d", &j);
10:      if(i>j) k=i;               10:      k=(i>j) ? i : j;
11:      else k=j;                  11:      printf("큰 수 : %d \n", k);
12:      printf("큰 수 : %d \n", k); 12:      return 0;
13:      return 0;                  13: }
14: }
```

오른쪽 예제에서 10번째 줄의 조건 연산자는 조건식 **(i>j)**를 검사하고, 결과가 참이면 **i**를 **k**에 치환하며, 거짓이면 **j**를 치환한다. 따라서 이 문장은 왼쪽 예제의 **if-else**와 동일한 결과를 나타낸다. 또한 오른쪽 예제의 10, 11번째 문장을 다음과 같이 사용해도 그 결과는 동일하다.

```
printf("큰 수 : %d \n", (i>j) ? i : j);
```

만일 여러 개의 조건을 조건 연산자를 사용하여 표현하고자 한다면, 다음 예제와 같이 조건 연산자를 중첩해서 사용할 수 있다.

예제 4-3

```
1:  #include <stdio.h>
2:  int main(void)
3:  {
4:     int i, j, k;
5:
6:     printf("정수 1 입력 : ");
7:     scanf("%d", &i);
8:     printf("정수 2 입력 : ");
9:     scanf("%d", &j);
10:    k = (i > j) ? i : (j < 0) ? 0 : j;
11:    printf("출력 값 : %d \n", k);
12:    return 0;
13: }
```

예제 10번째 줄에서 조건 **i > j**가 참이면 **i**가 **k**에 치환되고, 거짓이면 **(j < 0) ? 0 : j** 문장이 수행된다. 그리고 **j < 0** 참이면 **0**이 **k**에 치환되고, 거짓이면 **j**가 치환된다.

위의 예제와 같이 조건 연산자에 여러 개의 조건이 사용되면 문장이 다소 복잡해 보일 수 있다. 이러한 경우 다음 예와 같이 괄호를 사용하면 그 의미가 좀 더 분명해 진다.

```
k = (i > j) ? i : ((j < 0) ? 0 : j);
```

연습문제 4.1

1. 3.1절의 연습문제 2번을 **if-else-if** 문으로 작성하시오.

2. 3.3절의 연습문제 1번을 확장하여 원이나 사각형 또는 삼각형의 넓이를 계산하는 프로그램을 **if-else-if** 문으로 작성하시오.

3. 3.6절의 연습문제 2번을 **if-else-if** 문으로 작성하시오

4. 3장 종합문제 2번을 조건 연산자 **?**를 사용하여 다시 작성하시오.

4.2 for 반복문의 다양한 사용법

이 절에서는 **for** 반복문을 다양한 형태로 변형시킴으로써, **for** 반복문이 가지는 뛰어난 융통성을 살펴보도록 한다. **for** 반복문의 조건 검사 부분은 참과 거짓을 판별할 수 있는 다양한 형태가 사용될 수 있다. 다음 예제를 살펴보자.

예제 4-4

```
1:  #include <stdio.h>
2:  int main(void)
3:  {
4:      int i, j=1;
5:
6:      for(i=1; j!=0; i++){
7:          printf("** %d 번째 반복 ** \n", i);
8:          printf("숫자 입력 : ");
9:          scanf("%d", &j);
10:     }
11:     printf("종료! \n");
12:     return 0;
13: }
```

6번째 줄의 **for** 반복문은 변수 **j**의 값이 0일 때 반복이 종료된다. 따라서 9번째 줄에서 입력된 값이 0이 아니라면, 코드 블록의 문장들을 계속 수행한다.

또한 필요에 따라 **for** 반복문의 초기화, 조건검사, 증감연산 부분 중 특정 부분을 사용하지 않아도 프로그램의 수행에 문제가 없다면 생략할 수 있다. 다음 예제는 사용자가 입력한 수만큼 목표문이 반복된다.

예제 4-5

```
1:  #include <stdio.h>
2:  int main(void)
3:  {
4:      int i;
5:
6:      printf("정수 입력 : ");
7:      scanf("%d", &i);
8:      for( ; i; i--) printf("i = %d \n", i);
9:      return 0;
10: }
```

8번째 줄의 **for** 반복문은 초기화 부분이 생략되었으며, 조건 검사에 변수 **i**만 사용되었다. 따라서 변수 **i**의 값이 0이 되면 반복문이 종료된다.

다음 예제와 같이 필요에 따라 널 문장을 사용하여 **for** 반복문이 수행해야할 목표문을 생략할 수도 있다. 이것은 C 언어가 **널 문장**(null statement)의 사용을 허용하기 때문이다. 널 문장은 문장을 종료하는 세미콜론만으로 이루어진 문장이며, 수행할 실행 코드가 존재하지 않기 때문에 아무 동작을 하지 않는다.

예제 4-6

```
1:  #include <stdio.h>
2:  int main(void)
3:  {
4:      int i;
5:
6:      for(scanf("%d", &i); i!=0; scanf("%d", &i)) ;
7:      return 0;
8:  }
```

6번째 줄에서 반복문의 목표문에 널 문장이 사용되었기 때문에 조건이 참이어도 아무 동작을 하지 않고, 사용자가 0을 입력할 때까지 반복이 계속된다.

● **무한 반복의 생성**

반복문의 한 가지 형태로 **무한 반복문**(infinite loop)이 있다. 무한 반복문은 반복을 종료하지 않고 목표문을 계속 수행하는 반복문을 말한다. 무한 반복문은 반복문의 조건이 잘못되어 의도하지 않게 무한 반복이 될 수도 있지만, 프로그램에 따라 의도적으로 무한 반복을 생성해야 하는 경우도 있다. 다음 예제는 **for** 반복문을 사용하여 의도적으로 무한 반복을 수행한다.

예제 4-7

```
1:  #include <stdio.h>
2:  int main(void)
3:  {
4:      int sum=0, num;
5:
6:      for( ; ; ) {
7:          printf("정수 입력 : ");
8:          scanf("%d", &num);
9:          sum = sum + num;
```

```
10:        printf("누적 값 : %d \n", sum);
11:    }
12:    return 0;
13: }
```

예제의 6번째 줄과 같이 **for** 반복문에 초기화, 조건 검사, 증감 연산의 문장이 없을 경우 무한 반복문이 된다. 이러한 경우에는 반복문을 강제로 종료시키기 전까지는 반복이 종료되지 않고 계속 수행된다.

> 📖 **참고** 의도적인 무한 반복의 경우, 목표문 내에서 어떤 조건을 만족했을 때 반복을 탈출하도록 하는 코드가 포함되는 것이 일반적이다(조금 뒤에 이 방법에 대하여 설명한다). 그러나 의도적이지 않는 무한 반복의 경우 프로그램이 종료되지 않으므로, 이러한 경우에는 **Ctrl+C**또는 **Ctrl+Break**를 사용하여 프로그램을 강제 중단시켜야 한다.

4.3 while 반복문

while 반복문은 주어진 조건이 거짓이 될 때 까지 문장이나 코드 블록을 반복한다. **while** 반복문의 구조와 문법은 다음과 같다.

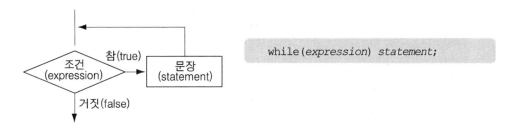

위 흐름도와 같이 **while** 반복문은 조건이 참일 동안 문장을 반복하며, 조건이 거짓이 되면 반복을 종료한다. 예제 4-5를 **while** 반복문을 사용하여 수정하면 다음과 같다.

예제 4-8

```
1:  #include <stdio.h>
2:  int main(void)
3:  {
4:      int i;
5:
6:      printf("정수 입력 : ");
7:      scanf("%d", &i);
8:      while(i != 0) {
9:          printf("i = %d \n", i);
10:         i--;
11:     }
12:     return 0;
13: }
```

8번째 줄의 **while** 반복문은 변수 **i**의 값이 0이 아니면 목표문을 수행한다. **i**의 값은 10번째 줄에서 1씩 감소하며, **i**가 0이 되면 반복문이 종료된다. 만일 반복문이 처음 시작될 때 사용자가 입력한 값이 0이라면 목표문은 한 번도 수행되지 않는다.

연습문제 4.3

1. **while** 반복문을 사용하여 무한 반복을 어떻게 생성할 수 있는가?

2. 다음 결과와 같이 구구단을 출력하는 프로그램을 **while** 반복문을 사용하여 작성하시오.

❶⋯ 실행 결과

```
출력할 단을 입력 하세요 : 5回
5 * 9 = 45
5 * 8 = 40
5 * 7 = 35
     :
5 * 1 = 5
```

3. 예제 4-7을 수정하여, 사용자가 0을 입력할 때까지 사용자가 입력한 정수를 계속 누적시키는 프로그램을 **while** 반복문을 사용하여 작성하시오.

4.4 do-while 반복문

do-while 반복문은 **while** 반복문과 매우 유사한 동작 방식을 가지고 있다. **do-while** 반복문의 구조와 문법은 다음과 같다.

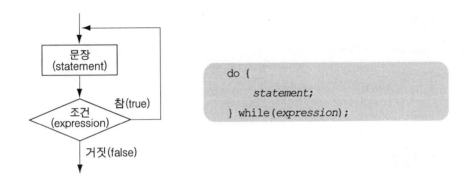

```
do {
    statement;
} while(expression);
```

while 반복문은 조건 검사를 먼저 수행하지만, 위 흐름도와 같이 **do-while** 반복문은 조건 검사를 뒤에서 수행한다. 따라서 **do-while** 반복문은 조건이 거짓이더라도 반드시 한 번은 목표문을 수행하게 된다. 예제 4-5를 **do-while** 반복문을 사용하여 수정하면 다음과 같다.

예제 4-9

```
1:   #include <stdio.h>
2:   int main(void)
3:   {
4:       int i;
5:
6:       printf("정수 입력 : ");
7:       scanf("%d", &i);
8:       do {
9:           printf("i = %d \n", i);
10:          i--;
11:      }while(i != 0);
12:      return 0;
13: }
```

```
1:   #include <stdio.h>
2:
3:   int main(void)
4:   {
5:       int i;
6:
7:       printf("정수 입력 : ");
8:       scanf("%d", &i);
9:       do printf("i = %d \n", i--);
10:      while(i != 0);
11:      return 0;
12: }
```

위의 두 예제는 동일한 결과를 출력한다. 만일 오른쪽 예제와 같이 수행될 문장이 하나라면 **do-while** 내의 코드 블록을 생략할 수도 있다. **do-while** 반복문은 다음 예제

와 같이 사용자가 특정 데이터를 입력할 때까지 입력 데이터를 검사하는데 유용하게 사용될 수 있다.

```
1:  #include <stdio.h>
2:  int main(void)
3:  {
4:      int op, num1, num2;
5:
6:      do {
7:          printf("연산 선택(1:덧셈, 2:뺄셈, 3:곱셈) : ");
8:          scanf("%d", &op);
9:      } while(op != 1 && op != 2 && op != 3);
10:     printf("첫 번째 정수 : ");
11:     scanf("%d", &num1);
12:     printf("두 번째 정수 : ");
13:     scanf("%d", &num2);
14:     if(op == 1) printf("덧셈 결과 : %d \n", num1+num2);
15:     else if(op == 2) printf("뺄셈 결과 : %d \n", num1-num2);
16:     else printf("곱셈 결과 : %d \n", num1*num2);
17:     return 0;
18: }
```

예제 9번째 줄의 조건 검사에서 변수 **op**에 입력된 값이 1, 2, 3이 아닐 경우 반복은 계속되고, **op**가 1, 2, 3 중의 하나의 값을 가지면 반복이 종료된다.

연습문제 4.4

1. **do-while** 반복문을 사용하여 무한 반복을 어떻게 생성할 수 있는가?

2. $1^2+2^2+\cdots+n^2$을 계산하는 프로그램을 **do-while** 반복문을 사용하여 작성하시오. 단, 누적된 총합이 5000을 넘으면, 그 때까지의 n과 총합을 화면에 출력하고 프로그램은 종료된다.

   🅘••• 실행 결과

   n의 값 입력 : 26
   n이 25일 때 총합 : 5525

4.5 반복문의 중첩

아래의 그림과 같이 반복문의 목표문 내에 또 다른 반복문이 존재할 때 이것을 반복문의 중첩이라 한다.

```
for(①){
   for(②){
      :
   }
}
```

```
for(①){
   while(②){
      :
   }
}
```

```
while(①){
   while(②){
      :
   }
}
```

중첩된 반복문은 조건 ①의 결과가 참일 때, 조건 ②가 거짓이 될 때까지 안쪽 반복문을 수행한다. 그리고 조건 ②가 거짓이면 다시 조건 ①을 검사하고, 조건 ①이 거짓이면 반복이 종료된다. 예제를 통하여 중첩된 반복문의 실행 과정을 확인해 보자.

예제 4-11

```
1:  #include <stdio.h>
2:  int main(void)
3:  {
4:    int i, j;
5:
6:    for(i=1; i<3; i++) {
7:       printf("** i 값:%d \n", i);
8:       for(j=2; j<4; j++)
9:          printf("j 값:%d \n", j);
10:   }
11:   return 0;
12: }
```

```
1:  #include <stdio.h>
2:  int main(void)
3:  {
4:    int i, j=2;
5:
6:    for(i=1; i<3; i++) {
7:       printf("** i 값:%d \n", i);
8:       while(j<4) {
9:          printf("j 값:%d \n", j);
10:         j++;
11:      }
12:      j=2;
13:   }
14:   return 0;
15: }
```

위의 예에서와 같이 C의 모든 반복문들은 서로 중첩될 수 있으며, 대부분의 컴파일러에서 중첩의 회수는 거의 제한이 없다. 다음의 예제는 **for** 반복문을 세 번 중첩한 경우이다.

예제 4-12

```
1:  #include <stdio.h>
2:  int main(void)
3:  {
4:      int i, j, k;
5:
6:      for(i=0; i<2; i++) {
7:          for(j=0; j<2; j++) {
8:              for(k=0; k<3; k++) printf("*");
9:              printf("\n");
10:         }
11:         printf("\n");
12:     }
13:     return 0;
14: }
```

다음의 예제는 반복문 중간에서 반복 제어 변수를 조작하는 간단한 예제이다. 반복문 내에서 반복 제어 변수가 어떻게 사용되었는지를 살펴보자.

예제 4-13

```
1:  #include <stdio.h>
2:  int main(void)
3:  {
4:      int i, j;
5:
6:      for(i=1; i<5; i++) {
7:          for(j=0; j<i; j++) printf("%d",i);
8:          printf("\n");
9:      }
10:     return 0;
11: }
```

7번째 줄의 반복문은 변수 **i**의 값에 따라 반복 회수가 달라진다.

연습문제 4.5

1. 다음 실행 결과와 같이 구구단 전체를 출력하는 프로그램을 중첩된 **for** 문을 사용하여 작성하시오.

◑···실행 결과

```
*** 구구단 ***
2 * 1 = 2
2 * 2 = 4
    ...
9 * 9 = 81
```

2. 주사위 두 개를 던질 때 두 눈의 합이 5가 되는 모든 경우의 수를 출력하는 프로그램을 중첩된 반복문을 사용하여 작성하시오.

3. 다음 실행 결과와 같이 출력되는 프로그램을 중첩된 반복문을 사용하여 작성하시오.

❶··· 실행 결과

```
****
***
**
*
```

4. 반복문을 사용하여 $1^3+2^3+\cdots+10^3$을 계산하는 프로그램을 작성하시오. 단, 3제곱의 계산도 반복문을 사용하시오.

4.6 반복문의 제어 – break 문

모든 반복문은 반복을 종료하기 위한 조건문이 포함되어 있지만, 무한 반복문과 같은 경우에는 조건과 상관없이 반복문을 강제 중단시켜야 한다. 이와 같이 반복문 내에서 조건과 상관없이 반복문을 강제로 종료하고자 할 때 사용하는 명령문이 **break** 문이다.

break 문은 반복문과 뒷 절에서 살펴 볼 **switch** 문에서만 사용되며, 반복문이 중첩되어 있을 경우 자신을 포함하고 있는 반복문 하나만 종료한다. 다음 예제는 무한 반복문에서 **break** 문을 사용한 예이다.

예제 4-14

```
1:   #include <stdio.h>
2:   int main(void)
3:   {
4:       int i=1;
5:
6:       for( ; ; ) {
7:           printf("i = %d \n", i);
8:           if(i == 10) break;
9:           i++;
10:      }
11:      return 0;
12: }
```

반복문 내에서 **break** 문의 사용 회수는 제한이 없으며, 다음 예제와 같이 반복문이 중첩될 경우 **break** 문은 자신을 포함하는 반복문만 탈출하게 된다.

예제 4-15

```
1:   #include <stdio.h>
2:   int main(void)
3:   {
4:       int i, j;
5:
6:       for(i=0;i<5;i++) {
7:           for(j=0; j<5; j++) {
8:               if(j == 3) break;
9:               printf("i = %d, j = %d \n", i, j);
10:          }
11:          if(i == 1) break;
12:      }
13:      return 0;
14: }
```

8번째 줄에서 변수 **j**가 3일 때, 7번째 줄의 **for** 반복문을 탈출한다. 그리고 11번째 줄에서 변수 **i**가 1일 때, 6번째 줄의 **for** 반복문을 탈출하게 된다.

연습문제 4.6

1. 사용자로부터 정수(n)를 입력받아 팩토리얼(factorial) n!을 계산하는 프로그램을 **for** 반복문을 사용하여 작성하시오. 단, 계산된 값이 500,000이 넘을 경우 반복을 중단한다.

2. 사용자로부터 두 개의 정수를 입력받아 두 정수의 최소 공배수를 찾는 프로그램을 무한 반복문과 **break** 문을 사용하여 작성하시오.

4.7 반복문의 제어 – continue 문

continue 문은 반복문 내에서 사용되며, 현재 continue 문 위치 이하의 모든 문장들을 무시하고 바로 조건 검사 위치로 이동한다. 다음 두 예제는 continue 문을 사용하여 1부터 10사이의 홀수를 출력한다.

예제 4-16

```
1:   #include <stdio.h>
2:   int main(void)
3:   {
4:       int i=0;
5:
6:       while(i<10) {
7:           i++;
8:           if(i%2 == 0) continue;
9:           printf("%d ", i);
10:      }
11:      return 0;
12:  }
```

```
1:   #include <stdio.h>
2:   int main(void)
3:   {
4:       int i;
5:
6:       for(i=0; i<10; i++) {
7:           if(i%2 == 0) continue;
8:           printf("%d ", i);
9:       }
10:      return 0;
11:  }
```

왼쪽 예제에서 8번째 줄의 조건의 결과가 참이면 continue 문 이하의 문장은 수행되지 않고, 6번째 줄의 조건 검사 위치로 이동하여 다시 조건을 검사하게 된다. continue 문이 while이나 do-while 반복문에서 사용되었을 때는 바로 조건 검사 위치로 이동하지만, 오른쪽 예제와 같은 for 반복문에서는 증감 연산 부분을 먼저 수행한 다음 조건 검사 위치로 이동한다.

continue 문은 반복문이 수행되는 동안 특정 조건에 해당하는 값을 반복 대상에서 제외시키고자 할 때 유용하게 사용될 수 있다. 다음 예제는 1부터 100 사이의 숫자 중에서 2와 3의 배수에 해당하는 값들은 출력하지 않는다.

예제 4-17

```
1:   #include <stdio.h>
2:   int main(void)
3:   {
4:       int i;
5:
6:       for(i=1; i<101; i++) {
```

```
7:        if(i%2 == 0 || i%3 == 0) continue;
8:        printf("%d ", i);
9:    }
10:    return 0;
11: }
```

1. a+b=15를 만족하는 모든 a와 b를 찾는 프로그램을 **continue** 문을 사용하여 작성
하시오(단, a와 b는 1부터 9사이의 수로 제한한다).

4.8 switch 문

switch 문은 **if-else-if** 문과 유사하게 조건에 따라서 프로그램의 흐름을 변경시
키는 목적으로 사용되며, 복잡한 **if-else-if** 문보다 문장 구조가 간결하다는 장점을
가지고 있다.

switch 문은 하나의 변수값을 평가하여 그 값에 대해 개별적인 처리를 지정할 수 있
는 제어문이다. **switch** 문의 구조와 문법은 다음과 같다.

```
switch (expression) {
    case  constant_1 : statement_1;
                       break;
    case  constant_2 : statement_2;
                       break;
             :
    case  constant_n : statement_n;
                       break;
    default : default_statement;
                       break;
}
```

switch 문의 수식(expression)에는 실수형을 제외한 문자형이나 정수형 변수 또는 정수형의 결과가 출력되는 수식이 사용된다. 수식의 값은 **case** 다음의 상수와 비교되며, 만일 그 값이 일치할 경우 콜론(:) 다음의 문장들을 수행하고 **break** 문에 의해 코드 블록을 탈출한다.

switch 문에서 **default**는 변수 값과 일치하는 상수가 **case**에 존재하지 않을 경우 수행되며, 필요하지 않을 경우 생략이 가능하다. **switch** 문의 코드 블록 사이에는 최대 256개의 **case**와 1개의 **default**를 사용할 수 있다. 다음은 **switch** 문을 사용한 간단한 예제이다.

예제 4-18

```
1:  #include <stdio.h>
2:  int main(void)
3:  {
4:      int i;
5:
6:      printf("정수 입력 :  ");
7:      scanf("%d", &i);
8:      switch(i) {
9:        case 1 : printf("One! \n");
10:             break;
11:       case 2 : printf("Two! \n");
12:             break;
13:       case 3 : printf("Three! \n");
14:             break;
15:       default : printf("I don't know! \n");
16:             break;
17:      }
18:     return 0;
19: }
```

📖 참고　**case**는 시작 위치를 지정하는 일종의 명칭이기 때문에 순서에 대한 제약이 없다. 따라서 반드시 **case 1, case 2, case 3** 순으로 정렬할 필요는 없으며, 원하는 순서대로 작성해도 상관없다. **default** 역시 반드시 **switch** 문의 끝에만 올 수 있는 것은 아니지만, 제일 마지막에 두는 것이 보기에 좋고 논리적이다.

switch 문 안에서 **break** 문은 **switch** 문을 탈출하기 위해 사용되지만, 이것 역시 필요에 따라 생략할 수 있다. 만일 다음 예와 같이 **break** 문이 생략될 경우 다음 **case**에 해당하는 문장들을 계속 수행하게 된다.

```
switch(i) {
    case 1 : printf("One! \n");
    case 2 : printf("Two! \n");
            break;
    case 3 : printf("Three! \n");
    default : printf("I don't know! \n");
}
```

case에 의해 수행되는 문장 역시 필요에 따라 생략 가능하다. 예제 3-17을 **switch** 문으로 수정하면 다음과 같다.

예제 4-19

```
1:  #include <stdio.h>
2:  int main(void)
3:  {
4:      char key;
5:
6:      printf("command : ");
7:      scanf("%c", &key);
8:      switch(key) {
9:          case 'q' :
10:         case 'Q' : printf("Quit \n");
11:                 break;
12:         case 'h' :
13:         case 'H' : printf("Help \n");
14:                 break;
15:         case 'm' :
16:         case 'M' : printf("Print Message \n");
17:                 break;
18:         default : printf("Unrecognized character! \n");
19:     }
20:     return 0;
21: }
```

이와 같이 **switch** 문은 조건문과 유사하며, **switch** 문으로 작성된 프로그램을 **if-else-if** 문으로 작성할 수도 있다. 일반적으로 조건에 따라 분기되는 수가 많을 경우 **if-else-if** 보다는 **switch** 문을 사용하는 것이 보다 간결하고, 실행 속도가 빠르다. 다음에 두 제어문으로 작성한 예제를 보였다.

예제 4-20

```
1:  #include <stdio.h>           1:  #include <stdio.h>
2:  int main(void)               2:  int main(void)
3:  {                            3:  {
4:      int i;                   4:      int i;
5:                               5:
6:      printf("정수 입력 : ");   6:      printf("정수 입력 :  ");
7:      scanf("%d", &i);         7:      scanf("%d", &i);
8:      switch(i) {              8:      if(i == 1) {
9:        case 1 :               9:          printf("One! \n");
10:            printf("One! \n");  10:     }
11:            break;            11:     else if(i == 2) {
12:        case 2 :              12:         printf("Two! \n");
13:            printf("Two! \n"); 13:     }
14:            break;            14:     else if(i == 3) {
15:        case 3 :              15:         printf("Three! \n");
16:            printf("Three! \n"); 16:   }
17:            break;            17:     else printf("??? \n");
18:        default :             18:     return 0;
19:            printf("??? \n");  19: }
20:      }
21:      return 0;
22: }
```

그러나 두 제어문이 모든 경우에 있어서 서로 호환되는 것은 아니다. 다음은 왼쪽의 **if-else-if** 문이 오른쪽의 **switch** 문으로 직접 변경이 불가능하다는 것을 보여준다.

```
if(num>90 && num<100) {          switch(num) {
    printf("Grade : A \n");        case ?? :
}                                      printf("Grade : A \n");
else if(num>80 && num<91) {            break;
    printf("Grade : B \n");        case ?? :
}                                      printf("Grade : B \n");
else if(num>70 && num<81) {            break;
    printf("Grade : C \n");        case ?? :
}                                      printf("Grade : C \n");
else if(num>60 && num<71) {            break;
    printf("Grade : D \n");        case ?? :
}                                      printf("Grade : D \n");
else printf("Grade : F \n");           break;
                                   default :
                                       printf("Grade : F \n");
                                 }
```

switch 문의 **case** 다음에는 하나의 상수만 사용 가능하며, 변수를 지정할 수 없다. 따라서 위의 예와 같이 변수를 사용한 비교 연산은 **switch** 문으로 표현이 불가능하다.

연습문제 4.8

1. 하나의 정수(x)를 입력받아 그 값이 1일 때 x^2, 2일 때 x^3, 3일 때 x^4 그 이외의 값일 때 "END"를 출력하는 프로그램을 **switch** 문을 사용하여 작성하시오.

2. 사용자로부터 태어난 연도를 정수로 입력받아 띠를 계산하는 프로그램을 **switch** 문을 사용하여 작성하시오.
   - 태어난 연도를 12로 나눈 나머지가 0이면 원숭이띠, 1이면 닭띠, 2이면 개띠, 3이면 돼지띠, 4이면 쥐띠, 5이면 소띠, 6이면 범띠, 7이면 토끼띠, 8이면 용띠, 9이면 뱀띠, 10이면 말띠, 11이면 양띠이다.

4.9 goto 문

goto 문은 지정된 곳으로 아무 조건 없이 무조건 실행 순서를 변경하기 때문에 무조건 분기(unconditional branching)문 이라고도 한다. **goto** 문에 의해 분기할 위치는 레이블(label)이라는 것을 이용하여 표시한다. 레이블은 변수 이름을 만드는 규칙에 맞춰 자유롭게 작성할 수 있으며, 다음 예와 같이 레이블 다음에 콜론(:)을 붙여 분기될 위치를 지정하면 된다.

```
here :      // 레이블 선언 (분기될 위치 표시)
       ...
       ...
goto here;  // here 레이블로 분기
```

위의 예에서 **goto here;** 명령이 수행되면, 즉시 **here :** 다음의 문장으로 실행 순서가 이동한다. 다음 예제는 **goto** 문을 사용하여 1부터 100까지의 합을 계산한다.

예제 4-21

```
1: #include <stdio.h>
2: int main(void)
3: {
4:     int i=1, sum=0;
5: here:
6:     sum=sum+i;
7:     if (i<100) {
```

```
8:            i=i+1;
9:         goto here;
10:    }
11:    printf("1부터 100까지의 합 : %d \n", sum);
12:    return 0;
13: }
```

goto 문에 의해 분기할 위치는 goto 문이 존재하는 동일 함수 내로 제한된다. 따라서 다음과 같은 goto 문의 사용은 오류이다.

예제 4-22

```
1:  #include <stdio.h>
2:  void exam(void);
3:  int main(void)
4:  {
5:      goto jmp;
6:      return 0;
7:  }
8:
9:  void exam(void)
10: {
11: jmp:
12:     printf("이 프로그램은 오류입니다.");
13: }
```

goto 문이 가장 효과적으로 사용될 수 있는 곳은 반복문이 여러 번 중첩되어 있을 때, 이 반복문들을 한 번에 완전히 탈출하고자할 때이다. 다음 왼쪽 예의 6번째 줄에서 반복문을 완전히 탈출하기 위해서는 3번의 break 문이 모두 수행되어야 하지만, 오른쪽과 같이 goto 문을 사용할 경우 아주 손쉽게 탈출이 가능하다.

```
for( ; ; ) {                    for( ; ; ) {
    ...                             ...
    while(1) {                      while(1) {
        ...                             ...
        while(1) {                      while(1) {
            ...                             ...
            break;                          goto here;
        }                               }
        break;                      }
    }                           }
    break;                  here:
}
```

goto 문은 프로그램의 길이가 짧은 경우에는 이해하기가 쉽지만, 프로그램의 길이가 길어지고 goto 문의 사용이 많아지면 오히려 더 이해하기 어려워지며 프로그램의 구조가 복잡해진다(spaghetti-code). 이러한 스파게티 코드는 프로그램의 유지보수를 어렵게 만든다. 따라서 특별한 경우를 제외하고는 의식적으로 goto 문을 사용하지 말아야 한다.

> **참고** goto 문이 문제를 일으키는 가장 대표적인 경우는 이 명령을 무분별하게 사용하여 프로그램의 분석을 어렵게 한다는데 있다. 따라서 많은 프로그램 전문가들은 goto 문을 사용하지 말 것을 권장하고 있지만, 최신 언어인 Java나 C#에도 여전히 goto 문은 존재한다. 비록 이 명령이 불필요하기는 하지만 가끔 효율적으로 사용할 곳이 남아 있기 때문이다. 앞에서 살펴본 중첩된 반복문의 탈출이나 시스템 프로그램, 디바이스 드라이버같이 이식성이나 유지의 편의성, 가독성보다는 무엇보다 성능을 최우선으로 하는 곳에는 여전히 goto 문이 사용된다.

연습문제 4.9

1. goto 문과 **if-else-if** 문을 사용하여 4.8절의 연습문제 1을 다시 작성하시오.

1. 하나의 문자를 입력받아 입력된 문자가 숫자, 영문자, 특수문자인지 구분하는 프로그램을 **if-else-if** 문을 사용하여 작성하시오.

2. 하나의 정수를 입력받아 그 정수가 홀수인지 짝수인지를 판별하는 프로그램을 무한 반복문과 **if-else-if** 문을 사용하여 작성하시오. 단, 0이 입력되면 프로그램은 종료한다.

3. 2차 방정식 $ax^2+bx+c=0(a \neq 0)$은 판별식 $D=b^2-4ac$ 결과에 따라 다음과 같이 근을 계산한다. a, b, c의 값을 입력받아 방정식의 근을 구하여 출력하는 프로그램을 **if-else-if** 문을 사용하여 작성하시오.

   - $D > 0$: $x_1 = \dfrac{-b+\sqrt{D}}{2a}$, $x_2 = \dfrac{-b-\sqrt{D}}{2a}$

   - $D = 0$: $x_1 = x_2 = -\dfrac{b}{2a}$

   - $D < 0$: $x_1 = -\dfrac{b}{2a} + \dfrac{\sqrt{-D}}{2a} i$, $x_2 = -\dfrac{b}{2a} - \dfrac{\sqrt{-D}}{2a} i$

4. 0이 입력될 때까지 사용자로부터 실수(**double**형)를 입력받아 총합과 평균을 계산하여 출력하는 프로그램을 무한 반복문과 **break** 문을 사용하여 작성하시오.

5. 사용자로부터 정수(k)를 입력받아 $\displaystyle\sum_{n=1}^{k} \prod_{m=1}^{n} m$을 계산하는 프로그램을 반복문을 사용하여 작성하시오.
   - k가 5일 때 위의 식은 (1)+(1*2)+(1*2*3)+(1*2*3*4)+(1*2*3*4*5) 과 같다.

6. 규격 우편물의 보통우편 요금은 우편물의 중량이 5g까지는 190원, 5g이상 25g이하는 220원, 25g이상 50g이하는 240원이다. 우편물의 개수와 중량을 정수로 입력받아 우편 요금을 계산하는 프로그램을 반복문과 **if-else-if** 문을 사용하여 작성하시오(단, 중량이 50g 이상이 되면 화면에 "규격외 우편물!!"이라 출력하고 계산하지 않는다).

7. 1부터 100 사이의 홀수의 합을 **while** 반복문, **for** 반복문 그리고 **if** 문과 **goto** 문을 사용하여 각각 프로그램을 작성하시오.

8. 다음 실행 결과와 같이 출력되는 프로그램을 중첩된 반복문을 사용하여 작성하시오.

❗•••실행 결과

```
    *
   **
  ***
 ****
*****
```

9. 사용자로부터 연산의 형태를 나타내는 하나의 문자와 두 개의 정수를 입력받아 입력받은 문자가 '+' 이면 두 정수의 덧셈, '-' 이면 뺄셈, '*' 이면 곱셈, '/' 이면 나눗셈, 그 이외의 문자가 입력되면 "알 수 없는 연산"을 출력하는 프로그램을 switch 문을 사용하여 작성하시오.

Chapter 05

자료의 표현과
자료형 변환

이 장에서는 자료형 수정자를 사용하여 기본 자료형들을 확장함으로써, C에서 사용되는 보다 많은 자료형들을 학습한다. 그리고 이러한 자료형들을 사용하였을 때 데이터가 저장되는 형태와 해석하는 방법, 자료형들이 선언되는 위치에 따른 접근 범위와 서로 다른 자료형들이 혼합되어 사용될 때, 어떤 규칙에 의해서 변환되는지에 관하여 살펴본다.

5.1 자료형의 확장

기본 자료형 **char, int, double** 앞에 어떤 수식어를 붙이면, 자료형을 좀 더 세부적으로 지정할 수 있다. 여기서 자료형 앞에 붙이는 수식어를 **자료형 수정자**(type modifier)라 하며, 종류는 다음 표와 같다.

표 5-1 : 자료형 수정자

자료형 수정자	조합 가능한 자료형	사용 예
signed	char, int	signed char id, signed int num
unsigned	char, int	unsigned char id, unsigned int num
short	int	short int
long	int, double	long int num, long double data
signed short	**int**	**signed short int num**
signed long		**signed long int num**
unsigned short		**unsigned short int num**
unsigned long		**unsigned long int num**

표에서와 같이 4가지의 자료형 수정자는 조합 가능한 자료형의 차이가 있다. 또한 **int** 형에는 표 하단과 같이 자료형 수정자끼리의 조합도 가능하다. 각 자료형 수정자의 차이점을 알아보자.

5.1.1 signed와 unsigned

int형 변수가 2 바이트의 메모리를 사용한다고 가정하자. 만일 이 변수에 정수 3을 저장한다면, 메모리에는 다음과 같이 기록된다.

그림에서 가장 왼쪽의 비트를 **MSB**(Most Significant Bit)라 하며 부호를 표시하는 데 사용된다. MSB에는 저장된 데이터가 양수라면 0, 음수라면 1이 기록되고, 나머지 비트들은 데이터를 표현한다.

만일 데이터가 −3과 같이 음수일 경우 **2의 보수**(2's complement)를 사용하게 된다. 2의 보수는 1의 보수에 1을 더하면 되므로, −3은 메모리에 다음과 같이 저장된다. 반대로 저장된 데이터를 읽어올 때, MSB가 1일 경우 다시 2의 보수를 사용하여 해석한다.

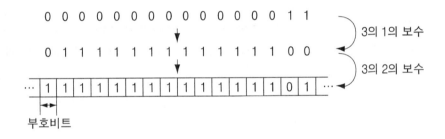

signed 자료형 수정자는 부호 있는 정수를 표현할 때 사용되며, **unsigned**는 부호 없는 양수만을 표현할 때 사용한다.

signed를 사용하는 변수는 MSB를 부호 비트로 사용한다. 따라서 **signed int** 변수가 4바이트를 사용한다면, 표현 가능한 데이터의 범위는 $-2^{31} \sim 2^{31}-1$ (−2,147,483,648 ~ 2,147,483,647)이 된다. **signed**는 정수형 변수를 선언할 때 기본적으로 사용되는 자료형 수정자이기 때문에 일반적으로 생략한다.

unsigned를 사용하는 변수는 데이터를 모두 양수로 표현한다. 따라서 MSB에 데이터를 저장할 수 있으므로 표현할 수 있는 최댓값은 **signed** 변수의 두 배가 된다. 즉, 4바이트 **unsigned int** 변수의 표현 범위는 $0 \sim 2^{32}-1$ (0 ~ 4,294,967,295)이 된다.

결국 **signed**와 **unsigned**는 MSB를 해석하는 방법에서 차이가 있다고 할 수 있다. 다음 예제를 확인해 보자.

예제 5-1

```
1:  #include <stdio.h>
2:  int main(void)
3:  {
4:      signed int i = -1; // int i= -1;과 동일한 문장
5:      unsigned int j = -1;
6:
7:      if(i<0) printf("i는 음수 \n");
8:      else printf("i는 양수 \n");
9:      if(j<0) printf("j는 음수 \n");
10:     else printf("j는 양수 \n");
11:     return 0;
12: }
```

❶··· 실행 결과

i는 음수
j는 양수

4, 5번째 줄의 변수 **i**, **j**는 각각 **signed int**, **unsigned int**형 변수로 선언되었다. 두 변수 모두 동일한 값 –1로 초기화 되었지만, 실행 결과와 같이 전혀 다르게 해석 된다. 즉, 4, 5번째에서 변수 **i**와 **j**에는 –1의 비트 값 1111 1111 1111 1111 1111 1111 1111 1111 (1의 2의 보수) 이 동일하게 저장되지만, 7번째 줄의 변수 **i**는 MSB를 부호 비트로 인식하여 –1로 해석한다. 그러나 9번째 줄의 변수 **j**는 MSB를 데이터 비트로 인식하기 때문에 변수 **j**의 값은 4,294,967,295로 해석한다.

5.1.2 short과 long

ANSI C 표준에서 **int** 형은 CPU의 레지스터와 동일한 크기를 가지는 자료형으로 정의하여, CPU가 가장 효율적으로(가장 빠르게) 처리할 수 있도록 규정하고 있다. 이러한 이유로 **int**형 변수가 사용하는 메모리 크기는 사용하는 시스템(또는 컴파일러)에 따라 조금씩 달라진다. 자료형 수정자 **short**과 **long**은 다음 표와 같이 **int**형의 기본 할당 크기를 프로그램의 목적에 맞게 변경하기 위해 사용한다.

표 5-2 : int형과 자료형 수정자

개발 환경	short int	int	long int
16비트	16비트 (2바이트)	16비트 (2바이트)	32비트 (4바이트)
32비트	16비트 (2바이트)	32비트 (4바이트)	32비트 (4바이트)

표에서와 같이 **int, short int, long int**의 크기는 프로그램 환경에 따라 달라지

기 때문에 정확한 크기를 알기 위해서는 컴파일러 매뉴얼을 참고하거나 자료형의 크기를 확인할 수 있는 연산자를 사용해야 한다.

sizeof 연산자

sizeof 연산자는 C의 단항 연산자로서 피연산자(변수, 상수, 자료형)가 사용하는 메모리의 크기를 바이트 단위로 알려준다. **sizeof** 연산자 뒤에 자료형이 올 경우에는 반드시 괄호가 필요하며, 그 이외에 변수나 상수일 경우 괄호는 선택적이다. **sizeof** 연산자의 사용 예는 다음 예제와 같다.

예제 5-2

```
1:  #include <stdio.h>
2:  int main(void)
3:  {
4:     short int si = 200;
5:
6:     printf("변수 si의 크기 : %d \n", sizeof si);
7:     printf("int의 크기 : %d \n", sizeof(int));
8:     printf("long int의 크기 : %d \n", sizeof(long int));
9:     printf("double의 크기 : %d \n", sizeof(double));
10:    printf("long double의 크기 : %d \n", sizeof(long double));
11:    return 0;
12: }
```

!··· 실행 결과

```
변수 si의 크기 : 2
int의 크기 : 4
long int의 크기 : 4
double의 크기 : 8
long double의 크기 : 8
```

위의 실행 결과는 VC++을 사용했을 때의 결과이다. 만일 Turbo-C와 같은 16비트 컴파일러를 사용했다면, 위의 결과에서 **int**형은 2로 출력된다.

자료형 수정자 **long**은 **double**형과 조합 가능하다. **long double**의 할당 크기는 최소 10바이트로 규정되어 있지만, VC++에서는 **double**과 동일한 8바이트로 할당된다.

실수의 저장 형태

컴퓨터에서 실수 데이터의 저장은 국제 표준(IEEE 754)에 따라 **부동 소수점 표기법**(floating-point notation)을 사용한다. 부동 소수점이란 실수를 정수부와 소수부로 나누는 것이 아니라 아래 그림과 같이 **지수**(exponent)와 **가수**(mantissa)로 나누어 저장하는 방식이다. 실수를 부동 소수점 방식으로 저장하면, 정수부와 소수부로 저장하는 것보다 훨씬 더 큰 수를 표현할 수 있다. 예를 들어 968.75라는 수는 9.6875×10^2로 표현할 수 있으며, 여기서 가수는 96875이고 지수는 2이다.

```
            부호비트
          ┌─┤     지수(exponent)         가수(mantissa)
          │ ├──────────────────┤ ┌──────────────────────────┐
          │1│0│0│ ··· │0│1│0│0│      ···         │1│1│
          └─┴─┴─┴─────┴─┴─┴─┴─┴────────────────────┴─┴─┘
   float │ 1        8                    23
  double │ 1        11                   52
```

위의 그림에서 MSB는 항상 부호 비트로 사용된다. 지수와 가수의 크기는 **float**형의 경우 각각 8, 23비트이며 **double**형의 경우 11, 52비트이다. 따라서 **double**형이 **float**형 보다 두 배의 크기를 가지며 더 큰 수를 정확하게 표현할 수 있다.

C에서 **short int, long int** 등과 같이 **int** 앞에 자료형 수정자가 있을 경우 **int**는 생략할 수 있다. 따라서 **unsigned int**는 **unsigned, long int**는 **long**과 같다.

다음 표는 ANSI C에서 정한 각 자료형의 종류와 최소 크기, 표현 가능한 데이터의 범위 등을 나타낸다.

표 5-3 : ANSI C의 자료형			
자료형	메모리 크기	다른 이름	데이터의 최소 범위
char	1 바이트	signed char	-128~127
unsigned char	1 바이트	-	0~255
int	2 바이트 or 4 바이트	signed, signed int	-32,768~32,767
unsigned int	2 바이트 or 4 바이트	unsigned	0~65,535
short int	2 바이트	short, signed short int	-32,768~32,767
unsigned short int	2 바이트	unsigned short	0~65,535
long int	4 바이트	long, signed long int	-2,147,483,648~2,147,483,647
unsigned long int	4 바이트	unsigned long	0~4,294,967,295
float	4 바이트	-	$3.4 \times 10^{-38} \sim 3.4 \times 10^{38}$ (유효자리 7)
double	8 바이트	-	$1.7 \times 10^{-308} \sim 1.7 \times 10^{308}$ (유효자리 15)
long double	10 바이트	-	$1.2 \times 10^{-4932} \sim 1.2 \times 10^{4932}$ (유효자리 19)

5.1.3 자료형의 선택

C에서는 다양한 형태의 자료형을 지원하므로 적절한 자료형을 선택하기 위해서는 사용할 데이터의 형태나 저장하고자 하는 데이터의 범위를 먼저 생각해야 한다. 예를 들어 사용할 데이터가 년도나 온도라면 2바이트의 **short int**형을 사용해도 충분하고, 나이나 성적같이 음수 값이 존재하지 않는 데이터라면 **unsigned**형을 쓰는 것이 효율적이다.

char형 변수는 문자 데이터 외에 −128~127 범위 사이의 작은 정수 값을 저장하는 데 사용할 수 있다. **char**형은 하나의 문자값을 저장하는 데 적합하다는 의미로 붙여진 이름이며, 반드시 문자만을 저장해야 한다는 뜻은 아니다. 다음은 **unsigned char**형 변수를 정수 값을 저장하기 위해 사용한 예제이다.

예제 5-3

```
1:  #include <stdio.h>
2:  int main(void)
3:  {
4:      unsigned char i;
5:      int sum = 0;
6:
7:      for(i=1; i<251; i++) sum = sum + i;
8:      printf("결과 : %d \n", sum);
9:      return 0;
10: }
```

예제에서 변수 **i**는 1부터 250까지 증가하게 되며, **unsigned char**형은 0~255 범위의 값을 저장할 수 있으므로 아무 문제없이 수행된다.

데이터의 저장 범위는 사용하는 자료형에 따라 달라지기 때문에, 부적절한 자료형을 사용할 경우 예상치 못한 결과가 나타날 수 있다. 다음 예제를 확인해 보자.

예제 5-4

```
1:  #include <stdio.h>
2:  int main(void)
3:  {
4:      short s;
5:
6:      s = 20000 + 30000;
7:      printf("20000 + 30000 = %d \n", s);
8:      return 0;
9:  }
```

❶··· 실행 결과

```
20000 + 30000 = -15536
```

4번째 줄의 **short int**형 변수 **s**는 최대 32,767까지를 저장할 수 있다. 그러나 아래 그림과 같이 6번째 줄에서 변수 **s**에 저장된 50,000은 7번째 줄에서 출력될 때 MSB가 부호 비트로 해석하기 때문에 50,000이 아니라 −15,536이라는 전혀 다른 값이 출력된다. 이와 같이 변수의 저장 용량을 넘어서는 현상을 **오버플로**(Overflow)라 한다.

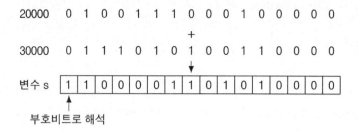

이와 같이 수학적인 계산을 할 때는 항상 데이터의 표현 범위에 주의하여 자료형을 선택해야 한다. 아주 간단한 연산도 부정확한 자료형을 사용할 경우 정확한 계산 결과를 기대하기 어렵다.

5.1.4 **형식 지정자의 확장**

printf()나 **scanf()**에서 자료형 수정자에 의해 확장된 자료형들의 값을 입·출력하기 위한 형식 지정자를 다음 표에 나타내었다.

표 5-4 : 형식 지정자의 형태

자료형	형식 지정자	의미
char	%c	단일 문자 입·출력
int	%d, %i	부호 있는 10진 정수 입·출력 (%i는 %d와 동일함)
float	%f	부호 있는 10진 실수 입·출력
double	%lf	부호 있는 10진 실수 입력
short int	%hd, %hi	부호 있는 10진 정수 입·출력
long int	%ld, %li	부호 있는 10진 정수 입·출력
unsigned int	%u	부호 없는 10진 정수 입·출력
unsigned short int	%hu	부호 없는 10진 정수 입·출력
unsigned long int	%lu	부호 없는 10진 정수 입·출력
long double	%LF	부호 있는 10진 실수 입·출력

형식 지정자에서 **u, h, l**은 정수형에만 사용되며 각각 **unsigned, short, long**을 의미한다. 그리고 **L**은 실수형만 사용되고 **long double**을 나타낸다. 다음 예제에 확장된 자료형을 입·출력하기 위한 **scanf()**와 **printf()**의 간략한 사용법을 보였다.

예제 5-5

```
1:  #include <stdio.h>
2:  int main(void)
3:  {
4:      short si;
5:      unsigned short us;
6:      unsigned long ul;
7:
8:      printf("short int형 데이터 입력 : ");
9:      scanf("%hd", &si);
10:     printf("unsigned short int형 데이터 입력 : ");
11:     scanf("%hu", &us);
12:     printf("unsigned long int형 데이터 입력 : ");
13:     scanf("%lu", &ul);
14:     printf("%hd %hu %lu \n", si, us, ul);
15:     return 0;
16: }
```

연습문제 5.1

1. 다음 두 프로그램의 수행 결과는 무엇인가?

```
1:  #include <stdio.h>
2:  int main(void)
3:  {
4:      short si;
5:      unsigned short us;
6:
7:      us = 65535;
8:      si = us;
9:      printf("%hu, %hd \n", us, si);
10:     return 0;
11: }
```

```
1:  #include <stdio.h>
2:  int main(void)
```

```
 3:  {
 4:      unsigned short a, b, c;
 5:
 6:      a = -3;
 7:      b = 2;
 8:      c = a + b;
 9:      printf("부호 없는 2바이트 정수로 출력 : %hu \n", c);
10:      printf("부호 있는 2바이트 정수로 출력 : %hd \n", c);
11:      return 0;
12: }
```

2. 다음 프로그램의 출력 결과는 무엇인가? 또한 이렇게 출력되는 이유를 설명하시오.

```
1:  #include <stdio.h>
2:  int main(void)
3:  {
4:      short si;
5:
6:      for(si=0; si<32769; si++) printf("%hd", si);
7:      return 0;
8:  }
```

5.2 상수의 사용

상수는 변수와 마찬가지로 메모리를 사용하며, 정수형, 문자형, 실수형과 같은 자료형이 존재한다. 먼저 정수형 상수에 관하여 알아보자.

5.2.1 정수형 상수

정수형 상수는 10진 상수, 16진 상수, 8진 상수로 구분한다. 10진 상수는 **112**, **-3, 9865456** 등과 같이 아라비아 숫자와 부호로만 표현된 상수를 말한다. 16진수 상수는 **0x**또는 **0X**의 시작 기호를 사용하여 **0x3f, 0X12ab** 등과 같은 형태로 표현하며, **A ~ F**는 대소문자를 구별하지 않는다. 8진수 상수는 **0**의 시작 기호를 사용하여 **011**, **023**등과 같이 표현한다.

정수형 상수의 크기는 **int** 자료형의 크기와 동일하게 결정된다. 만일 **int**형으로 수용될 수 없는 크기의 상수일 경우 더 큰 자료형으로 자동 확장된다. 예를 들어 16비트 컴파일러에서 **123456**은 2바이트 **int**형으로 수용할 수 없기 때문에 4바이트 **long**형으로 결정된다. 다음 예제에서 8진수와 16진수 정수형 상수의 사용법을 보였다.

예제 5-6

```
1:  #include <stdio.h>
2:  int main(void)
3:  {
4:      int a = 0x12;
5:      int b = 012;
6:
7:      printf("16진수 12는 10진수로 : %d \n", a);
8:      printf("8진수 12는 10진수로 : %d \n", b);
9:      return 0;
10: }
```

변수 **a**에는 16진수 **0x12, b**에는 8진수 **012**가 치환된다. 그리고 7, 8번째 줄에서 형식 지정자 **%d**를 사용하여 10진 정수로 출력하고 있다.

printf(), scanf()에서 **%o, %x, %X**와 같은 형식 지정자를 사용하면, 8진수나 16진수 형태로 데이터의 입·출력이 가능하다.

- **%o** : 8진 부호 없는(unsigned형) 정수 입·출력
- **%x** : 16진 부호 없는(unsigned형) 정수 입·출력
- **%X** : 16진 부호 없는(unsigned형) 정수 출력(대문자 A~F로 출력)

예제 5-7

```
1:  #include <stdio.h>
2:  int main(void)
3:  {
4:      int a=45;
5:
6:      printf("8진수 : %o \n", a);
7:      printf("16진수 : %x, %X \n", a, a);
8:      return 0;
9:  }
```

ⓘ••• 실행 결과

```
8진수 : 55
16진수 : 2d, 2D
```

> 📖 **참고**　8진수나 16진수는 정수값을 표현하기 위한 다른 방법일 뿐이며, 값 자체가 달라
> 지는 것은 아니다. 즉, 8진수 **012**나 16진수 **0xa**는 모두 10진수 **10**을 표현하는
> 다른 방법들이며, 메모리에 저장될 때에는 모두 똑같이 2진수 **1010**의 형태로 기
> 록된다.

5.2.2 문자형 상수

문자형 상수는 **'a'**, **'X'**, **'+'** 등과 같이 하나의 문자를 표현하는데 사용되며, 변수
와 구분하기 위해 작은따옴표를 사용한다. 예외적으로 역슬래쉬 코드 **'\t'**, **'\r'** 와
같은 특수 문자는 하나 이상의 문자로 표현된다.

C에서 문자형 변수는 1바이트의 메모리를 사용하지만, 문자형 상수는 **int**형의 크기
로 메모리를 사용한다. 다음 예제를 확인해 보자.

예제 5-8

```
1:  #include <stdio.h>
2:  int main(void)
3:  {
4:      printf("상수 a의 크기 : %d 바이트 \n", sizeof('a'));
5:      return 0;
6:  }
```

---

❶ ··· 실행 결과

상수 a의 크기 : 4 바이트

실행 결과에서와 같이 VC++에서 문자형 상수는 4바이트의 메모리를 사용한다. 이것
은 C 컴파일러가 4번째 줄의 **sizeof('a')**를 **sizeof(97)**로 변환하고, 97을 **int**형
으로 처리하기 때문이다.

> 📖 **참고**　C++에서는 문자형 상수도 1바이트로 할당한다. VC++에서 예제의 확장자를
> **.cpp**로 저장하여 실행시켜 보면 **sizeof('a')**의 결과가 1바이트로 출력되는
> 것을 확인할 수 있다.

5.2.3 실수형 상수

부동 소수점 실수형 상수는 표기 방법에 따라 소수점 표기법과 **과학적 표기법**
(scientific notation)이 있다. 소수점 표기법은 정수부와 소수부로 나누어

0.3124, 123.456, −5.1과 같이 표기하는 방법이다. 과학적 표기법은 **3.124e-1**, **1.23456e+2**와 같이 **e**(또는 **E**)를 기준으로 왼쪽에 가수, 오른쪽에 지수로 표기한다. 이것은 각각 **3.124×10⁻¹**과 **1.23456×10²**를 e를 기준으로 가수와 지수로 나누어 표현한 것이다. 부동 소수점 표기법은 **0.00000124**와 같은 정밀한 실수를 **1.24e-6**의 형태로 짧게 표현할 수 있다는 장점이 있다. 실수형 상수는 **double** 형으로 크기가 결정된다.

실수형 상수의 표현 방법에 따라 다음과 같이 그에 대응하는 형식 지정자 또한 다양하다.

- %e : 과학적 표기법으로 float형 실수 입·출력 (소문자 e 사용)
- %E : 과학적 표기법으로 float형 실수 출력 (대문자 E 사용)
- %g : %f와 %e 중 더 짧은 표기법을 사용
- %G : %f와 %E 중 더 짧은 표기법을 사용

예제 5-9

```
1:  #include <stdio.h>
2:  int main(void)
3:  {
4:      float d;
5:
6:      printf("실수 입력 : ");
7:      scanf("%e", &d);
8:      printf("*** 출력 결과 *** \n");
9:      printf(" %f \n %e \n %E \n %g \n %G \n", d, d, d, d, d);
10:     return 0;
11: }
```

... 실행 결과

```
실수 입력 : 123.456e-4↵
*** 출력 결과 ***
 0.012346
 1.234560e-002
 1.234560E-002
 0.0123456
 0.0123456
```

실수형은 소수점 이하의 자세한 표현이 가능하고 큰 수를 표현할 수 있다는 장점을 가지고 있다. 그러나 저장되는 구조가 복잡하기 때문에 처리 속도가 느리며 근사치를 통해 실수를 표현하기 때문에 오차가 존재한다는 단점이 있다. 다음 예제를 확인해 보자.

예제 5-10

```
1:  #include <stdio.h>
2:  int main(void)
3:  {
4:     int i;
5:     float f=0.0f;
6:
7:     for(i=1; i<101; i++) f = f + 0.01f;
8:     printf("0.01을 100번 더한 결과 : %f", f);
9:     return 0;
10: }
```

!··· 실행 결과

0.01을 100번 더한 결과 : 0.999999

5.2.4 상수의 자료형 지정

기본적으로 정수형 상수는 **int**형, 실수형 상수는 **double**형으로 자료형이 결정된다. 만일 상수를 **unsigned, float**형 등과 같이 명시적으로 지정하고 싶으면, 다음 표에 지정된 **접미사**(suffix)를 상수 끝에 붙인다.

표 5-5 : 접미사의 형태

자료형	접미사	사용 예
unsigned	u 또는 U	120u, 120U
long	l 또는 L	120l, 120L
unsigned long	ul 또는 UL	120ul, 120UL, 120lu, 120LU
float	f 또는 F	3.14f, 3.14F
long double	l 또는 L	3.14l, 3.14L

5.2.5 문자열 상수

문자열은 하나 이상의 문자가 연속적으로 나열된 형태이며 문자의 집합이라 할 수 있다. C에서 문자열 상수는 **"korea"**, **"대한민국"**과 같이 큰따옴표로 묶어 표현한다.

문자 상수와 문자열 상수의 구분은 명확히 해야 한다. 즉, **'k'**와 **"k"**는 같아 보여도 저장되는 형태에서 차이가 있다. **'k'**는 하나의 문자 상수를 의미하지만, **"k"**는 문자열 상수이다. C에서는 문자열 상수를 위한 별도의 자료형은 지원하지 않고, 다음 장에서 학습할 **배열**을 사용한다.

문자열을 입·출력하기 위해 형식 지정자 **%s**를 사용할 수 있다. 다음 예제는 **%s**를 사용하여 문자열 상수를 출력하고 있다.

예제 5-11

```
1:  #include <stdio.h>
2:  int main(void)
3:  {
4:      printf("%s는 %s 영토입니다. \n", "독도", "대한민구");
5:      printf("%s is %s territory. \n", "Dokdo", "Korea");
6:      return 0;
7:  }
```

연습문제 5.2

1. 다음 두 프로그램의 잘못된 부분을 수정하시오.

```
1:  #include <stdio.h>
2:  int main(void)
3:  {
4:      double d;
5:
6:      printf("실수 입력 : ");
7:      scanf("%e", &d);
8:      printf("출력 결과 : %e \n", d);
9:      return 0;
10: }
```

```
1:  #include <stdio.h>
2:  int main(void)
3:  {
4:      printf("%d \n", 12345.0);
5:      return 0;
6:  }
```

2. 다음 프로그램의 실행 결과는 무엇인가?

```
1:  #include <stdio.h>
2:  int main(void)
3:  {
4:      printf("%d \n", sizeof('\t'));
```

```
5:     printf("%d \n", sizeof(3L));
6:     printf("%d \n", sizeof(0.3));
7:     printf("%d \n", sizeof(3.2f));
8:     return 0;
9: }
```

5.3 형식 지정자 옵션

printf(), scanf()에서 다양한 형식으로 데이터 입·출력을 수행할 수 있는 형식 지정자 옵션을 지원한다. 먼저 printf()의 형식 지정자 옵션을 살펴보자.

5.3.1 printf()에서의 형식 지정자 옵션

printf()에서 사용할 수 있는 형식 지정자 옵션은 다음과 같다.

- %n : %n 전까지 출력된 문자들의 수를 저장
- %% : % 기호를 출력
- %정수.정수 : 출력 자릿수 지정
- %* : 출력 자릿수를 인수로 전달 받음
- %- : 왼쪽 정렬로 출력
- %0 : 전체 자릿수에서 남는 공간을 0으로 채움
- %+ : 부호를 표시

%n은 %n을 만나기 전까지 출력된 문자들의 수를 정수형 변수에 저장한다. 이때 저장할 정수형 변수 앞에는 &가 사용되어야 한다. 다음 예제를 확인해 보자.

예제 5-12

```
1: #include <stdio.h>
2: int main(void)
3: {
4:     int a;
5:
6:     printf("%c, %d, %f%n \n", 'a', 10, 3.14, &a);
7:     printf("결과 : %d \n", a);
8:     return 0;
9: }
```

%정수.정수 형식을 사용할 경우 출력할 데이터의 자릿수를 지정한다. 여기서 **정수**에는 자릿수 지정을 위한 숫자가 사용되며, 이 형식은 **%%**, **%c**를 제외한 모든 형식 지정자에 적용 가능하다. 정수 데이터의 출력에 **%정수.정수** 형식을 사용한 예는 다음과 같다.

```
printf("|%5d| |%5d| \n", 120, 200);   // 전체 출력 자릿수를 5자리로 지정
printf("|%.5d| |%.5d| \n", 120, 200); // 출력 자릿수가 남을 경우 0을 채움
```

ℹ️ ··· 실행 결과

```
|  120| |  200|
|00120| |00200|
```

실수 데이터의 출력에 **%정수.정수** 형식을 사용한 예는 다음과 같다.

```
printf("|%5.1f| \n", 3.14); // 전체 자릿수 5, 소수점 이하 1자리만 출력
printf("|%.4f| \n", 3.14);  // 전체 자릿수 없음, 소수점 이하 4자리로 출력
```

ℹ️ ··· 실행 결과

```
|  3.1|
|3.1400|
```

문자열의 출력에 **%정수.정수** 형식을 사용한 예는 다음과 같다.

```
printf("|%7.3s| \n", "hello");// 전체 자릿수 7, 3개의 문자만 출력
printf("|%.3s| \n", "hello"); // 전체 자릿수 없음, 3개의 문자만 출력
```

ℹ️ ··· 실행 결과

```
|    hel|
|hel|
```

다음 예와 같이 형식 지정자가 **%0**으로 시작될 경우 전체 자릿수의 남는 공간을 0으로 채운다. 또한 형식 지정자가 **%-**로 시작될 경우 왼쪽 정렬로 데이터가 출력되며, **%***로 사용할 경우 정수형 인수로 자릿수를 전달받는다.

```
printf("|%05d| \n", 200); // 전체 자릿수 5, 남는 자리는 0을 채움
printf("|%-5d| \n", 200); // 전체 자릿수 5, 왼쪽 정렬로 출력
printf("|%*d| \n", 5, 200); // *에 인수 5 전달, 따라서 %5d와 동일하게 출력
```

ℹ️ ··· 실행 결과

```
|00200|
|200  |
|  200|
```

형식 지정자가 **%+**로 시작할 경우 숫자 데이터를 출력할 때 **+**, **−**부호를 항상 출력한다. 이 옵션은 **%d, %i, %f, %e, %E, %g, %G**와 함께 사용된다.

```
printf("%+d %+d \n", 100, -200); // 부호를 항상 함께 출력
```

❶•••실행 결과

```
+100 -200
```

5.3.2 ()에서의 형식 지정자 옵션

scanf()에서 사용할 수 있는 형식 지정자 옵션은 다음과 같다.

- %n : %n 전까지 입력된 문자들의 수를 저장
- %* : 입력 금지 지정
- %정수 : 최대 입력 크기 지정

%n은 다음 예제의 실행 결과와 같이 **%n** 전까지 입력된 문자들의 개수를 정수형 변수에 저장한다.

예제 5-13

```
1:  #include <stdio.h>
2:  int main(void)
3:  {
4:      int a, b, c, i;
5:
6:      printf("3개의 정수 입력 :");
7:      scanf("%d%d%d%n", &a, &b, &c, &i);
8:      printf("결과 : %d \n", i);
9:      return 0;
10: }
```

❶•••실행 결과

```
3개의 정수 입력 : 10 20 30↵
결과 : 8
```

%*는 해당 형식 지정자에 입력된 데이터를 저장하지 않고 버린다. 이 형식 지정자는 불필요한 데이터를 제거하고자 할 때 매우 유용하다. 다음 예제를 살펴보자.

예제 5-14

```
1:  #include <stdio.h>
2:  int main(void)
3:  {
4:      int i, j;
5:
6:      printf("전화번호 입력 :");
7:      scanf("%d%*c%d", &i, &j); //%d 다음의 하나의 문자를 제거
8:      printf("결과 : %d, %d \n", i, j);
9:      return 0;
10: }
```

●··· 실행 결과

전화번호 입력 : 211-3456↵
결과 : 211, 3456

7번째 줄의 **"%d%*c%d"**는 입력된 데이터 중 211을 **i**에 저장하고, 그 다음의 하나의
문자 **'-'**는 버린다. 그리고 **'-'** 다음의 3456을 **j**에 저장한다.

%10d와 같이 **%** 다음에 정수가 지정될 경우, 입력받을 데이터의 최대 크기를 나타
낸다. 최대 입력 크기는 **%c**와 **%n**을 제외한 모든 형식 지정자에 사용될 수 있다. 또한
최대 입력 크기는 음수가 될 수 없으며, 반드시 **%** 다음에 사용해야 한다. 다음 예제를
확인해 보자.

예제 5-15

```
1:  #include <stdio.h>
2:  int main(void)
3:  {
4:      int i;
5:
6:      printf("1000 이하의 정수 입력 : ");
7:      scanf("%3d", &i); // 입력 데이터 중 3자리만 변수 i에 저장
8:      printf("결과 : %d \n", i);
9:      return 0;
10: }
```

연습문제 5.3

1. 출력 결과와 같이 1부터 100까지 수들을 한 줄에 5개씩 화면에 출력하는 프로그램을
   작성하시오. 이 때 각 숫자는 5자리를 확보하고, 숫자를 왼쪽 정렬로 출력하시오.

!··· 실행 결과

```
1    2    3    4    5
6    7    8    9    10...
```

2. 다음 프로그램의 출력 결과는 무엇인가?

```
1:  #include <stdio.h>
2:  int main(void)
3:  {
4:      int i;
5:
6:      for(i=1; i<21; i++) printf("%-5d%-#5o%-#5x\n", i, i, i);
7:      return 0;
8:  }
```

5.4 지역 변수와 전역 변수

변수는 선언되는 위치에 따라 변수를 사용할 수 있는 유효 범위가 달라지는데, 이러한 유효 범위에 대한 규칙을 **범위 규칙**(scope rule)이라 한다. C에서 변수는 유효 범위에 따라 지역 변수와 전역 변수로 구분되며, 두 변수의 몇 가지 차이점은 다음 표와 같다.

표 5-6 : 지역 변수와 전역 변수

차이점	지역 변수	전역 변수
선언 위치	함수의 내부	함수의 외부
사용 가능한 유효 범위	함수의 내부	프로그램 전체
메모리에서 삭제되는 시기	함수가 종료될 때	프로그램이 종료될 때
변수의 초기화(초기값)	초기화 되지 않음(쓰레기 값)	초기화 됨(0)

5.4.1 지역 변수

● **지역 변수의 선언 위치와 사용 가능한 유효 범위**

지역 변수가 선언되는 위치는 함수의 몸체를 포함한 코드 블록이 시작되는 { 바로 다음이다. 지역 변수를 사용할 수 있는 유효 범위는 변수가 선언된 코드 블록 영역 내에서

만 가능하다. 따라서 지역 변수들의 유효 범위가 서로 다를 경우, 동일한 변수 이름을
사용할 수 있다. 다음 예제를 살펴보자.

예제 5-16

```
1:  #include <stdio.h>
2:  void func(void);
3:  int main(void)
4:  {
5:      int i=10;
6:
7:      func();
8:      printf("main() 내의 변수 i : %d \n", i);
9:      return 0;
10: }
11:
12: void func(void)
13: {
14:     int i=20;
15:
16:     printf("func() 내의 변수 i : %d \n", i);
17: }
```

main() 내에 선언된 지역 변수 **i**는 4~10번째 줄 사이의 영역 내에서만 사용할 수
있다. 그리고 **func()** 내에 선언된 변수 **i**는 13~17번째 줄 사이의 영역 내에서만 사용
가능하다. 두 변수는 선언된 영역이 다르기 때문에 이름은 동일하지만 아무런 관련이
없으며, 영향을 미치지도 않는다.

지역 변수의 선언 위치는 다음 예제와 같이 코드 블록 내부가 될 수도 있다.

예제 5-17

```
1:  #include <stdio.h>
2:  int main(void)
3:  {
4:      int i;
5:
6:      for(i=0; i<2; i++)
7:      {
8:          int j;
9:          for(j=0; j<2; j++)
10:         {
11:             int j=5;
12:             printf("i=%d, j=%d \n", i, j);
13:         }
14:     }
15:     return 0;
16: }
```

8번째 줄의 변수 **j**와 11번째 줄의 변수 **j**는 각각 **for** 반복문의 코드 블록 시작부분에 선언되었기 때문에 유효한 지역 변수이다. **main()**의 몸체 시작 부분에 선언된 4번째 줄의 변수 **i**는 **main()** 전체 영역에서 유효하다. 그러나 8번째 줄의 변수 **j**는 7~14줄 사이에서만 유효하며, 11번째 줄의 변수 **j**는 10~13줄 사이에서만 유효하다. 이와 같이 중첩된 블록 내에서 외부 블록과 내부 블록에 동일한 변수가 선언될 경우, 외부 블록의 변수는 내부 블록의 변수에 의해 가려지게 되며, 이것을 은폐(hidden) 되었다고 말한다.

함수의 매개변수는 선언되는 위치만 다른 지역 변수의 일종이다. 따라서 함수 내부의 지역 변수와 동일하게 취급하며, 지역 변수가 가지는 특징을 그대로 적용 받는다. 따라서 다음과 같은 변수의 선언은 오류가 된다.

```
void func(int a, int b)
{
    int b;
    ...
}
```

func()의 매개변수 **a**, **b**는 **func()** 영역 안에서 사용되는 지역 변수와 동일하기 때문에 함수 몸체에 선언된 변수 **b**는 매개변수 **b**와 중복된 변수 선언이 되어 컴파일 오류가 발생한다.

● 지역 변수가 메모리에서 삭제되는 시기

지역 변수는 함수나 코드 블록이 실행될 때 메모리에 생성되고, 함수나 코드 블록이 끝나면 메모리에서 삭제된다. 다음 예제를 살펴보자.

예제 5-18

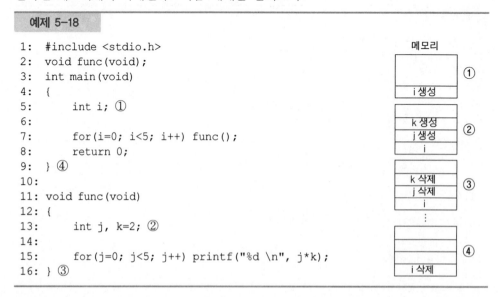

```
1:  #include <stdio.h>
2:  void func(void);
3:  int main(void)
4:  {
5:      int i; ①
6:
7:      for(i=0; i<5; i++) func();
8:      return 0;
9:  } ④
10:
11: void func(void)
12: {
13:     int j, k=2; ②
14:
15:     for(j=0; j<5; j++) printf("%d \n", j*k);
16: } ③
```

main()에서 프로그램이 시작되고, 5번째 줄의 변수 i가 그림 ①과 같이 메모리에 생성된다. 그리고 7번째 줄의 반복문에서 func()가 호출되면, 13번째 줄의 변수 j, k가 ②와 같이 메모리에 추가로 생성된다. 16번째 줄에서 func()가 종료되면, 변수 j, k는 ③과 같이 메모리에서 삭제된다. ②, ③의 과정이 7번째 줄의 반복문이 종료될 때까지 계속되고, main()가 종료되는 9번째 줄에서 변수 i가 ④와 같이 메모리에서 삭제된다.

5.4.2 전역 변수

● 전역 변수의 선언 위치와 접근 범위

함수의 외부에 선언되는 전역 변수는 지역 변수와 달리 접근 범위의 제약을 받지 않으며, 프로그램 전체에서 유효하다. 다음 예제를 살펴보자.

예제 5-19

```
1:  #include <stdio.h>
2:  void func(void);
3:  int num;
4:  int main(void)
5:  {
6:      num = 1;
7:
8:      printf("전역 변수 num의 값 : %d \n", num);
9:      func();
10:     return 0;
11: }
12:
13: void func(void)
14: {
15:     num++;
16:     printf("전역 변수 num의 값 : %d \n", num);
17: }
```

3번째 줄의 전역 변수 num은 6번째 줄에서 1의 값을 가지며, 그 값은 8번째 줄에서 출력된다. 또한 유효 범위가 프로그램 전체이기 때문에 15번째 줄에서 1 증가하여 2가 되며, 이 값은 16번째 줄에서 출력된다.

다음 예제와 같이 전역 변수와 지역 변수의 이름이 같으면, 지역 변수가 우선된다.

예제 5-20

```
1:  #include <stdio.h>
2:  void func(void);
3:  int num;
4:  int main(void)
5:  {
6:      num = 10;
7:      printf("main()내의 변수 num의 값 : %d \n", num);
8:      func();
9:      printf("main()내의 변수 num의 값 : %d \n", num);
10:     return 0;
11: }
12:
13: void func(void)
14: {
15:     int num=20;
16:
17:     num++;
18:     printf("func()내의 변수 num의 값 : %d \n", num);
19: }
```

17번째 줄의 증가 연산은 3번째 줄의 전역 변수 **num**을 증가시키지 않고, **func()** 내부에 있는 15번째 줄의 지역 변수 **num**을 증가 시킨다. 따라서 18번째 줄의 출력 결과는 21이 되며, 이것은 지역 변수가 사용될 때 동일한 이름을 가지는 전역 변수가 지역 변수에 의해 가려져 은폐되기 때문이다.

● 전역 변수가 메모리에서 삭제되는 시기

전역 변수는 프로그램의 시작과 함께 프로그램 전체에서 사용 가능하다. 이것은 전역 변수가 프로그램이 종료되기 전까지는 메모리에서 삭제되지 않는다는 것을 의미한다. 전역 변수는 프로그램이 수행 직후에 메모리에 생성되고, 프로그램이 수행되는 동안에는 계속 메모리에 존재하고 있으며 프로그램이 종료되면 메모리에서 삭제된다.

main() 내의 지역 변수는 전역 변수와 생성, 삭제 시기가 거의 동일하다. 이것은 **main()** 자체가 프로그램의 시작과 종료를 나타내기 때문이다.

전역 변수는 접근 범위에 제약을 받지 않고, 프로그램이 실행되는 동안 메모리에 존재하기 때문에 지역 변수보다 사용하기가 편리하다. 적절히 잘 사용된 전역 변수는 지역 변수를 사용한 것 보다 프로그램의 논리를 간단하게 만들어 주기도 한다. 그러나 전역 변수는 여러 개의 함수에서 사용 빈도가 높고, 공통적으로 사용되는 경우에만 제한적으로 이용하는 것이 좋다. 이것은 함수들이 서로 공유하는 전역 변수가 많아지게 되

면, 각 함수들 간의 의존 관계가 높아지게 된다. 따라서 프로그램의 구조가 더욱 복잡해지게 되어, 함수의 재사용성이 떨어지기 때문이다

1. 다음 프로그램의 수행 결과는 무엇인가?

```
1:  #include <stdio.h>
2:  int main(void)
3:  {
4:      int a = 2;
5:
6:      printf("%d \n", a);
7:      if(a>0) {
8:          int a = 1;
9:          printf("%d \n", a);
10:     }
11:     a++;
12:     printf("%d \n", a);
13:     return 0;
14: }
```

2. 지역 변수와 전역 변수의 차이점은 무엇인가?

5.5 변수의 초기화

지역 변수는 별도의 초기화가 없을 경우 임의의 **쓰레기 값**(garbage)으로 초기화 된다. C 언어에서 지역 변수를 특정값으로 초기화 하지 않는 이유는 함수의 호출과 같은 경우에서 지역 변수의 생성 시기가 매우 빈번할 수 있으며, 그때마다 매번 변수를 초기화한다면, 프로그램의 수행 속도가 떨어질 수 있기 때문이다. 지역 변수의 초기화가 필요한 경우를 다음 예제를 통해 살펴보자.

예제 5-21
```
1:  #include <stdio.h>
2:  int main(void)
3:  {
4:      int i, sum;
5:
6:      for(i=1; i<11; i++) {
```

```
7:          sum = sum + i;
8:          printf("출력 결과 : %d \n", sum);
9:      }
10:     return 0;
11: }
```

4번째 줄의 지역 변수들은 별도의 초기화가 이루어지지 않았다. 그러나 변수 **i**는 6번째 줄에서 1로 초기화되어 수행되지만, 변수 **sum**은 초기화 없이 바로 7번째 줄에서 사용되었다. 따라서 변수 **i**는 별도의 초기화가 필요 없지만, 변수 **sum**은 초기화가 필요하다.

전역 변수는 별도의 초기화 값이 없을 경우 0으로 초기화 된다. 또한 지역 변수는 함수나 코드 블록이 수행될 때 마다 초기화 되지만, 전역 변수는 프로그램 시작시 한 번만 초기화 된다. 다음 예제를 살펴보자.

예제 5-22

```
1:  #include <stdio.h>
2:  void func(void);
3:  int global;
4:  int main(void)
5:  {
6:      int i;
7:
8:      for(i=0; i<2; i++) {
9:          printf("전역 변수 global의 값 : %d \n", global);
10:         func( );
11:         global++;
12:     }
13:     return 0;
14: }
15:
16: void func(void)
17: {
18:     int local = 0;
19:
20:     printf("지역 변수 local의 값 : %d \n", local);
21:     local++;
22: }
```

●··· 실행 결과

```
전역 변수 global의 값 : 0
지역 변수 local의 값 : 0
전역 변수 global의 값 : 1
지역 변수 local의 값 : 0
```

실행 결과와 같이 전역 변수는 별도의 초기화가 없어도 0으로 초기화 되며, 지역 변수는 함수가 호출될 때 마다 초기화가 수행된다.

전역 변수는 초기화에 상수만 사용할 수 있다. 그러나 지역 변수는 상수, 변수, 식, 함수의 호출을 통해서도 초기화가 가능하다. 다만 지역 변수에 변수, 식, 함수의 호출을 사용하여 초기화 할 경우, 다음 예제와 같이 반드시 초기화 되는 시점에서 그 값이 결정되어 있어야 한다.

예제 5-23

```
1:  #include <stdio.h>
2:  int func(void);
3:  int global = 0;
4:  int main(void)
5:  {
6:      int i = global;
7:      int j = func();
8:
9:      printf("i=%d, j=%d \n", i, j);
10:     return 0;
11: }
12:
13: int func(void)
14: {
15:     return 10;
16: }
```

연습문제 5.5

1. 다음 프로그램에서 잘못된 부분은 무엇인가?

```
1:  #include <stdio.h>
2:  int a = 0;
3:  int b = a;
4:  int main(void)
5:  {
6:      int c = 0;
7:      int d = c;
8:
9:      printf("a = %d, b = %d \n", a, b);
10:     printf("c = %d, d = %d \n", c, d);
11:     return 0;
12: }
```

5.6 수식에서의 자료형 변환

C 언어는 서로 다른 자료형의 데이터가 하나의 수식에 사용될 때, 내부적으로 **자료형 변환**(type conversion)이라는 규칙에 의해 자료형을 동일하게 일치시킨 후 연산이 수행된다. 다음 예제를 확인해 보자.

예제 5-24

```
1:  #include <stdio.h>
2:  int main(void)
3:  {
4:      char ch1=5, ch2=10, ch3;
5:      int i=10;
6:      float d, f=1.5f;
7:
8:      ch3 = ch1 + ch2;
9:      printf("ch3 = %d \n", ch3);
10:     d = i * f + ch3;
11:     printf("d = %.2f \n", d);
12:     return 0;
13: }
```

① ··· 실행 결과

```
ch3 = 15
d = 30.00
```

자료형 변환에서 **정수형 확장**(integral promotion) 규칙은 정수 계산식에 **char**형이나 **short**형이 사용되면, 이들 자료형이 **int**형으로 확장되는 것을 말한다. 즉, 예제의 8번째 줄과 같이 변수 **ch1, ch2**는 연산이 수행될 때 내부적으로 **int**형으로 확장되어 계산된다.

자료형 확장(type promotion) 규칙은 10번째 줄과 같이 서로 다른 자료형이 수식에 사용될 경우, 현재의 수식에 사용되는 데이터 중에서 가장 큰 자료형에 맞춰 나머지 자료형을 변환시키는 것을 말한다. 다음 그림은 자료형 확장 규칙을 위한 자료형들의 변환 방향을 나타낸다.

```
char → int → unsigned int→ long → unsigned long → float → double
     → long double
```

자료형의 변환 방향에서와 같이 정수형은 실수형으로 변환된다. 따라서 예제의 10 번째 줄의 연산에서 변수 **i, ch3**는 **float**형으로 변환되어 계산된다.

1. 다음 수식의 결과는 어떤 자료형이 되는가?
   ① 3.14 + 2.414f
   ② 'X' + 12L + 1.5f - 0.3
   ③ 100.0 / (10/3)

5.7 치환에서의 자료형 변환

치환문에서 왼쪽과 오른쪽의 자료형이 다를 경우 왼쪽 자료형을 기준으로 자동 자료형 변환이 수행된다. 이때 왼쪽의 자료형이 오른쪽의 자료형 보다 클 때는 아무런 문제가 없지만, 그 반대인 경우에는 데이터의 손실이 발생할 수 있다. 다음 예제를 살펴보자.

예제 5-25

```
1:  #include <stdio.h>
2:  int main(void)
3:  {
4:      char ch;
5:      short si = 256;
6:
7:      ch = si;
8:      printf("ch = %d \n", ch);
9:      return 0;
10: }
```

7번째 줄에서 변수 **si**는 2바이트의 **short**형이지만, 변수 **ch**는 1바이트 **char**형이므로 변수 **si**의 하위 1바이트만 **ch**에 치환된다. 이 과정을 그림으로 살펴보면 다음과 같다.

실수형(**float, double**)이 정수형(**char, int**)으로 치환될 때에는 실수형의 소수부가 손실되며, 실수의 데이터가 너무 커서 정수형에 수용할 수 없는 경우에는 정수형의 크기만큼만 치환된다. 다음 예제로 확인해 보자.

예제 5-26

```
1:  #include <stdio.h>
2:  int main(void)
3:  {
4:      short i, j;
5:      double d;
6:
7:      i = 3.14;
8:      j = 65535.123;
9:      d = 3;
10:     printf("i = %d, j = %d, d = %.2f \n", i, j, d);
11:     return 0;
12: }
```

7번째 줄에서 **double**형 상수 3.14는 **short**형 변수에 치환되면서 소수부가 손실된다. 8번째 줄의 **double**형 상수 65535.123 역시 소수부의 손실이 발생하며, 정수부의 크기 또한 **short**형에 수용할 수 있는 것보다 크기 때문에 정수부의 오차도 함께 발생한다. 반대로 9번째 줄은 **double**형이 **int**형 보다 표현 범위가 크기 때문에 데이터의 손실 없이 **double**형의 실수로 자동 변환된다.

만일 **float**형이 **double**형으로 치환될 때는 **float**형의 정밀도 그대로 **double**형으로 복사되며, **float**형의 정밀도가 높아지지는 않는다.

연습문제 5.7

1. 다음 두 프로그램의 수행결과는 무엇인가?

```
1:  #include <stdio.h>
2:  int main(void)
3:  {
4:      int i;
5:      long j = 3;
6:      double d = 1.4;
7:
8:      i = j * d;
9:      printf("i = %d \n", i);
10:     return 0;
11: }
```

```
1:  #include <stdio.h>
2:  int main(void)
3:  {
4:      double d;
5:
6:      d = 10 / 3;
7:      printf("d = %.2f \n", d);
8:      return 0;
9:  }
```

5.8 자료형 변환 연산자

C의 **자료형 변환**(type cast) 연산자는 자료형을 일시적으로 강제 변환하기 위해 사용한다. 자료형 변환 연산자의 형식은 다음과 같다.

(type)expression;

type은 변환하고자 하는 자료형을 의미하며, C에서 사용 가능한 자료형 중 하나를 괄호 안에 기재한다. **expression**은 변환시키고자 하는 데이터를 의미하며 상수, 변수, 식, 함수 등이 올 수 있다. 먼저 다음과 같은 예제를 살펴보자.

예제 5-27

```
1:  #include <stdio.h>
2:  int main(void)
3:  {
4:      double d1 = 10.0, d2 = 3.0, d3;
5:      int d4;
6:
7:      d3 = d1 / d2;
8:      d4 = d1 % d2;
9:      printf("나눗셈 = %.3f \n", d3);
10:     printf("나머지 = %d \n", d4);
11:     return 0;
12: }
```

8번째 줄의 연산은 **%**가 정수만을 계산할 수 있기 때문에 오류가 발생한다. 이 경우 변수 **d1**, **d2**를 정수형 변수로 수정하여 해결할 수도 있지만, 8번째 줄을 자료형 변환 연산자를 사용하여 다음과 같이 변경할 수도 있다.

```
d4 = (int)d1 % (int)d2;
```

위의 문장은 변수 **d1**, **d2**가 일시적으로 **int**형으로 변환되기 때문에 % 연산이 문제 없이 수행된다.

연습문제 5.8

1. 다음 프로그램의 실행 결과는 무엇인가?

```
1:  #include <stdio.h>
2:  #include <math.h>
3:  int main(void)
4:  {
5:      double d = 2.0;
6:
7:      printf("2의 루트 값 : %.3f \n", sqrt(d));
8:      printf("2의 루트 값 중 정수부 : %d \n", (int)sqrt(d));
9:      printf("2의 루트 값 중 소수부 : %.3f \n", sqrt(d)-(int)sqrt(d));
10:     return 0;
11: }
```

2. num을 **int**형 변수라 가정했을 때 다음 두 문장을 올바르게 수정하시오.
   ① printf("%Lf", num);
   ② num = 123.456;

3. 다음 연산은 각각 어떻게 수행되겠는가?
   ① c = (double)a / b;
   ② c = (double)(a / b);

종합문제

1. 자료형 수정자의 종류와 조합 가능한 자료형에 관하여 설명하시오.

2. **signed**형과 **unsigned**형의 차이는 무엇인가?

3. **short**형과 **long**형의 차이는 무엇인가?

4. 정수형 상수에 사용되는 접미사에 관하여 설명하시오.

5. 지역 변수와 전역 변수의 차이점에 관하여 설명하시오.

6. 다음 프로그램의 수행 결과는 무엇인가? 그리고 그 이유를 설명하시오.

```
1:  #include <stdio.h>
2:  int main(void)
3:  {
4:      char ch = 'a';
5:
6:      switch(ch) {
7:          case 'a' : printf("문자 a 출력");
8:                      break;
9:          case 97 : printf("숫자 97 출력");
10:     }
11:     return 0;
12: }
```

7. 다음 프로그램의 실행 결과는 무엇인가?

```
1: #include <stdio.h>
2: int main(void)
3: {
4:     double kor, eng, math, sum, avg;
5:     printf("국어,영어,수학 점수 입력 : ");
6:     scanf("%lf%*c%lf%*c%lf", &kor, &eng, &math);
7:     sum = kor+eng+math;
8:     avg = sum/3.0;
9:     printf("+-------+-------+-------+-------+-------+ \n");
10:    printf("+%-8s+%-8s+%-8s+%-8s+%-8s+\n","국어","영어","수학","총점","평균");
```

```
11:   printf("+-------+-------+-------+-------+-------+ \n");
12:   printf("|%8.3f|%8.3f|%8.3f|%8.2f|%8.2f| \n",kor, eng, math, sum, avg);
13:   printf("+-------+-------+-------+-------+-------+ \n");
14:   return 0;
15: }
```

8. 사용자로부터 임의의 실수를 입력받아 소수점이하 두 자리까지의 수를 출력하는 프로그램을 자료형 변환 연산자를 사용하여 작성하시오.

C 언어 프로그래밍

Chapter **06**

배열과 문자열

배열(array)은 동일한 자료형을 가지는 변수들의 집합으로 많은 양의 데이터를 처리하는데 적합하다. 유사한 작업을 반복적으로 수행하는 컴퓨터의 속성상 배열은 가장 기본적인 자료 구조이며, 다양한 형식으로 유용하게 응용될 수 있다. 또한 C에서는 문자열을 다루기 위해 배열을 사용하며, 이를 위해 필요한 문자와 문자열과 관련된 함수들도 함께 살펴본다.

6.1　문자 입·출력을 위한 함수

6.1.1　문자 입력을 위한 함수

라이브러리 함수 **getchar()**는 키보드로부터 하나의 문자를 입력 받기 위해 사용된다. **getchar()**는 **stdio.h**를 사용하며, **scanf()**에서 형식 지정자 **%c**를 사용한 것과 동일하게 동작한다. 다음 예제에 **getchar()**의 간단한 사용 방법을 나타내었다.

예제 6-1

```
1:  #include <stdio.h>
2:  int main(void)
3:  {
4:      char ch;
5:
6:      printf("문자 입력 : ");
7:      ch = getchar();
8:      printf("입력된 문자: %c \n", ch);
9:      return 0;
10: }
```

ⓘ··· 실행 결과

문자 입력 : abc↵
입력된 문자 : a

실행 결과와 같이 **getchar()**는 하나의 문자를 입력하고 <enter>를 누르면, 입력된 문자 중 처음 입력된 하나의 문자를 반환한다.

getchar(), **scanf()**와 같이 입력 종료를 위해 <enter>가 필요한 방식을 **라인 버퍼**(line buffer) 입력 방식이라 하며, <enter> 전까지 입력된 데이터는 임시 기억 장소인 **버퍼**(buffer)에 계속 저장된다.

라인 버퍼 입력 방식 함수들의 이러한 특징은 문자 입력시 다음 예제와 같은 문제를 발생시킬 수 있다.

예제 6-2

```
1:  #include <stdio.h>
2:  int main(void)
3:  {
4:      char ch, ch2;
5:
6:      printf("첫 번째 문자 입력 : ");
7:      ch = getchar();
8:      printf("두 번째 문자 입력 : ");
9:      ch2 = getchar();
10:     printf("입력된 문자 : %c, %c \n", ch, ch2);
11:     return 0;
12: }
```

💡 ••• 실행 결과

첫 번째 문자 입력 : a↵
두 번째 문자 입력 : 입력된 문자 : a,

실행 결과와 같이 7번째 줄의 **getchar()**는 수행되지만, 9번 줄은 수행되지 않는다. 이것은 7번째 줄에서 입력한 <enter>가 버퍼에 계속 남아있게 되고, 이것이 9번째 줄의 **getchar()**에 영향을 미치기 때문이다.

이러한 문제점은 **getche()**, **getch()**와 같은 함수를 대신 사용하여 해결할 수 있다. **conio.h** 헤더 파일을 사용하는 **getche()**, **getch()**는 문자가 입력되면 즉시 그 값을 반환하며, <enter>를 필요로 하지 않는다. **getch()**는 **getche()**와 달리 키보드에서 문자가 입력될 때 입력된 문자를 화면에 보여주지 않는다. 위의 예제를 **getch()**, **getche()**로 수정하면 다음과 같다.

예제 6-3

```
1: #include <stdio.h>
2: #include <conio.h>   //getche()와 getch()를 위해 사용
3: int main(void)
4: {
5:     char ch, ch2;
6:
7:     printf("첫 번째 문자 입력 : ");
8:     ch = getche(); //echo 있음
9:     printf("\n 두 번째 문자 입력 : ");
```

```
10:    ch2 = getch(); //echo 없음
11:    printf("\n 입력된 문자 : %c, %c \n", ch, ch2);
12:    return 0;
13: }
```

ℹ️••• 실행 결과

첫 번째 문자 입력 : a↵
두 번째 문자 입력 : ↵
입력된 문자 : a, b

6.1.2 문자 출력을 위한 함수

라이브러리 함수 **putchar()**는 화면으로 하나의 문자를 출력하기 위해 사용된다.
putchar()는 **stdio.h**를 사용하며, **printf()**에서 형식 지정자 **%c**를 사용한 것과
동일하게 동작한다. 다음 예제에 **putchar()**의 간단한 사용 방법을 나타내었다.

예제 6-4

```
1:  #include <stdio.h>
2:  int main(void)
3:  {
4:     char ch;
5:
6:     printf("문자 입력 : ");
7:     ch = getchar();
8:     putchar(ch);
9:     return 0;
10: }
```

ℹ️••• 실행 결과

문자 입력 : a↵
a

연습문제 6.1

1. <enter>가 입력되기 전까지 입력한 문자를 화면에 출력하는 프로그램을 작성하시
   오 (**getch()**, **putchar()**를 사용할 것).

2. **getche()**를 사용하여 10개의 소문자들을 입력받아 입력된 문자들 중에서 알파벳
   순서상 제일 먼저 오는 문자를 출력하시오.

6.2 1차원 배열

배열은 동일한 자료형을 가지는 변수들의 집합으로 정의되며, 대량의 데이터를 처리하고자 할 때 유용하게 사용될 수 있다. 예를 들어 학생 60명의 성적 처리를 위해 변수 60개를 선언하여 사용하는 것보다, 배열을 사용하는 것이 효율적이며 데이터를 다루기도 쉽다.

배열은 선언하는 형식에 따라 1차원 배열과 2차원 이상의 다차원 배열로 선언할 수 있다. 먼저 1차원 배열의 선언 형식을 살펴보자.

```
type array_name[size];
```

type은 배열의 자료형, **array_name**은 배열의 이름, 대괄호 **[ ]**내의 **size**는 배열의 크기를 나타낸다. 예를 들어 크기가 10인 정수형 배열 **arr**을 선언한다면 다음과 같다.

```
int arr[10];
```

배열의 선언에서 배열의 크기는 반드시 상수만 사용 가능하다. 만일 다음과 같이 배열의 크기에 변수를 사용할 경우 오류가 된다.

```
int size = 10;
int arr[size]; // 오류! 배열 크기는 변수 사용 불가
```

배열 선언문 **int arr[10];**은 **int**형 크기의 저장 공간 10개를 아래의 그림과 같이 메모리에 연속적으로 할당한다. 여기서 배열을 구성하는 각각의 저장 공간을 배열의 요소(element)라 한다.

arr	int (4byte)	int (4byte)	int (4byte)	int (4byte)	int (4byte)	int (4byte)	int (4byte)	int (4byte)	int (4byte)	int (4byte)

위의 그림과 같이 배열은 변수의 집합이고, 배열 선언문 **int arr[10];**은 정수형 변수 10개를 선언한 것과 유사하다 할 수 있다.

배열의 각 요소는 아래의 그림과 같이 배열의 이름과 **색인**(index)이라고 하는 번호를 대괄호 **[ ]** 속에 표시하여 구분하며, 색인 번호는 항상 0부터 시작한다.

	arr[0]	arr[1]	arr[2]	arr[3]	arr[4]	arr[5]	arr[6]	arr[7]	arr[8]	arr[9]
arr	int (4byte)	int (4byte)	int (4byte)	int (4byte)	int (4byte)	int (4byte)	int (4byte)	int (4byte)	int (4byte)	int (4byte)

배열의 각 요소를 접근하기 위해서 배열 이름과 색인을 사용한다. 즉, 배열 **arr**의 첫 번째 요소는 **arr[0]**의 형태로 표현하며, **arr[0]**는 하나의 변수와 동일하게 취급한다. 예를 들어 **arr[0]**에 데이터를 입·출력하기 위해서는 다음과 같은 방법들을 사용할 수 있다.

```
arr[0] = 10; // arr[0]에 10을 저장
printf("%d", arr[0]); // arr[0]의 값을 출력
scanf("%d", &arr[0]); // 키보드에서 입력된 값을 arr[0]에 저장
```

배열을 선언할 때 배열의 크기는 반드시 상수만 사용 가능하지만, 배열의 선언 이후에는 변수를 색인으로 사용하여 배열의 각 요소에 접근할 수 있다. 다음 예제는 변수를 색인으로 사용하여 배열의 각 요소에 0부터 9까지 차례로 저장한다.

예제 6-5

```
1:  #include <stdio.h>
2:  int main(void)
3:  {
4:      int arr[10];
5:      int i;
6:
7:      for(i=0; i<10; i++) arr[i] = i;
8:      for(i=0; i<10; i++) printf("%d ", arr[i]);
9:      return 0;
10: }
```

7번째 줄의 반복문이 실행되면 배열 **arr**에는 다음 그림과 같이 데이터가 저장될 것이다.

	arr[0]	arr[1]	arr[2]	arr[3]	arr[4]	arr[5]	arr[6]	arr[7]	arr[8]	arr[9]
arr	0	1	2	3	4	5	6	7	8	9

다음 예제는 배열과 반복문을 사용하여 60개의 정수를 키보드로부터 입력 받는다.

예제 6-6

```
1:  #include <stdio.h>
2:  int main(void)
3:  {
4:      int score[60];
5:      int i;
6:
7:      for(i=0; i<60; i++) {
8:          printf("%d번 학생의 점수 : ", i+1);
9:          scanf("%d", &score[i]);
10:     }
11:     return 0;
12: }
```

C 언어는 배열의 색인 범위를 검사하지 않는다. 따라서 위 예제에서 **score[60]**과
같이 범위가 벗어난 색인을 지정하면 문제가 발생한다. 또한 이러한 문제는 프로그램을
컴파일 할 때가 아닌 프로그램이 실행될 때 발생하기 때문에 항상 색인 사용에 주의하여
야 한다.

배열의 색인으로 다음과 같이 색인 범위를 벗어나지 않는 수식이 사용될 수도 있다.

```
for(i=1; i<61; i++) {
    printf("%d번 학생의 점수 : ", i);
    scanf("%d", &score[i-1]);
}
```

배열은 배열의 이름을 사용하여 다른 배열에 치환할 수 없다. 따라서 다음과 같은 문
장은 오류이다.

```
int a[10], b[10];
a = b; // 오류!
```

만일 배열을 다른 배열에 치환하기 위해서는 다음과 같이 배열의 각 요소를 하나씩
치환하는 방법을 사용해야 한다.

```
int i, a[10], b[10];
for(i=0; i<10; i++) a[i] = b[i];
```

1. **getche()**, **putchar()**를 사용하여 10개의 문자를 입력받아 역순으로 출력하는 프로그램을 작성하시오.

2. 다음 프로그램의 수행 결과는 무엇인가?

```
 1:  #include <stdio.h>
 2:  #include <conio.h>
 3:  int main(void)
 4:  {
 5:      char arr[80];
 6:      int i;
 7:
 8:      printf("문자열 입력(80문자 이하) : ");
 9:      for(i=0; i<80; i++) {
10:          arr[i] = getche();
11:          if(arr[i] == '\r') break;
12:      }
13:      putchar('\n');
14:      for(i=0; arr[i] != '\r'; i++) putchar(arr[i]-32);
15:      return 0;
16: }
```

3. 5개의 정수를 입력받아 배열에 저장하고, 저장된 정수들 중 가장 큰 값을 찾아 출력하는 프로그램을 작성하시오.

4. 학생 10명의 구어 성적을 입력받아 총점과 평균을 계산하는 프로그램을 작성하시오.

5. 예제 4번을 최고 성적과 최저 성적을 함께 출력하는 프로그램으로 수정하시오.

6. 배열, 중첩된 반복문을 사용하여 10개의 문자를 입력받아 입력받은 문자 중 동일한 문자는 모두 출력하는 프로그램을 작성하시오.

6.3 배열을 이용한 문자열의 사용

C에서는 문자열을 위한 별도의 자료형이 존재하지 않기 때문에, 문자열 데이터를 다루기 위해서 문자형 배열을 사용한다. 배열에 문자열이 저장될 때, 특별한 문자 `'\0'`을 문자열의 끝에 삽입한다. 문자열의 끝에 삽입되는 `'\0'` 문자를 널(null) 문자라 하며, ASCII 코드 값은 0이다. 널 문자는 문자와 문자열을 구분하는 기호이며, 배열에 저장된 문자들이 문자열이라면 문자들의 끝에 반드시 널 종료 문자가 포함되어야 한다. 만일 문자들의 끝에 널 문자가 포함되지 않는 배열은 문자열이 아니라 각각의 문자가 저장된 문자 배열이다.

문자열은 널 문자가 마지막에 포함되므로 문자열을 배열에 저장할 경우, 배열의 크기는 문자열을 구성하는 문자의 개수보다 1바이트 더 커야한다. 예를 들어 다음 그림과 같이 `"Hello"`라는 문자열 상수를 배열에 저장할 경우, 배열의 크기는 최소 6 이상 이어야 한다.

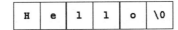

● 문자열 입력

키보드로부터 문자열을 입력받아 배열에 저장하기 위해 **scanf()**에 형식 지정자 **%s**를 사용한다. 그리고 문자열이 저장될 배열의 이름을 형식 지정자 다음에 기재한다. 이 때 배열 이름 앞에 **&**는 붙이지 않는다. 다음 예제를 확인해 보자.

예제 6-7

```
1:  #include <stdio.h>
2:  int main(void)
3:  {
4:      char str[80];
5:      int i;
6:
7:      printf("문자열 입력 : ");
8:      scanf("%s", str); // 문자열이 저장될 배열 이름만 사용!
9:      printf("문자열 출력 : ");
10:     for(i=0; str[i] != '\0'; i++) putchar(str[i]);
11:     return 0;
12: }
```

● ··· 실행 결과

문자열 입력 : hello world↵
문자열 출력 : hello

8번째 줄에서 **scanf()**는 문자들을 입력받아 문자형 배열 **str**에 저장하고, 마지막에 널 문자를 삽입한다. 그리고 10번째 줄에서 배열 **str**의 0번째 요소의 문자부터 하나씩 출력한다. 반복문의 조건 **str[i] != '\0'**은 배열에 저장된 문자가 널 문자면 반복을 종료한다.

그러나 **scanf()**를 사용할 경우 실행 결과와 같이 공백이 포함된 문자열은 입력받을 수 없다. 이것은 **scanf()**가 <space>, <tab> 문자를 데이터들을 구분하는 기호로 사용하기 때문이다.

라이브러리 함수 **gets()**는 키보드로부터 문자열을 입력받는 함수이며, **stdio.h**를 사용한다. **gets()**는 <space>, <tab>을 포함한 문자들을 <enter> 전까지 입력받아 문자형 배열에 저장하고, 마지막에 널 문자를 삽입한다. 다음은 **gets()**를 사용하여 문자열을 입력받는 예제이다.

예제 6-8

```
1:   #include <stdio.h>
2:   int main(void)
3:   {
4:       char str[80];
5:       int i;
6:
7:       printf("문자열 입력 : ");
8:       gets(str); // 문자열이 저장될 배열 이름만 사용!
9:       printf("입력된 문자열 : ");
10:      for(i=0; str[i]; i++) printf("%c", str[i]);
11:      return 0;
12: }
```

● ··· 실행 결과

문자열 입력 : hello world↵
입력된 문자열 : hello world

8번째 줄과 같이 **gets()**는 배열의 이름만 사용하여 함수를 호출한다. **gets()**는 실행 결과와 같이 공백이 포함된 문자열의 입력이 가능하며, **scanf()**보다 사용법이 간단하다. 10번째 줄의 반복문은 배열 **str[0]**부터 출력하며, 배열 **str**에 저장된 널 문자를 만나게 되면 반복문의 조건이 거짓이 되어 반복을 종료한다.

gets()는 입력되는 문자열의 길이를 검사하지 않기 때문에 배열의 크기보다 더 긴 문자열이 입력될 경우 프로그램 실행 중 오류가 발생할 수 있다. 따라서 배열의 크기를 예상되는 입력 문자열보다 더 크게 선언해야 한다.

문자열 출력

배열에 저장된 문자열은 반복문을 사용하여 널 문자 전까지의 문자들을 하나씩 출력할 수 있지만, 다음 예제와 같이 **%s** 또는 배열의 이름만 사용하여 문자열을 한 번에 출력할 수도 있다.

예제 6-9

```
1:  #include <stdio.h>
2:  int main(void)
3:  {
4:      char str[80];
5:
6:      printf("문자열 입력 : ");
7:      gets(str);
8:      printf("문자열 : %s \n",str);
9:      return 0;
10: }
```

```
1:  #include <stdio.h>
2:  int main(void)
3:  {
4:      char str[80];
5:
6:      printf("문자열 입력 : ");
7:      gets(str);
8:      printf("문자열 : ");
9:      printf(str);
10:     putchar('\n');
11:     return 0;
12: }
```

왼쪽 예제의 8번째 줄과 같이 **printf()**에서 **%s**를 사용할 경우 배열의 이름만 사용한다. 또한 오른쪽 예제의 9번째 줄과 같은 형식으로 **printf()**에 배열 이름만 사용할 수도 있다. 이것은 **printf()**의 첫 번째 인수가 문자열이기 때문에, 문자열 상수 대신 문자열이 저장된 배열을 인수로 사용해도 문제가 없다. 단, 배열 이름만 사용할 경우 **printf()**에서 사용 가능한 여러 가지 제어 문자를 함께 사용할 수는 없다. 따라서 왼쪽 예제의 8번째 줄을 **printf()**에 배열 이름만 사용할 경우 오른쪽 예제의 8 ~ 10번째 줄의 형태로 표현되어야 동일한 결과를 출력할 수 있다.

puts()는 **printf()**보다 사용이 간단한 문자열 전용 출력 함수이며, **stdio.h**를 사용한다. **puts()**의 인수로 배열 이름 또는 문자열 상수를 전달하면, 문자열을 화면에 출력하고 마지막에 **'\n'**을 자동으로 출력하여 개행시킨다. 위 예제를 **puts()**로 변경하면 다음과 같다.

예제 6-10

```
 1:  #include <stdio.h>
 2:  int main(void)
 3:  {
 4:      char str[80];
 5:
 6:      puts("문자열 입력 : "); // 문자열 출력 후 줄 바꿈
 7:      gets(str); // 문자열이 저장될 배열 이름만 사용!
 8:      puts("입력된 문자열 : "); // 문자열 출력 후 줄 바꿈
 9:      puts(str); // 문자열 출력 후 줄 바꿈
10:      return 0;
11: }
```

❶••• 실행 결과

문자열 입력 :
hello world↵
입력된 문자열 :
hello world

● 문자열 조작 함수

문자열에 대한 복사, 길이 계산, 문자열의 결합, 문자열의 비교 등의 연산은 프로그램 작성시 매우 빈번하게 사용된다. 이러한 연산들을 위해 C는 다양한 라이브러리 함수들을 지원하고 있으며, 이중 많이 사용되는 몇 가지 함수들을 다음 표에 나타내었다.

표 6-1 : 문자열 관련 함수

함수 이름	함수의 형식	함수의 동작	헤더 파일
strcpy( )	strcpy(dest, src);	src의 내용을 dest로 복사	string.h
strcat( )	strcat(dest, src);	src의 내용을 dest에 추가	
strcmp( )	strcmp(str1, str2);	str1과 str2를 비교	
strlen( )	strlen(str);	str의 길이를 계산	
atoi( )	atoi(str);	str을 int형 데이터로 변환	stdlib.h
itoa( )	itoa(value, str, radix);	int형 value를 radix 진법으로 변환하여 str에 저장	
atof( )	atof(str);	str을 double형 데이터로 변환	

strcpy(dest, src)는 문자열을 복사하기 위해 사용한다. 이 함수는 **src** 문자열을 **dest**에 복사한다. **dest**는 배열의 이름만 사용되며, **src**는 문자열 상수나 문자열이 저장된 배열 이름이 될 수 있다. 만일 **src**의 크기보다 배열 **dest**의 크기가 작을 경우

오버플로가 발생하게 되므로, **dest**의 크기는 **src**보다 크거나 같아야 한다. 다음 예제에 **strcpy()**의 사용 방법을 나타내었다.

예제 6-11

```
1:  #include <stdio.h>
2:  #include <string.h>
3:  int main(void)
4:  {
5:      char dest[80], str[80];
6:
7:      printf("문자열 입력 : ");
8:      gets(str);
9:      strcpy(dest, str);
10:     printf("배열 str : %s \n", str);
11:     printf("배열 dest : %s \n", dest);
12: }
```

❗··· 실행 결과

```
문자열 입력 : Hello World↵
배열 str : Hello World
배열 dest : Hello World
```

---

strcat(dest, src)는 **dest** 문자열 끝에 **src**의 문자열을 결합한다. **dest**는 배열 이름만 사용되며, **src**는 문자열 상수나 문자열이 저장된 배열 이름이 될 수 있다. **strcpy()**와 마찬가지로 합쳐질 문자열 길이보다 **dest**의 크기가 작을 경우 오버플로가 발생하게 되므로, **dest**는 충분한 크기를 가져야 한다. 다음 예제에 **strcat()**의 사용 방법을 나타내었다.

예제 6-12

```
1:  #include <stdio.h>
2:  #include <string.h>
3:  int main(void)
4:  {
5:      char dest[80];
6:
7:      printf("문자열 입력 : ");
8:      gets(dest);
9:      strcat(dest, " World");
10:     printf("결합된 문자열 : %s \n", dest);
11:     return 0;
12: }
```

실행 결과

문자열 입력 : Hello↵
결합된 문자열 : Hello World

strcmp(str1, str2)는 **str1**과 **str2** 문자열을 비교한다. **str1, str2**는 문자열 상수 또는 문자열이 저장된 배열 이름이 될 수 있다. 이 함수는 **str1, str2**를 비교하여 **str1, str2**가 같으면 0을 반환하며, **str1<str2**일 경우 0보다 작은 음수를 반환한다. 그리고 **str1>str2**일 경우에는 0보다 큰 양수를 반환한다. 여기서 크기의 판별은 각 문자의 ASCII 코드 값을 기준으로 한다. 예를 들어 **strcmp("AB", "ab")**의 결과는 **"AB"<"ab"** 이므로 **strcmp()**는 음수를 반환한다. 다음 예제에 **strcmp()**의 사용 방법을 보였다.

예제 6-13

```
1:  #include <stdio.h>
2:  #include <string.h>
3:  int main(void)
4:  {
5:      char str1[80], str2[80];
6:      int r;
7:
8:      printf("문자열 1 입력 : ");
9:      gets(str1);
10:     printf("문자열 2 입력 : ");
11:     gets(str2);
12:     r = strcmp(str1, str2);
13:     if(r == 0) printf("결과 :%s = %s \n", str1, str2);
14:     else if(r < 0) printf("결과 : %s < %s \n", str1, str2);
15:     else printf("결과 : %s > %s \n", str1, str2);
16:     return 0;
17: }
```

실행 결과

문자열 1 입력 : abc↵
문자열 2 입력 : bab↵
결과 : abc < bab

strlen(str)는 **str**의 길이를 계산한다. 여기서 길이는 널 종료 문자를 제외한 문자의 개수이다. **str**은 문자열 상수나 문자열 배열 이름이 될 수 있다. 다음은 **strlen()**의 사용 예를 보여주고 있다.

```
1:  #include <stdio.h>
2:  #include <string.h>
3:  int main(void)
4:  {
5:      char str[80];
6:
7:      printf("문자열 입력 : ");
8:      gets(str);
9:      printf("문자열의 길이 : %d \n", strlen(str));
10:     return 0;
11: }
```

❶ ⋯ 실행 결과

문자열 입력 : Hello World↵
문자열의 길이 : 11

atoi(str)는 **str**을 **int**형 데이터로 변환시킨다. 따라서 **str**은 0 ~ 9까지의 숫자와 +, − 부호만 포함된 수치 형태의 문자열이어야 한다. 만일 **str**이 수치 형태의 데이터가 아닐 경우 **atoi()**는 0을 반환한다. 또한 **atoi("12aaa")**와 같이 **str**에 숫자와 문자가 혼합되어있을 경우, 변환 가능한 부분까지만 변환하여 12를 반환하게 된다. 다음 예제는 **atoi()**의 간단한 사용법을 보여주고 있다.

예제 6-15

```
1:  #include <stdio.h>
2:  #include <stdlib.h>
3:  int main(void)
4:  {
5:      char str1[80], str2[80];
6:      int result;
7:
8:      printf("문자열 1 입력 : ");
9:      gets(str1);
10:     printf("문자열 2 입력 : ");
11:     gets(str2);
12:     result = atoi(str1) + atoi(str2);
13:     printf("덧셈 결과 : %d \n", result);
14:     return 0;
15: }
```

문자열 1 입력 : 123↵
문자열 2 입력 : 123↵
덧셈 결과 : 246

　　itoa(value, str, radix)는 **value**의 정수를 문자열로 변환하여 배열 **str**에 저장한다. **radix**는 정수를 문자열로 변환할 때 원하는 진법을 지정하는데 사용한다. 다음 예제는 **itoa()**를 사용하여 사용자가 입력한 정수를 2진법, 10진법, 16진법으로 저장하여 출력한다.

예제 6-16

```
1:  #include <stdio.h>
2:  #include <stdlib.h>
3:  int main(void)
4:  {
5:      char str[80];
6:      int value;
7:
8:      printf("정수 입력 : ");
9:      scanf("%d", &value);
10:     itoa(value, str, 2);
11:     printf("2진수 : %s \n", str);
12:     itoa(value, str, 10);
13:     printf("10진수 : %s \n", str);
14:     itoa(value, str, 16);
15:     printf("16진수 : %s \n", str);
16:     return 0;
17: }
```

정수 입력 : 123↵
2진수 : 1111011
10진수 : 123
16진수 : 7b

　　atof(str)는 **str**의 문자열을 **double**형 데이터로 변환시킨다. 예를 들어 **atof("0.01")**는 문자열 **"0.01"**을 **double**형으로 변환하며, **atof("1.0e-2")**와 같은 과학형 표기법의 문자열도 변환할 수 있다. 또한 **atof()**는 **atoi()**와 마찬가지로 **str**에 숫자와 문자가 혼합되어있을 경우 변환 가능한 부분 까지만 변환한다.

scanf()를 이용한 입력 문자열의 제어

scanf() 에서 사용되는 형식 지정자의 옵션에서 다음 형식을 **스캔셋**(scanset) 이라 하며, 입력되는 문자열 중 특정 문자만을 포함 혹은 제외하여 입력받는 기능을 수행한다.

- %[] : []내에 명시된 문자들만 입력
- %[^] : ^ 다음의 문자들을 제외한 모든 문자를 입력

스캔셋 **%[]**는 **[]**내에 어떤 문자가 포함되어 있을 때, 이 문자들만 입력받는다. 스캔셋은 데이터를 문자열로 입력받기 때문에 데이터의 저장을 위해 문자형 배열이 사용된다. 스캔셋은 입력된 문자열 중 스캔셋에 포함되는 문자들만 배열에 저장하고, 지정되지 않는 문자를 만나면 그 뒤의 문자들은 배열에 저장하지 않는다. 다음 예제를 살펴보자.

예제 6-17

```
1:  #include <stdio.h>
2:  int main(void)
3:  {
4:      char str[80];
5:
6:      printf("문자열 입력 : ");
7:      scanf("%[helo]", str);
8:      printf("결과 : %s \n", str);
9:      return 0;
10: }
```

●··· 실행 결과

문자열 입력 : helloabcd↵
결과 : hello

7번째 줄의 스캔셋 **%[helo]**는 **'h'**, **'e'**, **'l'**, **'o'** 문자들만 입력받게 된다. 따라서 입력된 문자열이 **helloabcd** 일 경우, **hello** 만 배열 **str**에 저장하고 **hello** 다음의 **a** 부터는 배열에 저장하지 않는다.

스캔셋의 범위를 지정하기 위해 **'-'**를 사용할 수 있다. 예를 들어 **%[0123456789]**는 **%[0-9]**와 동일하다. 스캔셋에 사용되는 **'-'** 문자는 ANSI 표준은 아니지만 대부분의 컴파일러가 지원하고 있다.

스캔셋이 **%[^]**로 사용될 경우 **^** 다음에 기재된 문자들을 제외한 모든 문자를 배열에 저장한다. 다음 예제를 확인해 보자.

예제 6-18

```
1:  #include <stdio.h>
2:  int main(void)
3:  {
4:      char str[80];
5:
6:      printf("문자열 입력 : ");
7:      scanf("%[^helo]", str);
8:      printf("결과 : %s \n", str);
9:      return 0;
10: }
```

❗••• **실행 결과**

문자열 입력 : good↵
결과 : g

7번째 줄의 스캔셋 **%[^helo]**는 **'h'**, **'e'**, **'l'**, **'o'** 문자들을 제외한 문자들만 입력받게 된다. 따라서 입력된 문자열이 **good** 일 경우, **g**만 배열 **str**에 저장하고 **g**다음의 **o** 부터는 배열에 저장하지 않는다.

연습문제 6.3

1. 변수 k가 **int**형이라 가정할 때, k는 각각 어떤 값을 가지는가?
   ① strcpy(str, " ");
     k = strlen(str);
   ② strcpy(str, "");
     k = strlen(str);

2. 사용자로부터 하나의 문자열을 입력받아 역순으로 출력하는 프로그램을 작성하시오 (1차원 문자 배열을 사용할 것).

3. 사용자로부터 두 개의 정수와 add, subtract, multiply 중 원하는 연산을 문자열로 입력받아 계산을 수행하는 프로그램을 작성하시오.

4. 문자열 "quit"가 입력될 때까지 사용자로부터 문자열을 입력받아 배열에 추가하는 프로그램을 작성하시오. 단, 배열은 초기에 "string - "이라는 문자열을 가지고 시작하며, 문자열이 입력될 때마다 배열의 내용을 출력한다. 만일 배열의 크기보다 문자열의 크기가 더 커지면 프로그램을 종료시킨다.

5. 다음과 같은 스캔셋을 사용할 경우 입력될 수 있는 문자는 무엇인가?
   ① %[a-zA-Z]
   ② %[a-z A-Z]
   ③ %[^a-m2-5-]

6.4 다차원 배열

다차원 배열은 2차원 이상의 배열을 말한다. 다차원 배열의 선언은 대괄호를 차원의 수만큼 배열의 이름 다음에 추가한다. 예를 들어 4×5 크기의 **int**형 2차원 배열은 다음과 같이 선언한다.

```
int arr[4][5];
```

2차원 배열은 기본적으로 1차원 배열의 집합이다. 따라서 위의 선언은 아래의 그림과 같이 크기가 5인 **int**형 1차원 배열 4개를 모아 놓은 배열을 생성하며, 이러한 1차원 배열들을 2차원 배열 **arr**의 **부분 배열**이라 말한다.

열(column)

arr	[0]	[1]	[2]	[3]	[4]
[0]	arr[0][0]	arr[0][1]	arr[0][2]	arr[0][3]	arr[0][4]
[1]	arr[1][0]	arr[1][1]	arr[1][2]	arr[1][3]	arr[1][4]
[2]	arr[2][0]	arr[2][1]	arr[2][2]	arr[2][3]	arr[2][4]
[3]	arr[3][0]	arr[3][1]	arr[3][2]	arr[3][3]	arr[3][4]

행(row)

그림과 같이 2차원 배열의 선언에서 첫 번째 색인 **[4]**는 **행**(row)의 크기, 즉 1차원 부분 배열의 개수이다. 두 번째 색인 **[5]**는 **열**(column)의 크기 즉, 1차원 부분 배열이 가지는 요소의 개수를 의미한다.

2차원 배열의 각 요소는 행과 열의 색인 번호를 사용하여 참조할 수 있으며, 그 방법은 1차원 배열과 동일하다. 다음 예제는 2차원 배열의 간단한 사용 방법을 보여주고 있다.

예제 6-19

```
1:  #include <stdio.h>
2:  int main(void)
3:  {
4:      int arr[3][4];
```

```
5:    int i, j, count=0;
6:
7:      for(i=0; i<3; i++)
8:        for(j=0; j<4; j++) arr[i][j] = count++;
9:      for(i=0; i<3; i++) {
10:        for(j=0; j<4; j++) printf("%3d", arr[i][j]);
11:        putchar('\n');
12:      }
13:    return 0;
14: }
```

3차원 배열은 2차원 배열의 집합이다. 예를 들어 2×3×4 크기의 **int**형 3차원 배열은 다음과 같이 선언한다.

```
int arr[2][3][4];
```

위의 선언에서 3차원 배열 **arr**은 3×4 크기의 2차원 부분 배열을 2개 모아 놓은 배열이며, 각 2차원 배열은 다시 크기가 4인 1차원 부분 배열을 3개를 가지게 된다. 이것을 그림으로 살펴보면 아래와 같은 형태로 배열의 구조를 나타낼 수 있다.

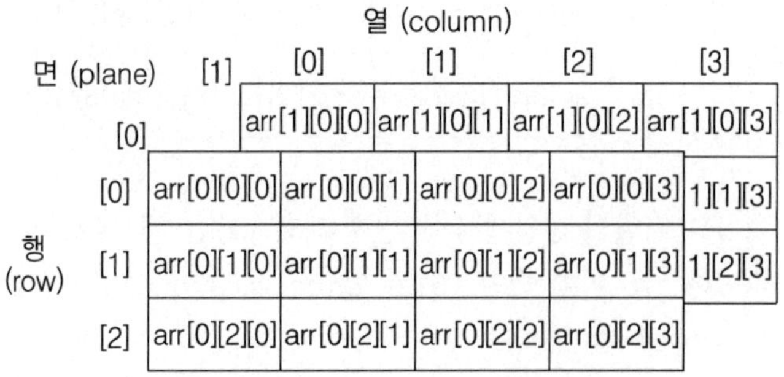

그림에서와 같이 3차원 배열의 선언에서 첫 번째 색인 **[2]**는 면(plane)의 크기, 즉 2차원 부분 배열의 개수이다. 두 번째 색인 **[3]**은 행의 크기, 세 번째 색인 **[4]**는 열의 크기를 나타낸다. 3차원 배열의 사용 방법은 1, 2차원 배열과 동일하다.

다차원 배열은 개념적으로 위의 그림과 같이 표현할 수 있다. 그러나 메모리는 선형적인 1차원 구조이며, 다차원 배열 역시 1차원으로 메모리를 사용한다. 실제로 C에서 다차원 배열은 개념적으로만 존재하며, 모든 다차원 배열은 1차원 배열의 확장으로 표현된다. 따라서 **int arr[4][5];**와 같은 2차원 배열 **arr**은 다음 그림과 같이 메모리를 사용하게 된다.

메모리 주소											
4byte	4byte	4byte	4byte	4byte	4byte	4byte	4byte	4byte	4byte	4byte	4byte
arr[0][0]	arr[0][1]	arr[0][2]	arr[0][3]	arr[1][0]	arr[1][1]	arr[1][2]	arr[1][3]	arr[2][0]	arr[2][1]	arr[2][2]	arr[2][3]

C에서는 배열의 차원에 제한을 두지 않기 때문에, 어떤 차원의 배열도 사용 가능하며, 그 사용법 역시 2, 3차원 배열과 동일하다.

연습문제 6.4

1. 면, 행, 열의 크기가 4×4×4인 3차원 배열을 생성하고, 각 요소를 1부터 순서대로 저장하여 출력하는 프로그램을 작성하시오.

2. 다음 그림과 같이 두 배열에 값을 저장하고, 두 배열의 각 요소 간의 합을 계산하는 프로그램을 작성하시오.

배열 A

1	3	5
7	9	11
13	15	17

+

배열 B

2	4	6
8	10	12
14	16	18

=

3	7	11
15	19	23
27	31	35

6.5 배열의 초기화

1차원 배열의 초기화

변수의 초기화와 마찬가지로 배열의 선언에서 각 요소에 초기값을 부여할 수 있다. 배열의 초기화에서는 아래의 형식과 같이 배열의 각 요소에 부여할 초기값들을 중괄호 { } 내에 나열하며, 각 초기값들은 콤마(,)를 사용하여 구분한다.

```
int arr[5] = {4 ,3, 1, 7, 9};
```

위의 초기화 결과는 아래 그림과 같이 **arr[0]**부터 배열에 초기값이 순서대로 부여된다.

	arr[0]	arr[1]	arr[2]	arr[3]	arr[4]
arr	4	3	1	7	9

위와 같은 방법을 사용하지 않고 아래의 방법을 사용할 수도 있다. 그러나 이 방법은 배열의 각 요소에 값을 하나씩 치환해야 하므로 초기화를 이용한 방법보다 비효율적이라 할 수 있다.

```c
int arr[5];
arr[0] = 4;
arr[1] = 3;
arr[2] = 1;
arr[3] = 7;
arr[4] = 9;
```

문자형 배열 역시 정수형 배열과 동일한 방법을 사용하여 배열을 초기화 할 수 있다. 다음 예는 문자 상수와 문자열 상수를 사용하여 배열을 초기화한다.

```c
char arr[3] = {'a','b','c'};
char str[6] = "Hello";
char str2[6] = {'h','e','l','l','o','\0'};
```

배열 **arr**에는 문자 **'a'**, **'b'**, **'c'**가 **arr[0]** ~ **arr[2]**까지 차례로 저장된다. 배열 **str**에는 문자열 **"Hello"**가 저장되며, 문자열의 끝은 널 종료 문자가 포함되어 있으므로 배열의 크기는 문자열보다 항상 더 커야 한다. 배열 **str2**은 문자들을 사용하여 문자열의 형태로 초기화 하였다. 따라서 배열 **str2**의 초기화 결과는 배열 **str**과 동일하게 된다.

배열 **str**과 같이 배열에 초기화할 문자열이 하나인 경우, 중괄호를 생략할 수 있다. 그러나 다차원 배열에 여러 개의 문자열을 초기화 할 경우에는 중괄호를 반드시 사용해야 한다.

배열의 크기보다 초기화 값이 적을 때는 문제가 없지만, 그 반대일 경우에는 오류가 발생한다. 다음 예제를 살펴보자.

예제 6-20

```c
1:  #include <stdio.h>
2:  int main(void)
3:  {
4:      int arr[4] = {1, 2};
```

```c
1:  #include <stdio.h>
2:  int main(void)
3:  {
4:      int arr[4] = {1, 2, 3, 4, 5};
```

```
5:    int i;                          5:    int i;
6:                                    6:
7:    for(i=0; i<4; i++)              7:    for(i=0; i<4; i++)
8:        printf("%3d", arr[i]);      8:        printf("%3d", arr[i]);
9:    return 0;                       9:    return 0;
10: }                                 10: }
```

⚠ ··· 실행 결과   **⚠** ··· 실행 결과
```
 1  2  0  0                  compile error!
```

왼쪽 예제와 같이 배열의 크기보다 초기값이 적을 경우 배열의 나머지는 0으로 초기화된다. 그러나 오른쪽 예제와 같이 배열의 크기보다 초기값이 많을 경우 컴파일시 오류가 발생한다.

● 다차원 배열의 초기화

다차원 배열의 초기화는 1차원 배열의 초기화 방법과 크게 다르지 않지만, 초기화될 상수의 나열 형태에 따라 다양한 방법이 존재한다. 몇 가지 형태를 살펴보자.

```
int arr1[3][3] = {1, 2, 3, 4, 5, 6, 7, 8, 9};
int arr2[3][3] = {{1, 2, 3},
                  {4, 5, 6},
                  {7, 8, 9}};
```

배열 **arr1**에는 1차원 배열의 초기화와 같이 **arr1[0][0]**부터 초기화 값들이 순서대로 초기화된다. 또한 **arr2**와 같이 여러 개의 중괄호를 사용하여 행 단위로 초기값를 부여할 수도 있다. 따라서 배열 **arr1, arr2**는 아래의 그림과 같이 동일하게 초기화 된다.

1	2	3
arr1[0][0]	arr1[0][1]	arr1[0][2]
4	5	6
arr1[1][0]	arr1[1][1]	arr1[1][2]
7	8	9
arr1[2][0]	arr1[2][1]	arr1[2][2]

```
int arr3[3][3] = {1, 2, 3, 4};
```

배열 **arr3**은 **arr3[0][0]**부터 순서대로 초기값이 부여되며, 아래 그림과 같이 초기값이 지정되지 않은 **arr3[1][1]**부터는 0으로 초기화된다.

1 arr3[0][0]	2 arr3[0][1]	3 arr3[0][2]
4 arr3[1][0]	0 arr3[1][1]	0 arr3[1][2]
0 arr3[2][0]	0 arr3[2][1]	0 arr3[2][2]

```
int arr4[3][3] = {{1, 2}, {3, 4, 5}, {6}};
```

배열 **arr4**와 같이 행 단위로 초기값을 부여할 때 초기값이 없는 요소는 자동으로 0으로 초기화 된다. 초기화 후의 배열 **arr4**는 아래 그림과 같다.

1 arr4[0][0]	2 arr4[0][1]	0 arr4[0][2]
3 arr4[1][0]	4 arr4[1][1]	5 arr4[1][2]
6 arr4[2][0]	0 arr4[2][1]	0 arr4[2][2]

● 크기 없는 배열

배열의 선언과 동시에 초기값을 부여할 경우 배열의 크기를 생략할 수도 있다. 이와 같이 크기가 지정되지 않은 배열을 **크기 없는 배열**(unsized array)이라 한다. 예를 들어 아래와 같이 선언할 경우 컴파일러는 1차원 배열 **arr**의 크기를 5로 결정한다.

```
int arr[] = {2, 4, 6, 8, 10};
```

크기 없는 배열은 아래와 같이 문자의 개수가 많은 문자열을 초기화 하는데 특히 유용하게 사용될 수 있다. 문자열의 초기화에 크기 없는 배열을 사용할 경우, 문자열의 길이가 변경되어도 배열의 크기가 자동으로 조절되어 매우 편리하다.

```
char str[] = "The C Programming Language"; //오류!
```

다차원 배열도 1차원 배열과 같이 크기 없는 배열을 사용하여 선언과 동시에 초기화가 가능하다. 그러나 아래 예와 같이 사용할 경우 문제가 발생한다.

```
int arr[][] = {1, 2, 3, 4, 5, 6};
```

위의 예는 2행 3열이 될 수 있고 3행 2열 또는 1행 6열이 될 수도 있기 때문에 컴파일러가 배열의 행과 열의 크기를 결정할 수가 없다. 따라서 다차원 배열의 경우 최소한의 크기 정보가 필요한데, 아래의 형식과 같이 2차원 배열의 경우 열의 크기, 3차원 배열일 경우 행과 열의 크기가 필요하다. 즉, 다차원 배열을 크기 없는 배열로 초기화 할 때 배열 이름 다음의 첫 번째 크기 정보만 생략할 수 있다.

```
int arr1[][3] = {1, 2, 3, 4, 5, 6};
int arr2[][2][2] = {1, 2, 3, 4, 5, 6, 7, 8};
```

연습문제 6.5

1. 다음의 배열 초기화 문장은 올바른가? 또한 배열에 초기화되는 값은 무엇인가?

   ① int arr[10];

   ② int arr[10] = 0, 1, 2, 3, 4, 5, 6, 7, 8, 9;

   ③ int arr[10] = {0};

   ④ int arr[ ][3]={{1,2},{3,4,5,6}};

2. 다음 프로그램의 잘못된 부분은 무엇인가?

```
 1:  #include <stdio.h>
 2:  #include <string.h>
 3:  int main(void)
 4:  {
 5:      char arr[]= "Hello";
 6:
 7:      strcpy(arr, "Good Morning");
 8:      puts(arr);
 9:       return 0;
10: }
```

3. 다음과 같은 행렬 A를 2차원 배열을 사용하여 초기화하고, 이 행렬의 전치 행렬 (Transposed Matrix)을 계산하는 프로그램을 작성하시오.

   • $A = \begin{pmatrix} 2 & 4 & 7 \\ 8 & 9 & 1 \end{pmatrix}$

6.6 문자열 배열

문자열 배열은 여러 개의 문자열을 배열에 저장하고자 할 때 사용한다. 문자열 배열은 2차원 이상의 문자형 배열을 사용하며, 1차원 배열을 사용한 문자열의 조작 방법과 조금 다른 형태로 사용한다. 다음과 같은 문자형 배열이 선언되었다고 가정하자.

```
char str1[50];
char str2[3][50];
```

위의 두 배열에 문자열을 저장한다면, 배열 **str1**에는 아래의 그림과 같이 50개의 문자들로 구성된 하나의 문자열을 저장할 수 있고, **str2**에는 3개의 문자열을 저장할 수 있다. 즉, 하나의 행에 하나의 문자열만 저장할 수 있다.

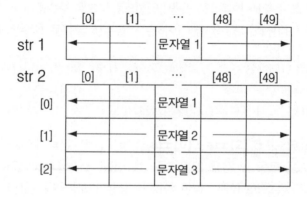

1차원 배열에 저장된 문자열을 다루기 위해 색인 없이 배열의 이름만 사용하였다. 그러나 다차원 배열에서 문자열을 다루기 위해서는 1차원 부분 배열의 이름만 사용한다. 즉, 2차원 문자 배열에서는 배열의 이름과 행의 번호, 3차원 문자 배열을 사용할 경우에는 배열 이름과 면, 행 번호만 사용한다. 다음 예제로 확인해보자.

예제 6-21

```
1:  #include <stdio.h>
2:  int main(void)
3:  {
4:      char str[3][80];
5:      int i;
6:
```

```
7:     for(i=0; i<3; i++) {
8:         printf("%d번째 문자열 입력 : ", i+1);
9:         gets(str[i]); //1차원 부분 배열의 이름만 사용
10:     }
11:    for(i=0; i<3; i++)
12:        printf("%d번째 입력된 문자열 : %s \n", i+1, str[i]);
13:    return 0;
14: }
```

문자열 배열에 문자열들을 초기화할 때, 문자열 하나가 한 행을 구성하기 때문에 행의 크기만큼 문자열들을 사용해야 한다. 이때 문자열의 개수가 하나 이상이므로 다음 예제와 같이 중괄호를 사용하여 초기화할 문자열들은 나열해야 한다.

```
char str1[2][50] = {"Apple", "Orange"};
char str2[ ][50] = {"Apple", "Orange", "Grape", "Melon"};
```

배열 **str1**의 첫 번째 행 **str1[0]**에는 **"Apple"**, **str1[1]**에는 **"Orange"**가 초기화된다. 그리고 배열 **str2**와 같이 크기 없는 배열을 사용하여 초기화할 수 있으며, 이경우 배열 이름 다음의 첫 번째 크기 정보만 생략할 수 있다. 다음 예제는 2차원 문자배열에 문자열들을 초기화하고, 그 내용을 출력한다.

예제 6-22

```
1:  #include <stdio.h>
2:  int main(void)
3:  {
4:      char str[][80] = {"Korea", "China", "Japan"};
5:      int i;
6:
7:      for(i=0; i<3; i++) puts(str[i]);
8:      return 0;
9: }
```

1. 2차원 문자 배열 **str[5][80]**에 5개의 문자열을 입력받아 문자열에 포함된 모든 문자의 개수를 세는 프로그램을 작성하시오.

2. 다음의 배열 선언문은 올바른가? 만일 잘못되었다면 그 이유는 무엇인가?
   ① char str1[4][50] = {"Apple", "Orange"};
   ② char str2[3][50] = {"Apple", "Orange", "Grape", "Melon"};
   ③ char str3[ ][50] = {{"Apple", "Orange"}, {"Grape", "Melon"}};

3. 2차원 문자 배열 **str[10][10]**에 0부터 9까지의 영어 단어를 초기화하고, 사용자가 숫자를 입력하면 그것에 해당하는 영어 단어를 출력하는 프로그램을 작성하시오 (단, 프로그램은 사용자가 0~9 이외의 수를 입력하면 종료한다).

종합문제

1. 양의 10진수를 입력받아 2진수로 변환하는 프로그램을 1차원 배열을 사용하여 작성하시오(라이브러리 함수 사용 불가). 예를 들어 10진수 100은 2진수 1100100로 출력된다.

2. 사용자로부터 문자열을 입력받아 문자열에 포함된 공백의 수를 세는 프로그램을 작성하시오.

3. 하나의 문자열을 입력받아 문자열 속에 포함된 자음과 모음의 개수를 세는 프로그램을 작성하시오. 이때 입력된 문자열 중 대문자나 공백을 포함한 특수문자는 개수에 포함시키지 않는다.

4. 다음과 같은 행렬 A, B를 2차원 배열을 사용하여 초기화하고, 두 행렬의 곱을 계산하는 프로그램을 작성하시오.

- $A = \begin{pmatrix} 2 & 1 & 5 \\ 1 & 3 & 8 \end{pmatrix}$, $B = \begin{pmatrix} 3 & 4 \\ 1 & 5 \\ 8 & 1 \end{pmatrix}$

5. 정수로만 구성된 계산식을 문자열로 입력받아 사칙연산을 수행하는 프로그램을 작성하시오. 예를 들어 문자열 "2*3"이 입력되면 6이 출력되어야 한다. 문자열을 정수로 변환하기 위해 **atoi()**를 사용하고, 문자열의 길이가 0이면 프로그램은 종료한다.

6. **scanf()**의 스캔셋을 이용하여 공백이 포함된 문자열을 읽어 들이는 프로그램을 작성하시오. **scanf()**는 마침표가 입력될 때까지 모든 문자열을 입력받아 배열에 저장한다.

7. 난수(random number)는 특정한 나열 순서나 규칙을 가지지 않는, 연속적인 임의의 수를 의미한다. C에서 0~32767 범위의 난수 생성을 위해 **rand()**를 사용할 수 있다. 만일 **rand()**를 사용하여 0~9 사이의 난수를 생성하고자 한다면, 다음 프로그램과 같이 작성할 수 있다.

```
1:  #include <stdio.h>
2:  #include <stdlib.h> // srand(), rand()가 사용하는 헤더 파일
```

```
3:   #include <time.h>  // time()가 사용하는 헤더 파일
4:   int main(void)
5:   {
6:       int i;
7:       srand((unsigned)time(NULL)); //NULL은 0을 의미하는 상수 값
8:       for(i=0; i<10; i++) printf("%2d", rand()%10);
9:       return 0;
10: }
```

srand()는 rand()의 난수 발생 패턴을 변경하기 위한 seed(종자수)를 설정하는 함수이며, srand()의 인수로 사용되는 time()는 현재 시간을 반환하는 함수이다. 만일 time(NULL)로 사용할 경우 1970년 1월 1일 0시 0분 0초부터 현재까지 경과한 초를 반환하게 된다. 따라서 time(NULL)의 값을 srand()의 인수로 전달하여 seed로 사용하게 되면, 시간은 매번 달라지므로 매우 불규칙한 난수를 얻을 수 있다.

위의 내용을 참고로 하여 1부터 45사이의 중복되지 않는 6개의 난수 생성 프로그램을 1차원 배열을 사용하여 작성하시오.

C 언어 프로그래밍

Chapter 07

포인터

포인터는 메모리의 주소를 의미한다. C 언어는 포인터를 사용하여 메모리를 직접 참조 할 수 있기 때문에 기계어 수준의 데이터 처리가 가능하다. 물론 이러한 포인터를 사용하지 않고서도 프로그램을 작성할 수도 있지만, 많은 경우에 포인터를 사용함으로써 프로그램을 간결하고 효율적이게 만들 수 있으며, 반드시 포인터를 사용해야 하는 경우도 있다. 포인터의 이해를 위해서는 가장 기본적인 개념을 정확하게 파악하고 많은 예제를 통해 사용 방법을 익히는 것이 중요하다.

7.1 포인터의 정의

7.1.1 포인터의 개념

컴퓨터의 메모리 (RAM) 에는 운영체제를 포함하여 실행 중인 프로그램과 프로그램이 사용하는 데이터 (변수, 상수 등등) 가 저장된다. 예를 들어 다음과 같은 두 변수가 선언되었다고 가정하자.

```
short a = 10;
int b = 20;
```

변수 **a, b**는 각각 2, 4바이트의 메모리를 사용하게 되며, 두 변수가 사용하는 메모리 공간은 다음 그림과 같이 표현할 수 있다.

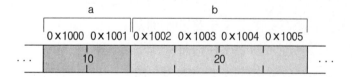

컴퓨터는 메모리의 각 바이트 마다 0부터 시작하는 고유한 번호를 순서대로 부여하여 관리하는데 이 번호를 메모리의 주소라고 한다. 그림에서 **0x1000 ~ 0x1005**는 두 변수 **a, b**가 사용하는 임의의 메모리 주소를 16진수로 표현한 것이다.

포인터(pointer) 는 **객체**(object) 가 사용하는 메모리의 시작 주소를 말한다. 여기서 객체는 변수, 배열등과 같이 메모리를 사용하는 모든 것을 의미한다. 위의 예에서 주소 **0x1000**은 변수 **a**의 포인터가 되며, **0x1002**는 변수 **b**의 포인터가 된다.

프로그램에서 사용되는 모든 객체들은 메모리를 사용하게 되며, 프로그램 작성시 이러한 객체들의 포인터를 다루어야 하는 경우가 있다. 객체들의 포인터를 다루기 위해서는 먼저, 그 객체가 실제로 메모리의 몇 번지에 저장되어 있는지는 알아야 한다. 각 객체마다 포인터를 얻는 방법이 조금씩 다른데, 먼저 변수의 포인터를 구하는 방법부터 살펴보자.

어떤 변수의 포인터를 알아내기 위해서는 **주소 연산자**(address operator) **&**를 사용한다. 주소 연산자를 변수 앞에 기재하면, 그 변수의 포인터가 반환된다. 다음 예제로 확인해보자.

예제 7-1

```
1:  #include <stdio.h>
2:  int main(void)
3:  {
4:      short a = 10;
5:      int b = 20;
6:
7:      printf("a의 포인터 : %p \n", &a);
8:      printf("b의 포인터 : %p \n", &b);
9:      return 0;
10: }
```

●… 실행 결과

```
a의 포인터 : 0012FF7C
b의 포인터 : 0012FF78
```

printf()에서 사용된 형식 지정자 **%p**는 포인터를 출력할 때 사용한다. 실행 결과와 같이 변수 **a, b**는 메모리의 **0012FF7C, 0012FF78** 번지부터 저장되어 있다는 것을 알 수 있다.

● 포인터에 포함된 정보

위 예에서 **a, b**의 포인터 **0012FF7C, 0012FF78**은 메모리의 한 위치를 나타내는 단순한 주소처럼 보이지만, 어떤 객체의 포인터에는 그 객체의 자료형과 사용하는 메모리의 크기 정보가 포함되어 있다. 즉, **0012FF7C**에는 2바이트 크기의 **short**형 변수가 사용하는 메모리의 포인터, **0012FF78**에는 4바이트 크기의 **int**형 변수가 사용하는 메모리의 포인터라는 정보가 포함되어 있다.

7.1.3 포인터 변수

주소 연산자에 의해 구해진 변수의 포인터를 다른 변수에 저장하여 사용할 수가 있다. 포인터를 저장하기 위한 변수를 **포인터 변수**라 하며, 다음 형식과 같이 선언한다.

```
type *var_name;
```

위의 형식에서 *****는 이 변수가 포인터 변수임을 나타내는 연산자이며, 이 변수의 자료형은 **type ***, 즉 **type**형 포인터가 된다. 그리고 **var_name**은 변수의 이름을 의미한다. 다음 예를 살펴보자.

```
int *p;
short *ps;
```

int *p는 **int**형 포인터(**int ***) 변수 **p**의 선언이며, **short *ps**는 **short**형 포인터(**short ***) 변수 **ps**의 선언이다. 변수의 포인터를 포인터 변수에 저장해보자.

예제 7-2

```
1:  #include <stdio.h>
2:  int main(void)
3:  {
4:     short a = 10;
5:     int b = 20;
6:     short *ap;
7:     int *bp;
8:
9:     ap = &a;
10:    bp = &b;
11:    printf("ap의 값 : %p \n", ap);
12:    printf("bp의 값 : %p \n", bp);
13:    return 0;
14: }
```

◑ ··· 실행 결과

```
ap의 값 : 0012FF7C
bp의 값 : 0012FF78
```

9번째 줄에서 포인터 변수 **ap**에 변수 **a**의 포인터를 저장하였다. 이것을 다음과 같이 그림으로 표현할 수 있다.

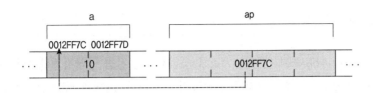

그림과 같이 포인터 변수 **ap**는 변수 **a**의 포인터 **0012FF7C**를 가지고 있다. 이것을 간단하게 **"ap가 a를 가리킨다"**라고 표현한다. 즉, **"가리킨다"**는 포인터 변수가 어떤 객체의 포인터를 가지고 있다는 의미이다.

포인터 변수의 자료형은 다음 예와 같이 포인터 변수가 가리킬 수 있는 객체의 자료형을 의미한다.

```
int *p;     // int형 포인터(int *) 변수 p는 int형 객체를 가리킬 수 있다.
short *ps; // short형 포인터(short *) 변수 ps는 short형 객체를 가리킬 수 있다.
double *pd;// double형 포인터(double *) 변수 pd는 double형 객체를 가리킬 수 있다.
```

포인터 변수도 다른 변수들과 마찬가지로 메모리를 사용한다. 포인터 변수가 저장하는 값은 일정한 크기의 주소이므로, 포인터 변수의 자료형과는 관계없이 동일한 크기를 사용한다. 32비트 운영체제에서 메모리의 주소는 $0 \sim 2^{32}-1$ 번지(16진수로 **0x00000000 ~ 0xFFFFFFFF**) 사이의 값을 가지게 되며, 이 경우 주소를 저장하기 위한 포인터 변수의 크기는 다음 예제와 같이 4바이트가 된다.

예제 7-3

```
1:  #include <stdio.h>
2:  int main(void)
3:  {
4:      char *cp;
5:      int *ip;
6:      short *sp;
7:      double *dp;
8:
9:      printf("cp의 크기 : %d \n", sizeof(cp));
10:     printf("ip의 크기 : %d \n", sizeof(ip));
11:     printf("sp의 크기 : %d \n", sizeof(sp));
12:     printf("dp의 크기 : %d \n", sizeof(dp));
13:     return 0;
14: }
```

···· 실행 결과

```
cp의 크기 : 4
ip의 크기 : 4
sp의 크기 : 4
dp의 크기 : 4
```

7.1.4 포인터의 사용

포인터 변수를 사용하여 객체를 참조하기 위해서는 **간접 연산자** *를 사용한다. 여기서 **"참조"**는 포인터 변수가 가리키는 객체의 데이터를 읽거나 저장하는 것을 말한다. 앞서 살펴보았던 바와 같이 간접 연산자 *는 포인터 변수의 선언에서도 사용하지만, 포인터 변수의 선언 이후에 포인터 변수와 함께 사용되기도 한다. 예제를 통해 간접 연산자 *의 사용법을 확인해 보자.

예제 7-4

```
1:  #include <stdio.h>
2:  int main(void)
3:  {
4:      int a = 10;
5:      int *p;
6:
7:      p = &a;
8:      printf("p : %p \n", p);
9:      printf("p가 가리키는 변수의 값 : %d \n", *p);
10:     *p = 20;
11:     printf("a : %d \n", a);
12:     return 0;
13: }
```

❗ ••• 실행 결과

```
p : 0012FF7C
포인터 p가 가리키는 변수의 값 : 10
a : 20
```

4, 5번째 줄의 변수 선언에 의해, 두 변수는 아래의 그림과 같이 메모리에 할당된다.

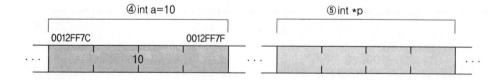

7번째 줄에서 변수 **a**의 포인터를 포인터 변수 **p**에 치환하였다. 따라서 아래 그림과 같이 포인터 **p**는 변수 **a**를 가리키게 된다.

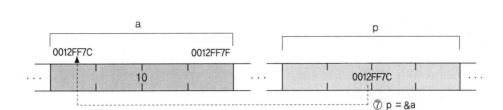

⑦ p = &a

8번째 줄은 포인터 변수 **p**의 값을 출력하므로, 아래 그림과 같이 **p**에 저장된 **a**의 주소 값이 출력될 것이다.

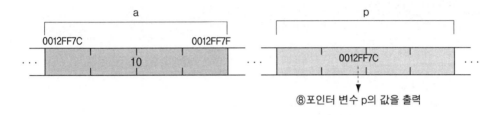

⑧포인터 변수 p의 값을 출력

9번째 줄은 ***p**를 출력한다. 이것은 포인터 변수 **p**가 가리키는 객체의 값을 출력하게 되므로 변수 **a**에 저장된 10이 출력된다.

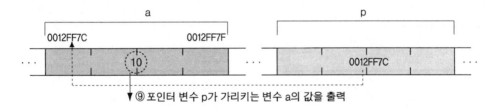

▼⑨ 포인터 변수 p가 가리키는 변수 a의 값을 출력

10번째 줄의 치환문 ***p=20;**은 **20**을 포인터 변수 **p**가 가리키는 변수에 저장하라는 의미이다. 따라서 포인터 변수 **p**가 가리키는 변수 **a**에 20을 저장하게 된다.

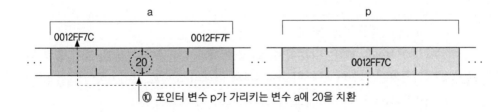

⑩ 포인터 변수 p가 가리키는 변수 a에 20을 치환

예제에서와 같이 어떤 객체를 포인터를 사용하여 참조할 때, 이것을 **간접 참조**(indirect access)라 한다. 반대로 포인터를 사용하지 않고 직접 변수 값을 참조할 때, 이것을 **직접 참조**(direct access)라 한다.

7.1.5 포인터의 자료형

포인터 변수의 자료형은 가리키는 객체를 참조하여 데이터를 처리하는 방법을 결정한다. 다음 예제를 확인해 보자.

예제 7-5

```
1:  #include <stdio.h>
2:  int main(void)
3:  {
4:      int i=123, *pi;
5:      double d=3.14, *pd;
6:
7:      pi = &i;
8:      pd = &d;
9:      printf("*pi의 결과 = %d \n", *pi);
10:     printf("*pd의 결과 = %.2f \n", *pd);
11:     pi = &d;
12:     printf("*pi의 결과 = %d \n", *pi);
13:     pd = &i;
14:     *pd = 321;
15:     printf("i의 값 = %d \n", i);
16:     return 0;
17: }
```

⏸••• 실행 결과

```
*pi의 결과 = 123
*pd의 결과 = 3.14
*pi의 결과 = 1374389535
i의 값 = 0
```

7, 8번째 줄에서 **pi, pd**는 각각 변수 **i, d**를 가리키게 된다. 9번째 줄의 출력에서 ***pi**는 **pi**가 가리키는 변수의 시작 주소에서부터 아래의 그림과 같이 4바이트를 읽어온다. 그리고 **pi**가 **int *** 변수이므로 정수 123으로 해석한다.

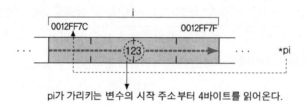

pi가 가리키는 변수의 시작 주소 부터 4바이트를 읽어온다.

10번째 줄은 ***pd**에 의해 **pd**가 가리키는 변수의 시작 주소에서부터 아래 그림과 같이 8바이트를 읽어온다. 그리고 **pd**가 **double *** 변수이므로 3.14라는 실수 값으로 해석하게 된다.

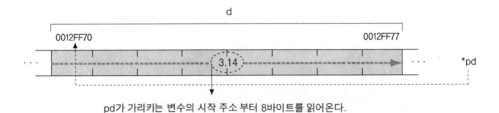

pd가 가리키는 변수의 시작 주소 부터 8바이트를 읽어온다.

11번째 줄에서 **pi**가 **d**를 가리키게 하였고, 12번째 줄에서 ***pi**로 값을 출력하고 있다. 이 경우 **pi**는 **int *** 변수이므로 **pi**가 가리키는 시작 주소에서부터 아래의 그림과 같이 4바이트만 읽고, 이것을 정수형으로 해석하기 때문에 전혀 다른 값이 출력된다.

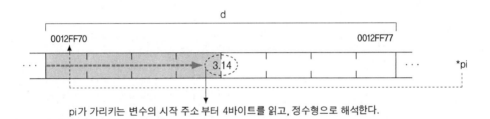

pi가 가리키는 변수의 시작 주소 부터 4바이트를 읽고, 정수형으로 해석한다.

또한 13번째 줄에서 **pd**가 **i**를 가리키게 하고, 14번째 줄에서 **pd**가 가리키는 곳에 정수 321을 치환하였다. 이 경우 **pd**는 **double *** 변수이므로 **i**의 시작 주소에서부터 8바이트에 걸쳐 정수 321을 기록하게 된다. 이것은 변수 **i**가 사용하는 공간을 넘어서게 되므로 프로그램이 실행하는 도중 오류가 발생한다.

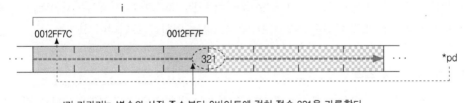

pd가 가리키는 변수의 시작 주소 부터 8바이트에 걸쳐 정수 321을 기록한다.

실행 결과에서와 같이 포인터 변수가 자신의 자료형과 일치하지 않는 객체를 가리킬 경우, 프로그램 실행 중 어떤 문제가 발생할지 알 수 없다.

참고 C++ 컴파일러는 C 컴파일러 보다 부적절한 자료형의 사용에 대한 검사가 엄격하기 때문에 위의 예제의 11, 13번째 줄과 같은 문장을 오류로 처리하여 프로그램이 컴파일되는 것을 방지한다.

7.1.6 포인터 사용의 주의 사항 및 장점

● 포인터 변수의 초기화

포인터 변수가 선언이 되면 그 변수는 임의의 쓰레기 값으로 초기화 된다. 만일 다음 예와 같이 초기화되지 않은 포인터를 사용하게 되면, 쓰레기 값이 주소로 사용되므로 프로그램 실행 도중 알 수 없는 오류가 발생할 수 있다.

```
int *pi;
*pi = 10;  // 오류! *pi가 어디를 가리키는지 알 수 없음
```

포인터 변수는 그 특성상 메모리의 어떤 부분도 가리킬 수 있기 때문에 항상 포인터 변수를 사용하기 전에 다른 객체를 가리키도록 초기화되어야 한다.

다음 예와 같이 포인터 변수가 0을 가지게 되면, 이것을 **널 포인터**(null pointer) 변수라 한다.

```
int *pi = 0;
int *pd = NULL;
```

예에서 **pi**에 초기화되는 값 0은 현재 이 포인터 변수가 아무것도(어떤 객체도) 가리키지 않는 포인터라는 것을 의미한다. 또한 **pd**의 초기 값과 같이 0이 아닌 **NULL**을 사용할 수도 있다. 여기서 **NULL**은 0을 의미하며, **stdio.h**에 미리 정의되어 있는 상수 값이다. 널 포인터는 포인터 변수의 초기화나 포인터 값의 비교, 함수의 전달 인수나 반환 값 등으로 자주 사용된다.

널 포인터는 앞서 설명한 초기화 되지 않은 포인터와는 그 개념이 완전히 다르다. 널 포인터는 어떠한 객체도 가리키지 않는 포인터지만, 초기화 되지 않은 포인터는 어떤 값을 가질지 모르므로 어디를 가리킬지 알 수 없는 위험한 포인터이다.

● 포인터 사용의 장점

지금까지의 예제 프로그램들은 포인터를 사용하지 않고도 프로그램이 가능하다. 또한 이런 간단한 문제 해결을 위해 반드시 포인터를 사용할 필요는 없다. 그러나 포인터를 사용하여 데이터를 간접 참조하게 되면, 데이터가 저장된 메모리의 주소를 직접 이용하기 때문에 데이터를 참조하는 속도가 일반 변수를 사용하는 것 보다 빠르다. 또한 프로그램 실행 중에 필요한 만큼 메모리를 할당하여 사용할 수 있는 **동적**(dynamic)인 메모리 관리가 가능하며, 메모리를 보다 효율적으로 사용할 수 있다. 현재까지의 설명 만으로는 이것의 의미와 포인터의 필요성과 중요성을 다 이해하기는 어려울 것이다. 그

러나 앞으로 포인터와 관련된 내용을 좀 더 배우게 되면 포인터가 왜 중요한 가를 이해할 수 있게 된다.

연습문제 7.1

1. 다음의 문장들에서 사용된 연산자 *****는 각각 어떤 의미를 가지는가?
   ① int *p;
   ② i = k * j;
   ③ i = *p;

2. 포인터 변수 **p**가 다음과 같이 선언되고, **p**가 어떤 **int** 형 변수를 가리키고 있다고 가정했을 때 다음 각 ☐에는 어떤 문장이 올 수 있는가?

   int *p;
   ① p = ☐;
   ② ☐ = p;
   ③ ☐ = *p;
   ④ *p = ☐;

3. 포인터 변수의 자료형은 어떤 의미를 가지는가?

4. **int**형 변수 **x**와 포인터 변수 **p**를 선언하고, **p**를 변수 **x**의 주소로 초기화 한 다음 **x**에 100을 치환하시오. 그리고 ①변수 **x**의 값, ②포인터 **p**의 값, ③변수 **x**의 주소, ④포인터 **p**의 주소, ⑤포인터 **p**가 가리키는 변수의 값을 각각 출력하는 프로그램을 작성하시오.

5. 널 포인터란 무엇인가?

7.2 포인터 연산

포인터 연산이란 포인터 변수에 저장된 주소값을 증가 혹은 감소시키는 연산을 의미하며, 다른 자료형의 변수들과는 달리 몇 가지 제약사항이 있다.

먼저 포인터 연산에 사용되는 연산자는 간접 연산자 *****와 주소 참조 연산자 **&** 이외에 산술 연산자로 **+, -, ++, --** 만 사용할 수 있다. 또한 이들 산술 연산자와 함께 정수만을 연산에 사용할 수 있으며, 실수 값을 더하거나 뺄 수는 없다.

포인터 연산은 포인터 변수의 자료형 크기만큼 증감하며, 연산 결과는 주소 값이 된다. 다음 예제를 살펴보자.

예제 7-6

```
1:  #include <stdio.h>
2:  int main(void)
3:  {
4:      int a=10;
5:      int *p = &a;
6:
7:      printf("p의 값 : %p \n", p);
8:      p++;
9:      printf("p의 값 : %p \n", p);
10:     p = p + 2;
11:     printf("p의 값 : %p \n", p);
12:     p--;
13:     printf("p의 값 : %p \n", p);
14:     p = p - 2;
15:     printf("p의 값 : %p \n", p);
16:     return 0;
17: }
```

❶… 실행 결과

```
p의 값 : 0012FF7C
p의 값 : 0012FF80
p의 값 : 0012FF88
p의 값 : 0012FF84
p의 값 : 0012FF7C
```

5번째 줄에서 **p**가 **a**를 가리키게 되고, 7번째 줄의 출력 결과로 **p**에 **0012FF7C**가 저장되었다는 것을 알 수 있다. 8번째 줄에서 **p**를 1증가 시키면, **p**의 자료형 크기인 4바이트만큼 증가한 **0012FF80**이 된다. 10번째 줄의 연산은 현재 포인터 **p**의 값을 현재의 값에서 8만큼 증가시키게 되므로 포인터 **p**의 값은 **0012FF88**이 된다.

만일 위의 예에서 변수 **p**가 **int**형이 아닌 다른 형의 포인터 변수일 경우, 각 산술 연산이 수행된 후 **p**의 값 변화는 다음 표와 같다.

표 7-1 : 자료형에 따른 주소 값 변화(p가 0012FF7C를 가리킬 때)

포인터 연산	char	short	float	double
p++;	0012FF7D (1증가)	0012FF7E (2증가)	0012FF80 (4증가)	0012FF84 (8증가)
p = p + 2;	0012FF7F (2증가)	0012FF82 (4증가)	0012FF88 (8증가)	0012FF94 (16증가)
p--;	0012FF7E (1감소)	0012FF80 (2감소)	0012FF84 (4감소)	0012FF8C (8감소)
p = p - 2;	0012FF7C (2감소)	0012FF7C (4감소)	0012FF7C (8감소)	0012FF7C (16감소)

● 간접 연산자와 +, - 연산자의 사용

포인터 연산에서 +, -, ++, --와 간접 연산자 *를 함께 사용할 경우, 연산자의 우선순위에 주의해야 한다. 간접 연산자 *는 산술 연산자 +, - 보다 우선순위가 높지만, 증감 연산자 ++, --와는 동일한 우선순위를 가진다. 다음 예제를 살펴보자.

예제 7-7

```
1:  #include <stdio.h>
2:  int main(void)
3:  {
4:      int a=10, b;
5:      int *p = &a;
6:
7:      printf("a의 값 : %d, p의 값 : %p \n", a, p);
8:      b = *p+1;
9:      printf("b의 값 : %d, p의 값 : %p \n", b, p);
10:     b = *(p+1);
11:     printf("b의 값 : %d, p의 값 : %p \n", b, p);
12:     return 0;
13: }
```

●··· 실행 결과

```
a의 값 : 10, p의 값 : 0012FF7C
b의 값 : 11, p의 값 : 0012FF7C
b의 값 : 1245120, p의 값 : 0012FF7C
```

8번째 줄에서 ***p+1** 연산은 간접 연산자 *가 + 연산자 보다 먼저 수행된다. 따라서 **p**가 가리키는 **a**의 값 10에 1을 더한 11을 **b**에 치환한다. 10번째 줄은 괄호안의 포인터 연산 **(p+1)** 이 먼저 수행한다. 따라서 **p+1**의 결과인 **0012FF80**번지에 간접 연산자 *가 수행되어, **0012FF80** 번지부터 4바이트를 읽어온다. **0012FF80** 번지는 변수에 할당된 공간이 아니므로 쓰레기 값이 출력된다.

● 간접 연산자와 증감 연산자의 사용

다음 예제는 간접 연산자 *와 증가 연산자 ++ 를 함께 사용하고 있다.

예제 7-8

```
1:  #include <stdio.h>
2:  int main(void)
3:  {
```

```
4:      int a=10, b;
5:      int *p = &a;
6:
7:      printf("a의 값 : %d, p의 값 : %p \n", a, p);
8:      b = *p++;
9:      printf("b의 값 : %d, p의 값 : %p \n", b, p);
10:     p = &a;
11:     (*p)++;
12:     printf("a의 값 : %d, p의 값 : %p \n", a, p);
13:     return 0;
14: }
```

◑••• 실행 결과

```
a의 값 : 10, p의 값 : 0012FF7C
b의 값 : 10, p의 값 : 0012FF80
a의 값 : 11, p의 값 : 0012FF7C
```

8번째 줄에서 변수 **b**에는 ***p++**의 결과가 치환되는데, 이 연산에서 간접 연산자 *****와 증감 연산자 **++**의 우선순위가 같다. 그러나 증가 연산자 **++**가 변수 **p**뒤의 후위형으로 사용되었기 때문에 우선순위와는 관계없이 ***** 연산자가 먼저 수행된다. 이것을 그림으로 표현하면 다음과 같다.

$$b = *p\ {++};$$

이 문장은 다음과 같은 두 문장을 하나의 문장으로 표현한 것이라 할 수 있다.

```
b = *p;
p = p + 1;        ⇔    b = *p++;
```

11번째 줄의 **(*p)++;** 문장은 ***p = *p + 1**과 같으므로 증가 연산의 대상이 **p**가 아니라, **p**가 가리키는 변수의 값이 된다. 따라서 이 문장은 변수 **a**의 값을 1만큼 증가 시키며, 포인터 **p**의 값을 변경시키지 않는다.

이와 같이 포인터와 증감 연산자를 함께 사용하는 것이 조금 어렵게 보일 수 있지만, ***p++**와 같은 형태의 문장은 여러 줄의 문장을 하나의 문장으로 짧게 표현할 수 있기 때문에 매우 실용적이며 실제 프로그래밍에서 자주 사용되는 문장이다.

두 포인터 변수의 덧셈은 의미 없는 연산이기 때문에 불가능 하지만, 두 포인터의 뺄셈은 사용 가능하다. 이 경우 그 결과는 주소 값이 아니라 정수 값이 된다.

두 포인터 변수의 자료형이 동일할 경우 관계 연산자를 사용하여 크기를 비교할 수도

있다. 일반적으로 관계 연산자를 사용하여 포인터들을 비교하는 문장이 자주 사용되는 것은 아니지만, 어떤 포인터가 객체를 가리키고 있는지를 확인하기 위해 0 또는 **NULL** 값과 비교하는 연산은 종종 사용된다.

연습문제 7.2

1. 다음의 세 정수형 포인터가 정수형 변수를 가리킨다고 가정했을 때, 각 문장들은 올바르게 사용되었는가?

   ```
   int *p1, *p2, *p3;
   ```
   ① p1 = p1 * 2;
   ② p1 = p1 / 2;
   ③ p1 = p1 % 2;
   ④ p1 = p1 + 3.1;
   ⑤ p3 = p1 + p2;
   ⑥ p1 = p2;
   ⑦ if(p1 > p2) p3 = p3 + 2;
   ⑧ if(p2 == NULL) break;

2. 변수 **ch**가 메모리의 1000번지에 저장되어 있다고 가정했을 때, 다음 프로그램의 출력 결과는 무엇인가?

```
 1:  #include <stdio.h>
 2:  int main(void)
 3:  {
 4:     char ch='a';
 5:     char *cp =  &ch;
 6:
 7:     printf("%p \n", cp);
 8:     printf("%c \n", *cp++);
 9:     printf("%p \n", cp+2);
10:     printf("%p \n", cp--);
11:     printf("%p \n", cp-1);
12:     printf("%c \n", (*cp)+2);
13:     printf("%c \n", *(cp+2));
14:     return 0;
15: }
```

7.3 변수와 포인터 매개변수

함수를 호출할 때 객체의 포인터를 함수의 매개변수로 전달할 수 있다. 이 절에서는 변수의 포인터를 함수의 매개변수에 전달하는 방법을 알아본다.

함수의 인수 전달 방법에는 기본적으로 객체의 값을 함수의 매개변수로 복사해 주는 방법과 객체의 주소 값을 전달해 주는 방법이 있다. 여기서 전자를 **값에 의한 호출**(call by value)이라 하고, 후자를 **참조에 의한 호출**(call by reference)이라 한다. 참조의 의한 호출은 함수의 호출시 객체의 포인터를 전달하고, 함수의 매개변수를 포인터 변수로 선언하여 그 포인터를 전달받는 방법이다. 다음 예제를 살펴보자.

예제 7-9

```
1:  #include <stdio.h>           1:  #include <stdio.h>
2:  int func(int b);             2:  void func2(int *b);
3:  int main(void)              3:  int main(void)
4:  {                           4:  {
5:      int a = 3, j;           5:      int a = 3;
6:                              6:
7:      j = func(a); //call by value  7:      func2(&a); //call by reference
8:      printf("%d \n", j);     8:      printf("%d \n", a);
9:      return 0;               9:      return 0;
10: }                          10: }
11:                            11:
12: int func(int b)            12: void func2(int *b)
13: {                          13: {
14:     return b + 1;          14:     *b = *b + 1;
15: }                          15: }
```

왼쪽 예제의 7번째 줄은 값에 의한 호출 방법을 사용한 **func()**의 호출문이다. 이 문장에서 **func()**에 전달되는 값은 변수 **a**가 가지는 3이 **func()**의 매개변수 **b**에 복사되어 전달된다. 여기서 변수 **a**와 매개변수 **b**는 서로 다른 변수이므로 **func()** 내에서 **b**의 값이 변경되더라도 변수 **a**는 영향을 받지 않는다.

반면 오른쪽 예제는 7번째 줄에서 참조에 의한 호출 방법을 사용하여 **func()**를 호출하고 있다. 즉, **func2(&a);**에서 변수 **a**의 포인터를 인수로 넘겨주게 되고, 12번째 줄의 **func2()**에서 매개변수를 포인터 변수로 선언하여 인수를 전달 받는다. 따라서 포인터 매개변수 **b**는 변수 **a**를 가리키게 되며, 14번째 줄과 같이 포인터 변수 **b**를 포인터 연산을 통해 변경하게 되면, 결국 변수 **a**의 값을 변경하는 것과 같다.

라이브러리 함수 **scanf()** 도 참조에 의한 호출 방법을 이용한다. **scanf()** 에서 변수 이름 앞에 **&** 연산자를 사용한 것은 변수의 포인터를 **scanf()** 의 매개변수에 전달하는 것이다. 이와 같이 함수를 참조에 의한 호출 방법으로 작성하면, 다른 함수 내부에 존재하는 여러 개의 변수에 대한 조작이나 함수가 복수개의 값을 반환해야 하는 경우 등, 값에 의한 호출 방법으로는 불가능한 것들이 가능해 진다. 예제를 통해 확인해 보자.

예제 7-10

```
1:  #include <stdio.h>
2:  void swap(int i, int j);
3:  int main(void)
4:  {
5:      int a=4, b=5;
6:
7:      printf("a:%d, b:%d \n", a, b);
8:      swap(a, b);
9:      printf("a:%d, b:%d \n", a, b);
10:     return 0;
11: }
12:
13: void swap(int i, int j)
14: {
15:     int temp;
16:
17:     temp = i;
18:     i = j;
19:     j = temp;
20: }
```

```
1:  #include <stdio.h>
2:  void swap2(int *i, int *j);
3:  int main(void)
4:  {
5:      int a=4, b=5;
6:
7:      printf("a:%d, b:%d \n", a, b);
8:      swap2(&a, &b);
9:      printf("a:%d, b:%d \n", a, b);
10:     return 0;
11: }
12:
13: void swap2(int *i, int *j)
14: {
15:     int temp;
16:
17:     temp = *i;
18:     *i = *j;
19:     *j = temp;
20: }
```

❗···실행 결과

```
a:4, b:5
a:4, b:5
```

❗···실행 결과

```
a:4, b:5
a:5, b:4
```

왼쪽 예제의 **swap()** 는 인수로 전달된 **a, b**의 값을 매개변수 **i, j**로 전달 받아, 그 값을 서로 교환한다. 그러나 9번째 줄의 결과와 같이 **swap()** 의 매개변수 **i, j**는 **main()** 의 지역 변수 **a, b**에 영향을 미치지 못한다.

반면 오른쪽 예제에서 **swap2()** 의 포인터 매개변수 **i, j**는 8번째 줄에서 **a, b**의 포인터를 전달받게 된다. 따라서 포인터 매개변수 **i, j**는 **a, b**를 가리키게 되며, 17 ~ 19번째 줄의 문장들은 **main()** 의 지역 변수 **a, b**를 직접 조작하는 것과 같다.

연습문제 7.3

1. 다음 예제에서 잘못된 부분을 설명하고, 그 부분을 포인터를 사용한 프로그램으로 수정하시오.

```
1:  #include <stdio.h>
2:  void func(void);
3:  int main(void)
4:  {
5:      int k = 0;
6:
7:      func();
8:      printf("%d \n", k);
9:      return 0;
10: }
11:
12: void func(void)
13: {
14:     k = 300;
15: }
```

2. 다음 프로그램의 실행 결과를 설명하시오. 만일 이 프로그램을 값에 의한 호출 방법으로 수정할 경우 **split()**는 어떻게 변경되어야 하는가?

```
1:  #include <stdio.h>
2:  void split(double orig, int *a, double *b);
3:  int main(void)
4:  {
5:      int intg;
6:      double orig, fract;
7:
8:      printf("실수 입력 : ");
9:      scanf("%lf", &orig);
10:     split(orig, &intg, &fract);
11:     printf("%d, %.3f \n", intg, fract);
12:     return 0;
13: }
14:
15: void split(double orig, int *a, double *b)
16: {
17:     *a = (int)orig;
18:     *b = orig - *a;
19: }
```

7.4 1차원 배열과 포인터

배열은 대량의 데이터를 처리하고자 할 때 유용하게 사용될 수 있다. C에서 배열과 포인터는 아주 밀접한 관계를 가지고 있으며, 상호 보완적이면서 부분적으로 서로 대체하여 사용할 수도 있다. 먼저 1차원 배열과 포인터의 관계에 대하여 살펴보자.

7.4.1 1차원 배열과 포인터

● 배열 이름과 포인터

1차원 배열 **int a[5]**가 선언되고 메모리의 **0012FF70**번지부터 저장되어 있다고 가정했을 때, 배열 **a**는 아래 그림과 같은 구조로 메모리에 존재하게 된다.

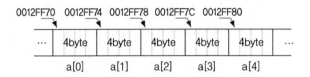

위의 그림과 같이 배열은 동일한 자료형의 변수가 메모리에 연속적으로 존재하는 형태이다. 따라서 배열의 포인터를 알 수 있으면, 배열의 요소들은 포인터 연산을 통해 쉽게 접근할 수 있다.

배열의 포인터를 알기 위해 배열의 이름을 사용할 수 있는데, 이것은 배열의 이름 자체가 그 배열의 자료형과 동일한 포인터이기 때문이다. 다음 예제로 확인해 보자.

예제 7-11

```
1:  #include <stdio.h>
2:  int main(void)
3:  {
4:      int a[3]={1, 2, 3};
5:
6:      printf("%d, %d, %d \n", a[0], a[1], a[2]);
7:      printf("%p, %p, %p \n", &a[0], &a[1], &a[2]);
8:      printf("%p, %p, %p \n", a, a+1, a+2);
9:      printf("%d, %d, %d \n", *a, *(a+1), *(a+2));
10:     return 0;
11: }
```

❗··· 실행 결과

```
1, 2, 3
0012FF6C, 0012FF70, 0012FF74
0012FF6C, 0012FF70, 0012FF74
1, 2, 3
```

7번째 줄은 각 요소를 **&** 연산자를 사용하여 출력하였다. 출력 결과와 같이 배열의 각 요소 **a[0] ~ a[2]**의 포인터는 **0012FF6C, 0012FF70, 0012FF74**로 각각 4바이트 공간을 사용한다는 것을 알 수 있다.

8번째 줄과 같이 배열 이름 **a**를 출력해 보면 **0012FF6C**가 출력된다. 이것은 배열 이름이 그 배열의 포인터와 같다는 것을 증명한다. 그리고 **a+1, a+2** 연산을 수행하면, 배열 요소의 크기와 동일한 4, 8바이트만큼 증가하는 포인터 연산이 된다. 이것을 그림으로 표현하면 다음과 같다.

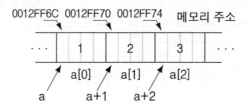

또한 9번째 줄과 같이 간접 연산자 *****를 사용할 경우 각 요소의 내용을 참조할 수 있다. 즉, ***a** 연산은 배열의 포인터인 **0012FF6C**부터 4바이트를 읽어오며, 그 값을 정수형으로 해석한다. 마찬가지로 ***(a+2)** 연산은 아래의 그림과 같이 **a+2** 포인터 연산 결과인 **0012FF74**부터 4바이트를 읽어오게 된다.

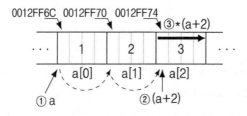

또한 실행 결과에서와 같이 1차원 배열에서 배열의 색인을 사용한 **a[0], a[1], a[2]**의 표현은 배열의 이름을 이용한 포인터 연산 ***(a+0), *(a+1), *(a+2)**와 동일하다는 것을 알 수 있다. 따라서 다음과 같은 결론을 내릴 수 있다.

```
a[i] ⇔ *(a+i)
```

우리가 배열의 요소를 참조하기 위해 사용한 **a[i]**에서 대괄호 **[ ]**는 C의 연산자 중의 하나이며, 이 연산자는 포인터 연산 ***(a+i)**을 쉽게 나타내기 위해 사용한다.

● 배열 이름과 포인터 상수

배열의 이름은 그 배열의 자료형과 동일한 포인터지만, 포인터 변수와 달리 그 값을 변경할 수 없다. 따라서 다음 예와 같이 배열의 이름을 이용하여 그 값을 변경시키는 연산은 오류가 된다.

```
int a[3] = {1, 2, 3};
a = a + 1; // 배열의 이름은 포인터 상수이므로 그 내용을 변경할 수 없다.
```

결국 1차원 배열의 이름은 다음 예와 같이 그 배열의 자료형과 동일한 **포인터 상수**라고 정의할 수 있다.

```
int a[3]; // 배열 이름 a는 int형 포인터 상수
char str[80]; // 배열 이름 str은 char형 포인터 상수
double d[20]; // 배열 이름 d는 double형 포인터 상수
```

배열과 동일한 자료형의 포인터 변수에 배열 이름을 치환하여 배열을 가리키게 할 수 있다. 또한 포인터 변수가 배열을 가리키고 있을 때 포인터 변수를 배열의 형식으로 사용할 수도 있다. 다음 예제를 살펴보자.

예제 7-12

```
1:  #include <stdio.h>
2:  int main(void)
3:  {
4:      int a[3]={1, 2, 3};
5:      int *p;
6:
7:      p = a; // p = &a[0]과 동일
8:      printf("%p, %p, %p \n", a, a+1, a+2);
9:      printf("%p, %p, %p \n", p, p+1, p+2);
10:     printf("%d, %d, %d \n", *p, *(p+1), *(p+2));
11:     printf("%d, %d, %d \n", p[0], p[1], p[2]);
12:     return 0;
13: }
```

---

❶··· 실행 결과

```
0012FF74, 0012FF78, 0012FF7C
0012FF74, 0012FF78, 0012FF7C
1, 2, 3
1, 2, 3
```

7번째 줄에서 포인터 변수 **p**가 배열 **a**를 가리키게 하였다. **p**가 **int *** 변수이므로 9번째 줄과 같이 포인터 연산을 수행할 경우 4, 8바이트씩 증가하게 된다. 10번째 줄은 **p**를 사용하여 배열의 값을 참조하고 있다. ***p** 연산은 **p**가 가리키는 곳 **0012FF74**부터 4바이트를 읽어오게 되므로, **a[0]**에 저장된 1을 출력하게 된다.

포인터 변수가 배열의 가리키고 있을 때, ***p, *(p+1), *(p+2)**의 연산은 배열의 형식으로 표현할 수 있다. 따라서 11번째 줄과 같이 **p[0], p[1], p[2]**를 사용해도 그 결과는 동일하다.

다음 그림은 예제 7-12에서 **int *** 변수 **p**가 배열 **a**를 가리키고 있을 때 1차원 배열 **a**를 참조하기 위해 배열의 이름과 포인터를 사용한 다양한 방법들을 보여준다.

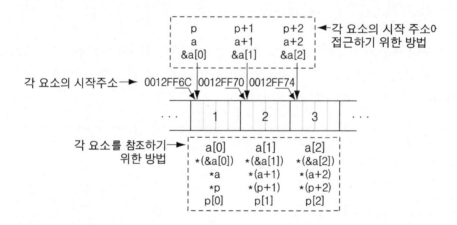

1. 배열의 이름은 어떤 의미를 가지고 있는가?

2. 다음의 각 배열을 가리키기 위해 어떤 형의 포인터 변수를 선언해야 하는가?
   ① char a[10];
   ② double b[10];

3. 다음 프로그램은 올바른가?

```
1:  #include <stdio.h>
2:  int main(void)
3:  {
4:      int a;
5:      int *pa = &a;
6:
7:      pa[0] = 3;
8:      printf("%d \n", a);
9:      return 0;
10: }
```

4. 크기가 10인 **int**형 배열 **a**와 **int**형 포인터 **p**를 선언하고, 배열의 요소를 1부터 10 까지 초기화 하시오. 그리고 포인터 **p**가 배열 **a**를 가리키게 한 다음, 포인터 **p**를 사용하여 배열의 짝수 요소의 값들을 출력하는 프로그램을 작성하시오.

7.4.2 문자열 상수와 포인터

문자열은 널 종료 문자가 포함된 1차원 문자형 배열로 표현된다. 어떤 문자열 상수를 배열에 저장하고, 출력하기 위해 다음 예와 같이 사용할 수 있다.

```
char str[] = "hello"; // 배열의 초기화
puts(str);
```

위의 예는 배열 **str**에 문자열 **"hello"**를 저장하고, **str**을 **puts()**로 출력한다. 이것은 **puts()**에 **str**의 포인터를 전달한 것이다. 배열을 사용한 방법이외에 다음과 같이 문자형 포인터(**char ***) 변수를 사용할 수도 있다.

```
char *sp;
sp = "hello";
puts(sp);
```

위 예에서 **sp = "hello";**는 컴파일러에 의해 문자열 상수 **"hello"**가 저장된 메모리의 포인터가 **char *** 변수 **sp**에 치환된다. 여기서 컴파일러에 의해 치환되는 포인터는 문자열 상수의 시작 주소인 **char ***이므로, **char *** 변수를 사용하여 **"hello"**를 가리키게 할 수 있다. 따라서 포인터 변수 **sp**를 사용하여 문자열을 조작할 수 있으며, 앞의 두 문장은 다음과 같이 사용할 수도 있다.

```
char *sp = "hello";
```

위의 두 예가 비슷한 방법처럼 보이겠지만 실제로는 큰 차이가 있다. 다음 예제를 살펴보자.

예제 7-13

```
1:  #include <stdio.h>
2:  int main(void)
3:  {
4:      char str[] = "hello";
5:      int i;
6:
7:      for(i=0; *(str+i); i++)
8:          *(str+i) = *(str+i)+1;
9:      puts(str);
10:     return 0;
11: }
```

```
1:  #include <stdio.h>
2:  int main(void)
3:  {
4:      char *p = "hello";
5:      int i;
6:
7:      for(i=0; *(p+i); i++)
8:          *(p+i) = *(p+i)+1;
9:      puts(p);
10:     return 0;
11: }
```

---

①··· 실행 결과

```
ifmmp
```

①··· 실행 결과

```
오류! run-time error
```

왼쪽 프로그램은 배열 **str**에 문자열 상수 **"hello"**를 초기화한 것이므로, 8번째 줄과 같이 배열의 내용을 변경하는 것이 가능하다. 그러나 오른쪽 프로그램은 문자열 상수 **"hello"**를 포인터 **p**가 가리키고 있다. **"hello"**는 그 값을 변경할 수 없는 문자열 상수이므로, 8번째 줄과 같이 그 값을 변경시키는 문장은 오류가 된다.

> **참고** 운영체제는 프로그램이 사용하는 메모리 영역을 몇 개의 영역으로 나누어 관리한다. 프로그램에서 사용되는 문자열 상수는 데이터 영역이라는 곳에 저장되는데, 이 영역은 읽기만 가능하고 데이터의 변경은 불가능하다.

반면 **char *** 변수는 프로그램 수행 중 언제든지 다른 문자열을 가리킬 수 있지만, 배열의 이름은 포인터 상수이므로 다른 문자열을 가리킬 수 없다. 다음 예제로 확인해 보자.

예제 7-14

```
1:  #include <stdio.h>
2:  int main(void)
3:  {
```

```
4:      char str[] = "hello";
5:      char *p = "hello";
6:
7:      puts(str);
8:      puts(p);
9:      str = "there"; // 오류!
10:     p = "there";
11:     puts(p);
12:     return 0;
13: }
```

9번째 줄에서 배열 이름 **str**에 문자열 상수 **"there"**의 포인터를 치환하고 있다. 배열의 이름은 그 값을 변경할 수 없는 포인터 상수이므로 **str**에 다른 문자열의 주소를 대입하는 것은 불가능하다. 반면 **p**는 포인터 변수이므로 10번째 줄과 같이 언제든지 다른 문자열을 가리킬 수 있다.

연습문제 7.4.2

1. 다음 문장의 잘못된 부분은 무엇인가?
   ```
   char *p = "Program Language";
   int a[5];
   ```
   ① p[2] = 'P';
   ② a++;

2. 다음 프로그램의 실행 결과는 무엇인가?

```
1:  #include <stdio.h>
2:  int main(void)
3:  {
4:      char str[]="The C Programming Language";
5:      char *p = str;
6:
7:      puts(str);
8:      puts(p);
9:      puts("The C Programming Language");
10:     return 0;
11: }
```

3. 다음 프로그램을 포인터를 사용한 프로그램으로 수정하시오.

```
1:  #include <stdio.h>
2:  int main(void)
3:  {
4:      char *p="The C Programming Language";
5:      char str2[80];
6:      int i;
7:
8:      for(i=0; p[i]; i++) str2[i] =p[i];
9:      str2[i] = '\0';
10:     printf("복사된 문자열 : %s \n", str2);
11:     return 0;
12: }
```

7.4.3 1차원 배열과 포인터 매개변수

이 절에서는 1차원 배열을 함수의 매개변수에 전달하는 방법을 살펴본다. C에서 배열을 함수로 전달할 때 값에 의한 호출 방식으로는 전달할 수 없으며, 오직 참조에 의한 호출 방법으로만 전달할 수 있다.

1차원 배열에서 배열 이름은 포인터와 같다. 따라서 어떤 함수로 배열이 인수로 전달된다면, 그 배열을 가리킬 수 있는 포인터 변수를 매개변수로 선언할 수 있다. 문자열 조작 함수 **strcpy()**, **strlen()** 등에서 배열 이름이나 문자열을 인수로 사용하는데, 이것은 배열과 문자열의 포인터를 전달하는 것이다. 다음 예제에서는 배열을 참조에 의한 호출 방법으로 함수에 전달한다.

예제 7-15

```
1:  #include <stdio.h>
2:  void prtstr(char *p);
3:  int main(void)
4:  {
5:      char str[80];
6:
7:      printf("입력 : ");
8:      gets(str);
9:      prtstr(str);
10:     prtstr("**출력된 문자열** \n");
11:     return 0;
```

```
1:  #include <stdio.h>
2:  void prtstr(char *p);
3:  int main(void)
4:  {
5:      char str[80];
6:
7:      printf("입력 : ");
8:      gets(str);
9:      prtstr(str);
10:     prtstr("**출력된 문자열** \n");
11:     return 0;
```

```
12: }
13:
14: void prtstr(char *p)
15: {
16:     while(*p) {
17:         putchar(*p);
18:         p++;
19:     }
20: }
```

```
12: }
13:
14: void prtstr(char *p)
15: {
16:     while(*p) putchar(*p++);
17: }
```

! ••• 실행 결과

입력 : hello↵
hello**출력된 문자열**

　왼쪽 예제 9번째 줄의 **prtstr()** 호출문에서 함수의 인수로 배열 이름 **str**을 전달한다. 따라서 14번째 줄의 **prtstr()**에는 배열의 포인터가 전달되며, 이것은 **prtstr()**의 포인터 매개변수 **p**가 전달 받는다. 포인터 매개변수 **p**는 배열 **str**을 가리키게 되므로 16 ~ 19번째 줄의 반복문은 배열 **str**에 저장된 문자들을 널 문자를 만날 때까지 출력하게 된다. 10번째 줄에서는 **prtstr()**에 문자열 상수를 인수로 전달한다. 이 경우 **prtstr()**의 포인터 매개변수 **p**에는 문자열의 포인터가 전달되므로 배열 인수로 전달한 것과 동일하게 수행된다. 오른쪽 예제는 왼쪽 예제의 **prtstr()**를 간략하게 표현한 것으로 실행 결과는 왼쪽 예제와 동일하다.

● 1차원 배열을 가리키는 포인터 매개변수의 예외적인 형태

　예제에서와 같이 1차원 배열을 함수에서 전달받기 위해 포인터 매개변수를 사용할 수 있지만, 다음 예와 같은 방법도 가능하다.

```
void prtstr(char p[80])
{
    while(*p) putchar(*p++);
}
```

　예에서 매개변수 **char p[80]**의 선언은 인수로 전달되는 배열을 문자형 배열 **p**가 전달받는 것처럼 보이지만, 실제로는 이것과 전혀 관련이 없다. C에서는 배열을 포인터로만 함수에 전달할 수 있기 때문에 배열을 전달받기 위한 매개변수는 반드시 포인터 변수가 되어야 한다. 따라서 매개변수 **char p[80]**은 문자형 배열의 선언이 아닌 포인터 매개변수 **char *p**를 선언한 것이다.

이것은 C가 포인터 매개변수의 선언을 배열의 선언 형식으로 표현하는 것을 예외적으로 허용하기 때문이다. **char p[80]**과 같은 표현을 매개변수에 사용하면, 이 함수에 전달되는 인수가 1차원 문자형 배열이라는 것을 명확하게 알 수 있다.

컴파일러는 함수의 매개변수에 **char p[80]**과 같은 배열 선언문이 사용되면, 대괄호 안의 크기 정보는 그 값에 상관없이 무시한다. 따라서 다음 예와 같은 매개변수 선언문은 컴파일러가 모두 동일한 **char *p**로 해석한다.

```
void prtstr(char p[20])
{
    ...
}
```
=
```
void prtstr(char p[])
{
    ...
}
```
=
```
void prtstr(char *p)
{
    ...
}
```

위의 선언 형식에서 **char p[]**는 함수의 매개변수 선언에서만 유효한 방법이다. 따라서 다음 예와 같이 지역 변수의 선언문에는 사용할 수 없다.

```
int main(void)
{
    char p[]; // 오류!
    ...
}
```

지역 변수의 선언문을 **char p[];**로 사용할 경우, 이 문장은 문자형 배열의 선언문이 된다. 이 경우 배열의 크기 정보가 없기 때문에 컴파일러는 오류로 처리한다.

● 배열의 크기 정보

배열을 이용한 문자열의 조작은, 문자열의 마지막에 널 문자를 포함하고 있으므로 그 끝을 쉽게 알 수 있다. 그러나 문자열이 아닌 문자, 정수 또는 실수 데이터가 저장된 배열은 널 문자가 존재하지 않으므로 그 끝을 알 수가 없다. 따라서 이와 같은 배열을 다루기 위해서는 배열의 크기 정보도 함께 필요하다. 다음의 두 예제는 **int**형 1차원 배열을 함수에 전달하여 배열의 총합을 계산한다. 두 프로그램의 차이점을 살펴보자.

예제 7-16

```
1:  #include <stdio.h>          1:  #include <stdio.h>
2:  int func(int b[]);          2:  int func(int b[], int n);
3:  int main(void)              3:  int main(void)
4:  {                           4:  {
5:      int j, a[]={1, 2, 3, 4, 5}; 5:      int j, a[]={1, 2, 3, 4, 5};
```

```
 6:                                    6:
 7:     j = func(a);                   7:     j=func(a, sizeof(a)/sizeof(int));
 8:     printf("총합:%d \n", j);        8:     printf("총합:%d \n", j);
 9:     return 0;                      9:     return 0;
10:  }                               10: }
11:                                  11:
12: int func(int b[])               12: int func(int b[], int n)
13: {                               13: {
14:     int i, sum=0;               14:     int i, sum=0;
15:                                  15:
16:     for(i=0; i<5; i++)          16:     for(i=0; i<n; i++)
17:         sum = sum + *(b+i);     17:         sum = sum + b[i];
18:     return  sum;                18:     return  sum;
19: }                               19: }
```

왼쪽 예제의 **func()**에서는 함수로 전달되는 배열을 포인터 매개변수 **b**로 전달받는다. 그리고 16, 17번째 줄에서 배열의 5개 요소들을 모두 더하고, 그 결과를 반환한다. 만일 포인터 변수 **b**가 가리키는 배열 크기가 5보다 크거나 작다면, 이 함수는 사용될 수 없다.

오른쪽 예제의 7번째 줄에서는 **func()**에 배열 **a**와 배열의 크기를 전달한다. 따라서 **func()** 매개변수 **b[]**에는 배열 **a**의 포인터, **n**에는 **sizeof(a)/sizeof(int)** 결과인 5가 전달된다. 만일 배열 **a**의 크기가 변경될 경우 **sizeof(a)/sizeof(int)**에 의해 배열의 크기가 자동으로 계산되며, 그 결과에 따라 16번째 줄의 반복 회수가 달라지므로 왼쪽 예제보다 효율적이다.

1. 참조에 의한 호출 방법을 사용하여 라이브러리 함수 **strcpy()**의 기능을 가지는 사용자 정의 함수 **cpystr()**을 아래의 예제를 참고하여 작성하시오.

```
 1:  #include <stdio.h>
 2:  void cpystr(char *ca, char *cb);
 3:  int main(void)
 4:  {
 5:      char str[80];
 6:
 7:      cpystr(str, "test");
 8:      printf("복사된 문자열 : %s \n", str);
 9:      return 0;
10: }
```

2. 실행 결과와 같이 다음의 두 배열을 사용자 정의 함수 **multi()**에 전달하여 두 배열의 각 요소끼리 곱한 결과를 출력하는 프로그램을 작성하시오.

- int a[] = {1, 3, 5, 7, 9};
- int b[] = {2, 4, 6, 8, 10};

❗ ••• 실행 결과

결과 : 2 12 30 56 90

7.5 포인터 배열

포인터 배열(array of pointer)은 어떤 객체들의 포인터들을 저장하는 배열이다. 포인터 배열 선언의 몇 가지 형식은 다음 예와 같다.

```
int *a[5];
char *b[10];
double *c[3];
```

int *a[5];는 **int *** 배열 **a**를 선언한 것이다. 따라서 배열 **a**의 요소 **a[0]~a[4]**는 각각 **int *** 포인터 들을 저장할 수 있으며, 배열의 각 요소는 **int *** 변수와 동일하다. 포인터 배열의 사용 예를 살펴보자.

```
int a=1, b=2, c=3;
int *p[3];
p[0] = &a;
p[1] = &b;
p[2] = &c;
```

위의 예에서 포인터 배열 **p**는 세 변수 **a, b, c**의 포인터를 가지게 되며, 포인터 배열 **p**는 아래의 그림과 같이 변수 **a, b, c**를 가리키게 된다.

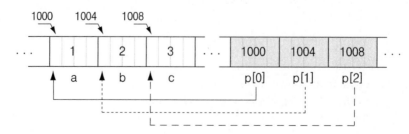

포인터 배열은 여러 개의 문자열들을 가리킬 수 있는 **char *** 배열이 자주 사용되며, 이것은 문자열 배열과 비교될 수 있다. 이 두 방법은 각각의 장단점이 존재하는데, 다음 예제를 통해 확인해 보자.

예제 7-17

```
1:  #include <stdio.h>            1:  #include <stdio.h>
2:  int main(void)                2:  int main(void)
3:  {   // 문자열 배열의 사용        3:  {   // 포인터 배열의 사용
4:      char str[3][6] = {"hello", 4:      char *strp[3] = {"hello",
5:                        "my",    5:                       "my",
6:                        "name"}; 6:                       "name"};
7:      int i;                     7:      int i;
8:                                 8:
9:      for(i=0; i<3; i++)         9:      for(i=0; i<3; i++)
10:         puts(str[i]);          10:         puts(strp[i]);
11:     return 0;                  11:     return 0;
12: }                              12: }
```

⚠️ **··· 실행 결과**

```
hello
my
name
```

왼쪽 예제는 2차원 배열을 이용하여 문자열 상수를 초기화하고, 10번째 줄에서 행의 색인을 이용하여 배열의 내용을 **puts()**로 출력한다. 오른쪽 프로그램은 문자열 상수들을 가리키는 포인터 배열을 사용하였다. 각 문자열의 시작 주소를 **strp[0]** ~ **strp[2]**에 저장하고, 10번째 줄에서 포인터 배열의 각 요소가 가리키는 문자열을 출력한다.

두 프로그램의 각 4번째 줄이 수행된 후, 배열 **str**과 포인터 배열 **strp**의 상태를 그림으로 나타내면 다음과 같다.

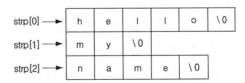

왼쪽의 그림과 같이 배열 **str**에는 문자열 상수가 배열에 복사되어 저장되며, 배열의 열은 6바이트의 동일한 크기를 가지게 된다. 따라서 문자열의 길이에 따라 사용하지 않는 메모리 공간이 생길 수 있다. 그러나 배열에 저장된 문자열은 내용의 변경이 자유롭다.

오른쪽 그림에서 포인터 배열 **strp**에는 문자열 상수들의 포인터가 각 요소에 저장된다. 포인터 배열의 각 요소는 가리키는 문자열의 길이와 상관없이 항상 4바이트이므로 배열과 달리 사용하지 않는 메모리 공간이 발생하지 않는다. 그러나 가리키는 문자열 상수의 내용을 변경하는 것은 불가능하다.

연습문제 7.5

1. 다음의 배열 선언문을 포인터 배열의 선언문으로 수정하시오.
   ① char str1[3][50] = {"Apple", "Orange", "Grape"};
   ② char str2[ ][2][50] = {{"Apple", "Orange"}, {"Grape", "Melon"}};

2. 다음의 프로그램의 수행결과는 무엇인가?

```
1:   #include <stdio.h>
2:   int main(void)
3:   {
4:       char *str[]={"The", "Programming", "Language", ""};
5:       int i;
6:
7:       for(i=0; *str[i]; i++)
8:       printf("결과 : %c \n", *(str[i]+2));
9:       return 0;
10: }
```

7.6 다차원 배열과 포인터

C에서 다차원의 배열은 내부적으로 선형적인 1차원 구조를 사용한다. 즉, 2차원 이상의 다차원 배열은 실제로 존재하지 않으며, 1차원 배열의 확장일 뿐이다. 이 절에서는 다차원 배열과 포인터의 관계에 대하여 살펴본다.

7.6.1 2차원 배열과 포인터

2차원 배열 **int a[2][3]**이 선언되고, 메모리의 **0012FF68**번지부터 저장되어 있다고 가정하자. 이때 배열 **a**는 아래 그림과 같은 1차원 구조로 메모리에 존재하게 된다.

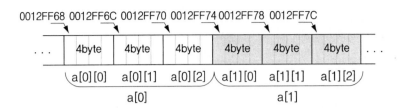

2차원 배열은 1차원 부분 배열의 집합으로 표현된다. 위 그림에서 2차원 배열 **a**의 부분 배열 **a[0]**, **a[1]**은 각각 3개의 **int**형 요소 **a[0][0]** ~ **a[0][2]**, **a[1][0]** ~ **a[1][2]**를 가지는 1차원 배열이다.

또한 배열 **a**는 아래의 그림과 같이 두 개의 부분 배열 **a[0]**, **a[1]**을 요소로 가지는 1차원 배열로 생각할 수 있다. 여기서 배열 요소 **a[0]**, **a[1]**의 크기는 각각 12바이트가 된다.

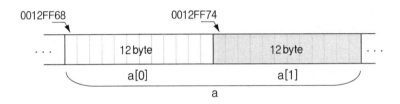

먼저 예제를 통해 2차원 배열이 사용하는 메모리 공간의 형태부터 살펴보도록 하자.

예제 7-18

```
1:  #include <stdio.h>
2:  int main(void)
3:  {
4:     int a[2][3]={1, 2, 3, 4, 5, 6};
5:
6:     printf("%p, %p, %p \n", &a[0][0], &a[0][1], &a[0][2]);
7:     printf("%p, %p, %p \n", &a[1][0], &a[1][1], &a[1][2]);
8:     printf("%p, %p \n", a[0], a[1]);
9:     printf("%p, %p \n", *(a+0), *(a+1)); //a[0], a[1]과 동일한 표현
10:    printf("%p, %p, %p \n", a[0], a[0]+1, a[0]+2);
11:    printf("%p, %p, %p \n", a[1], a[1]+1, a[1]+2);
12:    printf("%p, %p \n", a, a+1);
13:    return 0;
14: }
```

```
0012FF68, 0012FF6C, 0012FF70
0012FF74, 0012FF78, 0012FF7C
0012FF68, 0012FF74
0012FF68, 0012FF74
0012FF68, 0012FF6C, 0012FF70
0012FF74, 0012FF78, 0012FF7C
0012FF68, 0012FF74
```

6, 7번째 줄의 실행 결과와 같이 2차원 배열 **a**는 메모리의 **0012FF68**번지부터 저장되어 있고, 배열 **a**가 **int**형이므로 각 요소의 포인터는 4씩 증가한다.

8번째 줄에서 1차원 부분 배열의 이름 **a[0]**, **a[1]**을 출력하고 있으며, 그 값은 각행의 시작 요소 **a[0][0]**, **a[1][0]**의 포인터와 같다. 또한 1차원 부분 배열의 이름 **a[0]**, **a[1]**은 1차원 배열과 마찬가지로 배열 이름이 그 배열의 자료형과 동일한 포인터 상수이므로, 10, 11번째 줄과 같이 산술 연산을 수행할 경우, **int**의 크기인 4바이트만큼 증가하는 포인터 연산이 된다.

12번째 줄과 같이 배열 이름 **a**를 출력하면, 배열의 시작 주소 **0012FF68**을 출력한다. 그리고 배열 이름 **a**에 덧셈 연산 **a+1**을 수행할 경우, 부분 배열 **a[0]**, **a[1]**의 크기와 동일한 12바이트만큼 증가하는 포인터 연산이 된다. 따라서 2차원 배열 이름은 1차원 부분 배열, 즉 각 행을 가리키는 포인터라 할 수 있다.

2차원 배열 **a**에서 각 요소의 포인터는 아래의 그림과 같이 나타낼 수 있다.

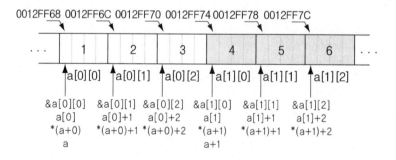

2차원 배열에서 **int**형 요소를 가리키는 포인터에 간접 연산자 *****를 사용하면, 다음 예제와 같이 각 요소의 참조가 가능하다.

예제 7-19

```
1:  #include <stdio.h>
2:  int main(void)
3:  {
```

```
4:    int a[2][3]={1, 2, 3, 4, 5, 6};
5:
6:    printf("%d, %d, %d \n", a[1][0], a[1][1], a[1][2]);
7:    printf("%d, %d, %d \n", *(a[1]), *(a[1]+1), *(a[1]+2));
8:    printf("%d, %d, %d \n", *(*(a+1)), *(*(a+1)+1), *(*(a+1)+2));
9:    return 0;
10: }
```

❶··· 실행 결과

```
4, 5, 6
4, 5, 6
4, 5, 6
```

7번째 줄의 ***(a[1])**은 **a[1]**에 간접 연산자 *****를 사용한 참조 연산이며, 실행 결과와 같이 **a[1][0]**의 값 4를 출력한다. 또한 ***(a[1]+1)**은 **a[1]+1**의 포인터 연산을 먼저 수행하고, 간접 연산 *****이 수행되어 **a[1][1]**의 값 5를 출력한다. 즉, 부분 배열 이름 **a[1]**은 **int ***와 동일하다 할 수 있다.

또한 ***(a[1])**에서 괄호안의 **a[1]**은 ***(a+1)**과 같으므로, 8번째 줄과 같이 ***(*(a+1))**로도 표현할 수 있다. 이와 같이 2차원 배열의 요소 **a[1][0]**은 ***(*(a+1)+0)**, **a[1][1]**은 ***(*(a+1)+1)**과 동일한 표현이며, 다음과 같은 결론을 내릴 수 있다.

```
a[i][j] ⇔ *(*(a+i)+j)
```

● 2차원 배열과 포인터 변수

2차원 배열을 포인터 변수가 가리킬 수 있으며, 배열을 가리키는 포인터 변수는 배열의 형식으로 사용할 수도 있다. 다음 예제를 살펴보자.

예제 7-20

```
1:  #include <stdio.h>
2:  int main(void)
3:  {
4:    int a[2][3]={1, 2, 3, 4, 5, 6};
5:    int *p;
6:
7:    p = a; //잘못된 사용!
8:    printf("%p, %p, %p \n", p, p+1, p+2);
9:    return 0;
10: }
```

7번째 줄에서 2차원 배열 이름 **a**를 **int *** 변수 **p**에 치환하고 있다. 2차원 배열 이름 **a**는 12바이트 크기의 1차원 부분 배열 **a[0]**, **a[1]**을 가리키는 포인터이다. 따라서 **p**와 **a**는 가리킬 수 있는 대상이 서로 다르기 때문에 7번째 줄과 같은 문장은 잘못된 사용이다.

만일 위의 예제에서 **int *** 변수 **p**가 2차원 배열을 가리키기 위해서는 다음 예와 같이 **int ***와 일치하는 배열의 포인터를 치환해야 한다.

```
int *p;
p = &a[0][0];
p = a[0];
p = *(a+0); //p = *a;와 동일
p = (int *)a;
```

&a[0][0]과 **a[0]**은 배열의 각 요소를 참조할 수 있는 **int ***와 동일하기 때문에 **int *** 변수 **p**에 치환될 수 있다. **(int *)a**는 자료형 변환 연산자를 사용하여 **a**를 **int**형 포인터(**int ***)로 자료형 변환하였다. 따라서 배열 **a**는 12바이트 크기의 1차원 부분 배열 **a[0]**을 가리키는 포인터에서 **int ***로 변환되어 **p**에 치환된다.

다음 예제는 **int**형 2차원 배열을 **int *** 변수를 사용하여 참조하는 예제이다.

예제 7-21

```
1:  #include <stdio.h>
2:  int main(void)
3:  {
4:      int a[2][3]={1, 2, 3, 4, 5, 6};
5:      int *p;
6:
7:      p = *a;  //p = a[0]과 동일
8:      printf("%p, %p \n", &a[0][0], &a[1][0]);
9:      printf("%p, %p, %p \n", p, p+1, p+2);
10:     printf("%d, %d, %d \n", *p, *(p+1), *(p+2));
11:     printf("%d, %d, %d \n", p[0], p[1], p[2]);
12:     return 0;
13: }
```

!••• **실행 결과**

```
0012FF68, 0012FF74
0012FF68, 0012FF6C, 0012FF70
1, 2, 3
1, 2, 3
```

2차원 이상의 배열과 포인터

2차원 이상의 배열과 포인터는 1차원, 2차원의 내용과 크게 다르지 않다. 모든 배열은 기본적으로 1차원으로 처리되기 때문에 1, 2차원의 방법을 그대로 적용시키면 모든 차원의 배열을 포인터로 표현할 수 있다. 예를 들어 3차원 배열 **int a[2][2][2];**가 선언되고, 메모리의 **0012FF60**번지부터 저장되어 있다고 가정했을 때, 배열 **a**가 사용하는 메모리 공간은 다음 그림과 같다.

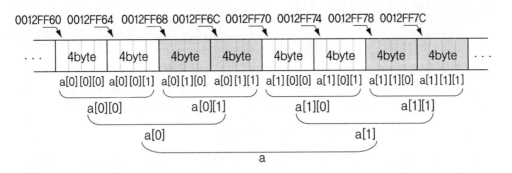

3차원 배열에서의 포인터는 다음 예제와 같이 확인할 수 있다.

예제 7-22

```
1:  #include <stdio.h>
2:  int main(void)
3:  {
4:      int a[2][2][2]={1, 2, 3, 4, 5, 6, 7, 8};
5:
6:      printf("%p, %p \n", a, a+1);
7:      printf("%p, %p, %p \n", a[0], a[1], a[1]+1);
8:      printf("%p, %p, %p \n", a[0][0], a[1][1], a[1][1]+1);
9:      printf("%d, %d, %d \n", *(a[0][0]), *(a[1][1]+1));
10:     printf("%d, %d, %d \n", *(*(*(a+0)+0)), *(*(*(a+1)+1)+1));
11:     return 0;
12: }
```

---

① ··· 실행 결과

```
0012FF60, 0012FF70
0012FF60, 0012FF70, 0012FF78
0012FF60, 0012FF78, 0012FF7C
1, 8
1, 8
```

실행 결과와 같이 배열 이름 **a**는 16바이트 크기의 부분 배열 **a[0]**, 즉 면을 가리키는 포인터 상수이고, **a[0]**과 **a[1]**은 8바이트 크기의 부분 배열 **a[0][0]**, **a[1][0]**, 즉 행을 가리키는 포인터 상수가 된다. 그리고 **a[0][0]**, **a[0][1]**, **a[1][0]**, **a[1][1]**은 각각 4바이트 **int**형 배열 요소 **a[0][0][0]**, **a[0][1][0]**, **a[1][0][0]**, **a[1][1][0]**을 가리키는 **int *** 상수가 된다. 또한 9번째 줄과 같이 **int *** 상수 **a[0][0]**, **a[0][1]**, **a[1][0]**, **a[1][1]**에 간접 연산자 *****를 사용하여 배열의 각 요소를 참조할 수 있으며, 이것은 배열 **a[i][j][k]**의 형식이 다음의 포인터 형식과 동일하다는 것을 알 수 있다.

```
a[i][j][k] ⇔ *(*(*(a+i)+j)+k)
```

2차원 배열에서와 마찬가지로 3차원 배열의 이름을 포인터 변수에 치환하여 사용할 수 없다. 만일 예제의 3차원 배열 **a**를 **int *** 변수 **p**가 가리키기 위해서는 다음 예와 같이 **int ***와 일치하는 배열의 포인터를 치환해야 한다.

```
int *p;
p = &a[0][0][0];
p = a[0][0];
p = *(*(a+0)+0);
p = (int *)a;
```

1. 2차원 배열 **a**의 시작 주소가 1000번지라고 가정 했을 때 다음 각 문장의 출력 결과는 무엇인가?

```
1:    #include <stdio.h>
2:    int main(void)
3:    {
4:        char a[3][2]={'a', 'b', 'c', 'd', 'e', 'f'};
5:        char *p = a[0];
6:
7:        printf("%p, %p, %p \n", a[0], a[1], a[2]);
8:        printf("%p, %p \n", *(a+0), *(a+1));
9:        printf("%p, %p, %p \n", a[0], a[0]+1, a[0]+2);
10:       printf("%p, %p, %p \n", a[1], a[1]+1, a[1]+2);
11:       printf("%p, %p \n", a, a+1);
12:       printf("%p, %p, %p \n", p, p+1, p+2);
13:       printf("%c, %c, %c \n", *p, *(p+1), *(p+2));
```

```
14:      return 0;
15: }
```

2. 다음의 문장을 포인터 연산으로 변환하시오.

```
    double d[10][30];
    short s[5][5][5];
```
① d[5][20] = 3.14;
② s[3][2][1] = 30;

7.6.3 **다차원 배열과 배열 포인터**

다차원 배열은 배열의 각 요소를 가리킬 수 있는 포인터 변수를 사용하여 참조할 수 있다. 만일 다차원 배열의 포인터를 그대로 전달받기 위해서는 **배열 포인터**(pointer to array)를 사용한다.

배열 포인터를 사용하여 여러 개의 부분 배열을 포함하고 있는 다차원 배열과 정확히 일치하는 포인터 변수를 선언할 수 있으며, 배열 포인터 변수를 사용할 경우 배열의 차원과 동일한 색인 형식으로 배열의 각 요소에 접근하는 것이 가능하다. 1차원 배열은 부분 배열이 존재하지 않으므로 배열 포인터를 사용할 수 없다. 2차원 배열 **int a[2][3]**을 가리킬 수 있는 **int**형 배열 포인터 변수 **p**의 선언은 다음과 같다.

```
int (*p)[3]; //열의 크기가 3인 2차원 배열을 가리킬 수 있는 배열 포인터 p의 선언
```

위 선언문에서 괄호를 생략할 경우 **int *p[3]**의 포인터 배열 선언문이 되므로 주의해야 한다. 배열 포인터 선언문의 마지막 **[3]**은 가리킬 2차원 배열의 열 크기, 즉 2차원 배열이 포함하는 1차원 부분 배열의 크기이다. 따라서 배열 포인터 **p**가 가리킬 수 있는 배열은 **int a[2][3]**, **int c[4][3]** 등과 같이 자료형이 **int**형이고 열의 크기가 3인 2차원 배열이 된다. 다음 예제를 살펴보자.

예제 7-23

```
1:  #include <stdio.h>
2:  int main(void)
3:  {
4:      int a[2][3]={1, 2, 3, 4, 5, 6};
5:      int (*p)[3]; // 배열 포인터 p의 선언
6:
```

```
7:    p = a;
8:    printf("%d, %d \n", a[0][0], a[1][0]);
9:    printf("%p, %p \n", a[0], a[1]);
10:   printf("%p, %p \n", a, a+1);
11:   printf("%p, %p \n", p, p+1);
12:   printf("%p, %p \n", p[0], p[1]);
13:   printf("%d, %d \n", p[0][0], p[1][0]);
14:   return 0;
15: }
```

❶ ··· 실행 결과

```
1, 4
0012FF68, 0012FF74
0012FF68, 0012FF74
0012FF68, 0012FF74
0012FF68, 0012FF74
1, 4
```

5번째 줄에서 선언된 배열 포인터 **p**는 열의 크기가 3인 **int**형 2차원 배열을 가리킬 수 있다. 따라서 7번째 줄과 같이 배열 포인터 **p**에는 열의 크기가 3인 1차원 부분 배열을 가리키는 배열의 포인터를 치환해 주어야 한다.

11~13번째 줄에서 배열 포인터 **p**를 출력하고 있으며, **p**가 배열 **a**를 가리키고 있기 때문에 8~10번째 줄의 배열 **a**의 출력 결과와 동일함을 알 수 있다. 이것을 그림으로 나타내면 다음과 같다.

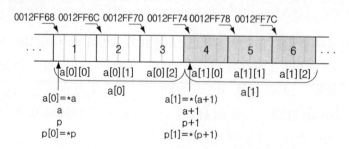

다음 예제는 배열 포인터가 문자형 2차원 배열을 가리키고 있을 때, 배열 포인터의 다양한 사용법을 보여주고 있다.

예제 7-24

```
1:  #include <stdio.h>
2:  int main(void)
3:  {
```

```
4:      char str[3][6]={"korea", "china", "japan"};
5:      char (*ps)[6];
6:
7:      ps = str;
8:      printf("%s, %s, %s \n", str[0], str[1], str[2]);
9:      printf("%s, %s, %s \n", str, str+1, str+2);
10:     printf("%s, %s, %s \n", ps[0], ps[1], ps[2]);
11:     printf("%s, %s, %s \n", ps, ps+1, ps+2);
12:     printf("%c, %c \n", str[1][1], ps[1][1]);
13:     printf("%c, %c \n", *(*(str+1)+1), *(*(ps+1)+1));
14:     return 0;
15: }
```

❶ ••• 실행 결과

```
korea, china, japan
korea, china, japan
korea, china, japan
korea, china, japan
h, h
h, h
```

4번째 줄의 2차원 배열 **str**에는 세 개의 문자열이 저장된다. 5번째 줄에서 이 배열을 가리키기 위한 배열 포인터 **ps**를 선언하고, 7번째 줄에서 **str**을 가리키게 하였다. **str[0]** ~ **str[2]** 1차원 부분 배열을 가리키는 포인터이므로, 8, 9번째 줄과 같이 사용될 경우 각 문자열들을 출력한다. 또한 **str**을 가리키는 배열 **ps**를 10 ~ 13번째 줄과 같이 사용할 경우 **str**의 결과와 동일한 출력을 나타낸다. 이와 같이 2차원 배열을 가리키는 배열 포인터는 2차원 배열의 색인 형식을 그대로 사용할 수 있다.

3차원 이상의 배열을 가리키는 배열 포인터 역시 2차원 배열을 가리키는 배열 포인터와 동일한 개념을 사용한다. 3차원 배열은 2차원 부분 배열을 가지므로, 2차원 부분 배열들을 가리킬 수 있는 배열 포인터로 선언해주면 된다. 예를 들어 3차원 배열 **int a[2][3][4]**를 가리키는 배열 포인터 **p**는 다음과 같이 선언한다.

```
int (*p)[3][4]; //3행 4열 크기의 3차원 배열을 가리킬 수 있는 배열 포인터 p의 선언
```

연습문제 7.6.3

1. 다음의 배열들을 가리킬 수 있는 배열 포인터를 선언하시오.

① char a[3][80];

② double b[2][3][4];

7.6.4 다차원 배열과 포인터 매개변수

다차원 배열을 함수의 인수로 전달할 때, 1차원 배열과 마찬가지로 참조에 의한 호출 방법으로만 전달할 수 있다. 함수의 인수로 전달되는 다차원 배열을 받기 위해서 포인터 매개변수나 배열 포인터를 사용할 수 있다. 먼저 다차원 배열을 포인터 매개변수를 사용하여 전달받는 방법부터 살펴보자.

● 다차원 배열을 가리키는 포인터 매개변수

포인터 매개변수로 다차원 배열을 전달받는 방법은 다차원 배열을 가리키는 포인터 변수의 사용 방법과 동일하다. 다음 예제를 살펴보자.

예제 7-25

```
1:  #include <stdio.h>
2:  void func(int *p, int n);
3:  int main(void)
4:  {
5:      int a[2][3]={1, 2, 3, 4, 5, 6};
6:
7:      func(a[0], sizeof(a)/sizeof(int));
8:      return 0;
9:  }
10:
11: void func(int *p, int n)
12: {
13:    while(n>0) {
14:       printf("%d", *p++);
15:       n--;
16:    }
17: }
```

❗··· 실행 결과

```
123456
```

7번째 줄의 **func()** 호출에서 배열 **a**의 1차원 부분 배열의 포인터 **a[0]**과 배열 요소의 개수를 전달한다. **a[0]**은 **int ***와 같으므로 11번째 줄 **func()** 첫 번째 매개변수를 **int *p**로 선언하였다. 여기서 **int *p**는 **int p[]**로 사용할 수도 있으며, 7번째 줄의 **func()** 호출문은 다음과 같은 형식으로 표현해도 그 결과는 동일하다.

```
func(&a[0][0], sizeof(a)/sizeof(int));
func(*a, sizeof(a)/sizeof(int));
func((int *)a, sizeof(a)/sizeof(int));
```

다차원 배열을 가리키는 배열 포인터

배열 포인터를 매개변수로 사용하여 다차원 배열을 전달받는 방법은 다차원 배열을 가리키는 배열 포인터의 사용 방법과 동일하다. 위 예제를 배열 포인터의 사용 형식으로 변경하면 다음과 같다.

예제 7-26

```
1:  #include <stdio.h>
2:  void func(int (*p)[3], int n);
3:  int main(void)
4:  {
5:    int a[2][3]={1,2,3,4,5,6};
6:
7:    func(a);
8:    return 0;
9:  }
10:
11: void func(int (*p)[3])
12: {
13:   int i, j;
14:
15:   for(i=0; i<3; i++)
16:     for(j=0; j<3; j++)
17:       printf("%d", p[i][j]);
18: }
```

⚠ 실행 결과

```
123456
```

예제의 7번째 줄 **func()** 호출에서 인수로 2차원 배열 이름 **a**를 전달하며, 이 값은 11번째 줄 **func()**의 매개변수인 배열 포인터 **p**가 전달 받는다. 따라서 **func()**의 매개변수 배열 포인터 **p**는 **a**를 가리키게 되므로 17번째 줄과 같이 **p**를 사용하면, 배열 **a**의 각 요소를 출력하는 것과 동일하게 된다.

다차원 배열을 가리키는 배열 포인터의 예외적인 형태

위 예제의 11번째 줄에서 매개변수인 배열 포인터 **p**를 다음 예와 같이 전달받을 배열의 차원과 동일한 형식으로 선언할 수도 있다.

```
void func(int p[][3])  // void func(int (*p)[3])과 동일
void func(int p[2][3]) // void func(int (*p)[3])과 동일
```

위의 형식은 모두 표현 방법만 다른 배열 포인터 **p**를 선언한 것이다. 위 예에서 행의 크기 정보는 **int p[][3]** 또는 **int [2][3]**과 같이 생략할 수도 있고 임의의 상수 값을 적을 수도 있지만, 컴파일러는 행의 크기로 기재된 상수는 그 값에 상관없이 무시한다.

배열 포인터의 선언을 다차원 배열의 형식으로 사용할 수 있는 곳은 매개변수의 선언에서만 예외적으로 허용하는 것이며, 만일 다음 예와 같이 사용할 경우 오류가 된다.

```
int a[2][3]={1,2,3,4,5,6};
int p[][3] = a;  // 오류!
```

int p[][3] = a; 문장은 2차원 크기 없는 배열 **p**의 선언이며, 배열 포인터 **p**의 선언이 아니므로 오류가 된다.

연습문제 7.6.4

1. 다음의 프로그램에서 6번째 줄과 7번째 줄과 같이 함수를 호출할 때 **sum()**과 **mul()**의 함수 원형은 어떤 형태가 될 수 있는가?

```
1:  #include <stdio.h>
2:  int main(void)
3:  {
4:     int a[2][3] = {1, 2, 3, 4, 5, 6};
5:
6:     sum(a[0], 6);
7:     mul(a, 2);
8:     return 0;
9: }
```

2. 다음 두 배열을 사용자 정의 함수 **multi()**에 전달하여 두 배열의 각 요소끼리 곱한 결과를 출력하는 프로그램을 작성하시오.
   - int a[2][2] = {1, 3, 5, 7};
   - int b[2][2] = {2, 4, 6, 8};

7.7 이중 포인터

7.7.1 이중 포인터의 개요

포인터 변수도 주소 값을 저장하기 위해 메모리를 사용한다. 만일 어떤 포인터 변수가 다른 포인터 변수의 주소 값을 가질 때, 이 포인터 변수를 포인터의 포인터 또는 이중 포인터(double pointer)라 말한다. 예를 들어 **int *** 변수 **p**를 가리킬 수 있는 이중 포인터 변수 **pp**는 다음과 같이 선언한다.

```
int **pp; // 이중 포인터 pp의 선언
```

위의 선언은 다음 그림과 같이 두 부분으로 나누어 볼 수 있다.

$$\underbrace{\text{int *}}_{①}\,\underbrace{\text{*pp}}_{②}$$

①의 **int ***는 가리키는 자료형이 **int**형 포인터임을 뜻하며, ②의 ***pp**는 **pp**가 포인터 변수임을 나타낸다. 즉, **pp**는 **int ***를 가리킬 수 있는 포인터 변수가 된다. 다음 예제를 확인해 보자.

예제 7-27

```
1:  #include <stdio.h>
2:  int main(void)
3:  {
4:      int a = 3;
5:      int *pa;
6:      int **ppa;
7:
8:      pa = &a;
9:      ppa = &pa;
10:     printf("%p, %d \n", &a, a);
11:     printf("%p, %p, %d \n", &pa, pa, *pa);
12:     printf("%p, %p, %d \n", ppa, *ppa, **ppa);
13:     return 0;
14: }
```

ⓘ••• 실행 결과

```
0012FF7C, 3
0012FF90, 0012FF7C, 3
0012FF90, 0012FF7C, 3
```

8번째 줄에서 **int *** 변수 **pa**는 **a**를 가리키게 되고, 9번째 줄에서 정수형 이중 포인터(**int ****) 변수 **ppa**는 **pa**를 가리키게 된다. 이것을 그림으로 살펴보면 다음과 같다.

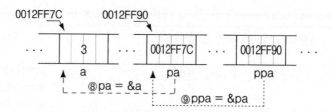

int ** 변수 **ppa**는 12번째 줄과 같이 사용될 수 있으며, 다음 표에서와 같이 간접 연산자 *****의 사용 형태에 따라 그 의미가 달라진다.

표 7-2 : 이중 포인터의 사용

포인터 연산	의 미
ppa	ppa의 내용. 즉, &pa.
*ppa	ppa가 가리키는 객체의 내용. 즉, pa 또는 &a.
**ppa	ppa가 가리키는 객체 pa가 가리키는 객체의 내용. 즉, *pa 또는 a.

다음 예제는 이중 포인터를 사용하여 다른 객체를 가리키거나 참조하기 위한 간접 연산자 *****의 사용 형식을 보여준다.

예제 7-28

```
1:  #include <stdio.h>
2:  int main(void)
3:  {
4:      int a = 3, b=4;
5:      int *pa = &a, **ppa = &pa;
6:      int *pb = &b, **ppb = &pb;
7:
8:      printf("%p, %p \n", ppa, ppb);
9:      printf("%p, %p \n", *ppa, *ppb);
10:     printf("%d, %d \n", **ppa, **ppb);
11:     ppa = &pb;
12:     ppb = &pa;
13:     printf("%d, %d \n", **ppa, **ppb);
```

```
14:     *ppa = &a;
15:     *ppb = &b;
16:     printf("%d, %d \n", **ppa, **ppb);
17:     **ppa = 5;
18:     **ppb = 6;
19:     printf("%d, %d \n", a, b);
20:     return 0;
21: }
```

❶··· 실행 결과

```
0012FF90, 0012FF98
0012FF7C, 0012FF78
3, 4
4, 3
3, 4
5, 6
```

5, 6번째 줄에서 **int *** 변수 **pa**, **pb**는 아래의 그림과 같이 각각 변수 **a**와 **b**를 가리키게 되고, **int **** 변수 **ppa**와 **ppb**는 **pa**와 **pb**를 가리키게 된다. 따라서 8 ~ 10번째 줄의 실행 결과와 같이 **ppa**, **ppb**는 **pa**, **pb**의 주소를 출력하고, ***ppa**, ***ppb**는 **ppa**, **ppb**가 가리키는 **int *** 변수 **pa**, **pb**의 내용을 출력하며, ****ppa**, ****ppb**는 **ppa**, **ppb**가 가리키는 **int *** 변수 **pa**, **pb**가 가리키는 변수 **a**, **b**의 값을 출력한다.

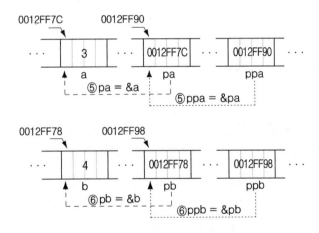

11, 12번째 줄의 문장이 수행되면 **ppa**와 **ppb**는 아래의 그림과 같이 **pb**와 **pa**를 가리키게 된다. 따라서 13번째 줄의 ****ppa**, ****ppb**의 결과는 **ppa**, **ppb**가 가리키는 **int *** 변수 **pb**, **pa**가 가리키는 변수의 **b**, **a**의 값을 출력한다.

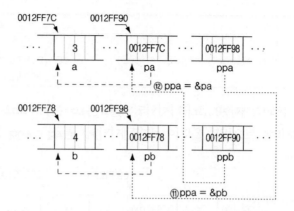

14, 15번째 줄의 문장이 수행되면 **ppa**와 **ppb**가 가리키는 **int *** 변수 **pb**와 **pa**에 아래의 그림과 같이 **a**, **b**의 포인터가 치환된다. 따라서 16번째 줄의 ****ppa**, ****ppb**의 실행 결과는 **ppa**, **ppb**가 가리키는 **int *** 변수 **pb**, **pa**가 가리키는 변수 **a**, **b**의 값이 출력된다.

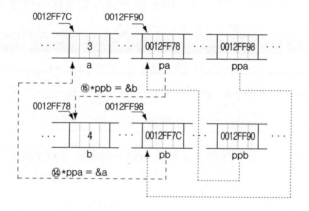

17, 18번째 줄의 문장이 수행되면 아래의 그림과 같이 **ppa**와 **ppb**가 가리키는 **int *** 변수 **pb**와 **pa**가 가리키는 변수 **a**와 **b**에 각각 5, 6을 치환하게 된다.

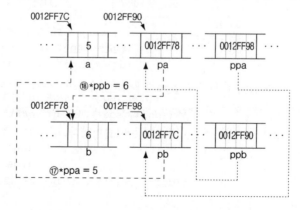

7.7.2 이중 포인터의 응용

이중 포인터는 포인터 배열을 가리킬 때 유용하게 사용될 수 있다. 포인터 배열은 저장하고 있는 값이 포인터이며, 포인터 배열의 이름은 포인터를 가리키는 포인터가 된다. 만일 포인터 배열의 이름을 다른 포인터 변수에 치환하여 포인터 배열을 가리키기 위해서는 이중 포인터 변수가 필요하다. 다음 예제를 살펴보자.

예제 7-29

```
1:  #include <stdio.h>
2:  int main(void)
3:  {
4:      char *str[3] = {"hello", "my", "name"};
5:      char **strp;
6:      int i;
7:
8:      strp = str;
9:      for(i=0; i<3; i++) puts(*strp++);
10:     return 0;
11: }
```

● ··· 실행 결과

```
hello
my
name
```

4번째 줄의 배열 **str**은 문자열 상수들의 포인터를 저장하고 있는 포인터 배열이며, 5번째 줄의 **strp**는 **char ***를 가리킬 수 있는 **char **** 변수이다. 8번째 줄에서 **strp**에 배열 **str**의 주소를 치환하여 **strp**가 **str**을 가리키게 하였다. 이것을 그림으로 살펴보면 다음과 같다.

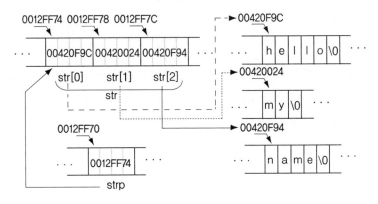

그림과 같이 포인터 배열 이름 **str**은 **char ***인 **str[0]**을 가리키는 포인터, 즉 **char **** 상수가 된다. 따라서 배열 이름 **str**을 가리킬 수 있는 포인터는 **char **** 변수가 되어야 한다.

또한 함수의 호출시 인수로 전달되는 포인터 배열을 다음 예제와 같이 이중 포인터 매개변수를 사용하여 전달 받을 수 있다.

예제 7-30

```
1:  #include <stdio.h>
2:  void func(char **strp);
3:  int main(void)
4:  {
5:      char *str[3] = {"hello", "my", "name"};
6:
7:      func(str);
8:      return 0;
9:  }
10:
11: void func(char **strp)
12: {
13:     int i;
14:     for(i=0; i<3; i++) puts(*strp++);
15: }
```

! ••• 실행 결과

```
hello
my
name
```

11번째 줄의 이중 포인터 매개변수 **char **strp**를 다음 예와 같이 사용할 수도 있다. 단, 이 형식은 매개변수의 선언에서만 유효하다.

```
void func(char *strp[]) //char **strp와 동일
```

이중 포인터를 가리킬 수 있는 포인터를 3중 포인터라 말하고 **int ***ppi;** 형태로 선언한다. 동일한 방법으로 4중, 5중 그 이상의 **다중 포인터**(multiple pointer)는 간접 연산자를 그 수만큼 사용하여 선언할 수 있다.

연습문제 7.7

1. 다음 프로그램의 수행 결과는 무엇인가?

```
1:  #include <stdio.h>
2:  int main(void)
3:  {
4:      char *str[2] = {"Programming", "Language"};
5:      char **sp = str;
6:      int i;
7:
8:      for(i=0; *(*sp+i); i++) putchar(*(*sp+i));
9:      return 0;
10: }
```

2. 예제 1에서 "Language"를 출력하기 위해서는 프로그램을 어떻게 수정해야 하는가?

3. 예제 1의 포인터 배열 str을 함수 **func()**에 전달하려 한다. **func()**의 매개변수는 어떻게 선언되어야 하는가?

7.8 void형 포인터

포인터 변수의 자료형은 포인터가 가리키는 객체를 참조하기 위한 정보를 가지고 있다. C에는 이러한 포인터 이외에 가리키는 객체의 자료형을 명시해 주지 않아도 되는 특별한 포인터가 있는데, 이 포인터를 **void**형 포인터(**void ***)라고 한다. 예를 들어 **void *** 변수 **vp**는 다음과 같이 선언한다.

```
void *vp; //void형 포인터 vp의 선언
```

위에서 선언된 **void *** 변수 **vp**는 가리키는 객체의 자료형이 정해지지 않았기 때문에 어떠한 객체의 포인터도 모두 저장할 수 있다. 다음 예를 살펴보자.

```
    int i;
    double d;
    void *vp;

    vp = &i; //int형 포인터를 치환
    vp = &d; //double형 포인터를 치환
```

위의 예와 같이 **void ***인 **vp**는 가리키는 객체가 정해져 있지 않기 때문에 **int**형 또는 **double**형 변수의 포인터를 모두 저장할 수 있다.

void *는 위의 예와 같이 모든 객체를 가리킬 수 있지만, 간접 연산자 *를 사용한 객체의 참조나 증감 연산자를 사용한 포인터 연산을 수행할 수 없다. 그 이것은 **void ***가 현재 가리키는 객체의 대해 주소 값 이외에는 아무런 정보가 없기 때문이다.

따라서 **void ***를 사용하기 위해서는 현재 가리키고 있는 객체의 대한 정보를 사용하기 전에 명시해 주어야 한다. 다음 예를 살펴보자.

예제 7-31

```
1:  #include <stdio.h>
2:  int main(void)
3:  {
4:      int i=10;
5:      void *vp;
6:
7:      vp = &i;
8:      printf("%d", *vp);
9:      return 0;
10: }
```

```
1:  #include <stdio.h>
2:  int main(void)
3:  {
4:      int i=10;
5:      void *vp;
6:
7:      vp = &i;
8:      printf("%d \n", *(int *)vp);
9:      *(int *)vp = 20;
10:     printf("%d \n", *(int *)vp);
11:     return 0;
12: }
```

---

❶••• 실행 결과

오류!

❶••• 실행 결과

```
10
20
```

왼쪽 예제의 7번째 줄에서 **vp**는 **i**를 가리키게 되고, 8번째 줄에서 ***vp**를 통해 **i**의 값을 참조한다. 여기서 **vp**는 **i**의 주소에서부터 얼마만큼을 참조해야 하는지 알 수 없으므로 8번째 줄에서 오류가 발생하게 된다.

만일 **void ***를 사용하여 가리키는 객체를 참조하기 위해서는 오른쪽 예제의 8 ~ 10번째 줄과 같이 자료형 변환 연산자를 사용해야 한다. 8번째 줄에서는 자료형 변환 연산자 **(int *)**를 사용하여 **void *** 변수 **vp**를 **int *** 변수로 변환한다. 그리고 간접 연

산자 ***** 를 사용하여 변수를 참조하고 있으므로 **i**의 포인터에서부터 4바이트를 **int**형으로 읽어오게 된다.

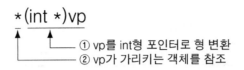

　　　　　　　　　① vp를 int형 포인터로 형 변환
　　　　　　　　　② vp가 가리키는 객체를 참조

　자료형 변환 연산자와 간접 연산자 *****는 우선순위가 동일하지만, 우 결합성을 가지기 때문에 오른쪽에서 왼쪽의 순서로 수행된다. 9번째 줄의 ***(int *)vp = 20;** 문장은 20을 **vp**가 가리키는 변수에 저장하기 위해서 자료형 변환 연산자를 사용하여 **vp**를 **int *** 로 변환한다.

연습문제 7.8

1. 다음 프로그램을 올바르게 수정하시오.

```
1:   #include <stdio.h>
2:   int main(void)
3:   {
4:       int i, a[5] = {1, 2, 3, 4, 5};
5:       void *vp;
6:
7:       for(i=0; i<5; i++) {
8:           printf("%d", *vp);
9:           vp = vp + 1;
10:      }
11:      return 0;
12:  }
```

종합문제

1. 다음은 문자열 str에서 소문자만 추출하여 배열 lower에 저장한 다음 출력하는 프로그램의 일부분이다. 이 프로그램을 완성하시오.

```
1:  #include <stdio.h>
2:  int main(void)
3:  {
4:      char *str="The C Programming Language";
5:      char *p, lower[80];
6:
7:      p=lower;
8:      ...
9:      return 0;
10: }
```

2. 다음은 피타고라스 정리 $a^2+b^2=c^2$를 이용하여 **double**형 실수 값 a, b를 입력받아 $c\,(c=\sqrt{a^2+b^2}\,)$를 계산하여 출력하는 프로그램의 일부분이다. 프로그램을 참고로 하여 c를 계산하는 사용자 정의 함수 **pit()**를 작성하시오.

```
1:  #include <stdio.h>
2:  #include <math.h>
3:  int main(void)
4:  {
5:      double a, b, c;
6:
7:      printf("a 입력 : ");
8:      scanf("%lf", &a);
9:      printf("b 입력 : ");
10:     scanf("%lf", &b);
11:     pit(&a, &b, &c)
12:     printf("c = %f \n", c);
13:     return 0;
14: }
```

3. **strlen()**는 문자열에 포함된 문자의 개수를 계산하여 반환하는 함수이다. 문자형 배열과 포인터를 사용하여 라이브러리 함수 **strlen()**과 동일한 기능을 가지는 사용자 정의 함수 **f_strlen()**을 작성하고, 그 사용 방법을 보이시오.

4. **strcmp()**는 문자열을 비교하는 함수이다. 문자형 배열과 포인터를 사용하여 라이브러리 함수 **strcmp()**과 동일한 기능을 가지는 사용자 정의 함수 **f_strcmp()**을 작성하고, 그 사용 방법을 보이시오. **f_strcmp()**는 인수로 전달받은 두 문자열이 같을 경우 0, 첫 번째 인수가 클 경우 양수, 두 번째 인수가 클 경우 음수를 반환한다.

5. **strcat()**는 문자열을 결합하는 함수이다. 문자형 배열과 포인터를 사용하여 라이브러리 함수 **strcat()**과 동일한 기능을 가지는 사용자 정의 함수 **f_strcat()**을 작성하고, 그 사용 방법을 보이시오. 단, **f_strcpy()**의 반환 값은 없다고 가정한다.

6. 5명의 학생들의 수학, 영어 성적을 2차원 **int**형 배열에 입력받아 과목별 평균을 계산하여 출력하는 프로그램을 작성하시오. 이 프로그램을 위해 평균의 계산하는 사용자 정의 함수 **avg()**를 작성하시오. **avg()**는 매개변수로 학생 수와, 각 과목의 성적을 배열로 전달받아 평균을 계산하여 **int**형으로 반환한다.

7. 회문(palindromes)이란 "eye", "madam", "x" 등과 같이 어느 쪽에서 읽어도 같은 말이 되는 문자열을 의미한다. 사용자로부터 문자열을 입력받아 이 문자열이 회문 인지 아닌지를 구별하는 프로그램을 작성하시오. 이 프로그램을 위해 회문 인지의 여부를 계산하는 사용자 정의 함수 **palindromes()**를 작성하시오. **palindromes()**는 사용자로부터 입력된 문자열을 매개변수로 전달받아, 회문일 경우 1, 회문이 아닐 경우 0을 반환한다.

8. 마방진(**Magic Square**)이란 아래의 그림과 같이 가로, 세로, 대각선 어느 방향의 숫자를 모두 더한 합이 항상 동일하게 나오는 사각형을 말한다. 다음의 설명을 참고로 하여 사용자로부터 배열의 크기를 입력받아 입력받은 크기에 해당하는 마방진을 만드는 **magic_square()**를 작성하고, 그 사용 방법을 보이시오.

8	1	6
3	5	7
4	9	2

<3x3 마방진>

또는

17	24	1	8	15
23	5	7	14	16
4	6	13	20	22
10	12	19	21	3
11	18	25	2	9

<5x5 마방진>

● **마방진 구현 방법**

• 1부터 입력된 수의 제곱까지의 수들을 2차원 배열에 배치한다.

- 숫자는 배열 제일 상단 가운데 요소를 1부터 배치하며, 다음의 숫자는 아래의 규칙에 의해서 배치한다.
  - 현재 배치한 숫자가 입력받은 수의 배수라면, 다음 숫자는 현재 배열 요소의 바로 아래에 배치한다. 예를 들어 입력된 수가 3이고, 아래의 그림과 같이 3이 위치할 때 다음 숫자 4는 그 아래에 배치한다.

  - 배수 이외의 숫자는 현재 배치한 요소의 왼쪽 상단 요소에 배치한다.

  - 만일 배열의 크기를 벗어날 경우 반대쪽 위치의 요소로 이동하여 배치한다.

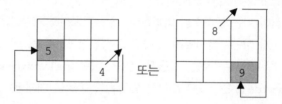

또는

● 프로그램 작성 방법

- 사용자로부터 크기를 **int**형으로 입력 받는다. 만일 입력받은 수가 홀수가 아니라면 1을 빼서 홀수로 만들어 준다.
- 2차원 배열의 크기는 10x10으로 선언하고, 배열의 크기 중 사용자로부터 입력받은 수만큼만 사용한다. 만일 입력된 크기가 10이 넘을 경우 프로그램은 종료한다.
- 사용자 정의 함수 **magic_square()**는 2차원 배열과 크기를 2차원 배열 포인터와 **int**형 매개변수로 입력받아 마방진을 구현하는 함수이며, 반환 값은 없다.
- 계산된 마방진은 **main()**에서 출력한다.

❗ ⋯ 실행 결과

크기 입력 : 3↵
*** 3x3 마방진 ***

6	1	8
7	5	3
2	9	4

Chapter 08

함수와 포인터

이 장에서는 C의 함수에서 언급하지 않은 포인터와 관련된 몇 가지 내용들에 관하여 설명한다. 그리고 전처리 지시어인 **#include**의 자세한 사용 방법을 알아보고, 매크로 대치에 사용되는 **#define** 지시어에 대해서도 살펴본다.

8.1 포인터를 반환하는 함수

함수의 반환형이 일반적인 자료형이 아닌 포인터가 될 수도 있다. 이것은 함수의 반환 값이 어떤 객체를 가리키는 주소 값이며, 이 경우 함수의 반환형은 반환되는 포인터의 자료형과 일치하는 포인터 반환형을 선언해 주어야 한다. 다음 예제를 살펴보자.

예제 8-1

```
 1:  #include <stdio.h>
 2:  int* big(int *xb, int *yb);
 3:  int main(void)
 4:  {
 5:      int x, y, *result;
 6:
 7:      printf("정수 1 입력 : ");
 8:      scanf("%d",&x);
 9:      printf("정수 2 입력 : ");
10:      scanf("%d",&y);
11:      result = big(&x, &y);
12:      printf("큰 수 : %d \n", *result);
13:      return(0);
14: }
15:
16: int* big(int *xb, int *yb)
17: {
18:     if(*xb > *yb) return xb;
19:     else return yb;
20: }
```

❶•••실행 결과

정수 1 입력 : 3↵
정수 2 입력 : 2↵
큰 수 : 3

11번째 줄에서 포인터 변수 **result**에 **big()**의 반환 값을 저장한다. 16번째 줄의 **big()**은 변수 **x**, **y**의 포인터를 **int *** 매개변수 **xb**, **yb**로 전달 받는다. 18, 19번째 줄에서 **big()**는 **int *** 변수 **xb** 또는 **yb**를 반환하며, 반환 값이 포인터이므로 **big()**의 반환형이 **int ***로 선언되었다.

예제와 같이 어떤 함수가 주소 값을 반환할 경우 반환형은 포인터로 선언되어야 하며, 포인터 반환형의 선언은 간접 연산자 *****를 반환형과 함수 이름 사이에 둔다.

라이브러리 함수 **strcpy()**, **strcat()**는 모두 포인터를 반환하는 함수들이며, 실제 두 함수의 원형은 다음과 같다.

```
char * strcpy(char *dest, char *src);
char * strcat(char *dest, char *src);
```

두 함수가 반환하는 값은 **dest**의 포인터이다. 다음의 예로 확인해 보자.

예제 8-2

```
1:  #include <stdio.h>
2:  #include <string.h>
3:  int main(void)
4:  {
5:      char src[80];
6:      char dest[80];
7:      char *sp;
8:
9:      printf("문자열 입력 : ");
10:     gets(src);
11:     sp = strcpy(dest, src);
12:     printf("%s, %s \n", dest, sp);
13:     sp = strcat(dest, " Language");
14:     printf("%s, %s \n", dest, sp);
15:     return(0);
16: }
```

❗••• 실행 결과

문자열 입력 : Programming↵
Programming, Programming
Programming Language, Programming Language

반환되는 포인터가 함수 내의 지역 변수일 경우, 호출된 함수가 종료되면 함수 내에서 사용한 지역 변수가 메모리에서 사라지기 때문에 올바르지 않은 결과를 나타낼 수 있다. 다음의 두 예제로 확인해 보자.

예제 8-3

```
1:   #include <stdio.h>
2:   char *func(int j);
3:   int main(void)
4:   {
5:       char *sp;
6:
7:       sp = func(3);
8:       puts(sp);
9:       return 0;
10: }
11:
12: char *func(int j)
13: {
14:     char x[] = "Programming";
15:     return &x[j];
16: }
```

```
1:   #include <stdio.h>
2:   char *func(int j);
3:   char x[] = "Programming";
4:   int main(void)
5:   {
6:       char *sp;
7:
8:       sp = func(4);
9:       puts(sp);
10:     return 0;
11: }
12:
13: char *func(int j)
14: {
15:     return &x[j];
16: }
```

❶⋯ 실행 결과

g⌐

❶⋯ 실행 결과

gramming

예제 왼쪽의 15번째 줄은 문자 배열 **x[j]**번째 요소의 포인터를 반환하고 있다. 7번째 줄의 문자형 포인터 **sp**는 **j**번째 요소의 포인터를 전달받지만, 8번째 줄에서 **sp**를 출력할 때 **func()**의 배열 **x**는 메모리에서 사라진 다음이므로 올바른 결과가 출력되지 않는다. 반면 오른쪽 예제는 배열 **x**를 전역 변수로 선언하였으므로 프로그램이 수행되는데 아무런 문제가 없다.

📖 **참고** 함수 내에서 사용하는 지역 변수를 반드시 포인터로 반환해야 할 경우 지역 변수 앞에 **static**을 붙여 **static char x[]="Programming"**과 같은 정적 변수로 선언한다. 지역 변수를 정적 변수로 선언하면, 그 지역 변수는 전역 변수의 특징을 가지게 되어 함수가 종료되어도 메모리에 계속 존재하게 된다.

연습문제 8.1

1. 다음 프로그램의 수행 결과는 무엇인가?

```
1:   #include<stdio.h>
2:   int *func(int *);
3:   int arr[5] = {9, 7, 5, 3, 20};
```

```
4:  int main()
5:  {
6:      int *pt;
7:
8:      pt = func(arr);
9:      printf("%d ",*pt);
10:     return 0;
11: }
12:
13: int *func(int ar[])
14: {
15:     int i, num = 0, k;
16:
17:     for(i=0; i<5; i++) if(ar[i] > num) k = i;
18:     return &ar[k];
19: }
```

8.2 함수 포인터

변수나 배열과 마찬가지로 모든 프로그램의 함수들도 메모리를 사용한다. 프로그램 내에서 함수가 호출되면, 그 함수의 시작 주소로 이동(jump)하여 그 위치부터 함수를 실행하게 된다.

호출되는 함수의 위치로 이동하기 위해서 함수의 이름을 사용하는데, 이것은 함수 이름이 메모리에서 함수의 위치를 나타내는 포인터 상수를 의미하기 때문이다. 다음의 예제를 확인해 보자.

예제 8-4

```
1:  #include <stdio.h>
2:  int add(int x);
3:  int main(void)
4:  {
5:      printf("add(5) : %d \n", add(5));
6:      printf("main : %p \n", main);
7:      printf("add : %p \n", add);
8:      printf("printf : %p \n", printf);
9:      return 0;
```

```
10: }
11:
12: int add(int x)
13: {
14:     return x+5;
15: }
```

❶••• 실행 결과

```
add(5) : 10
main : 00401005
add : 0040100A
printf : 004011D0
```

예제의 6~8줄과 같이 **main()**, **add()**, **printf()**의 이름을 출력하면, 실행 결과와 같이 세 함수의 포인터를 알 수 있다.

함수의 이름이 포인터이므로 함수를 가리킬 수 있는 다른 포인터 변수를 선언하여 함수에 접근할 수 있으며, 이때 사용되는 포인터 변수를 **함수 포인터**(pointer to function) 변수라 한다.

함수 포인터 변수의 선언은 가리킬 함수의 반환형과 매개변수 목록까지 함께 알려 주어야 하기 때문에 약간 복잡한 선언 형식을 가진다. 위 예제에서 사용된 사용자 정의 함수 **add()**을 가리킬 수 있는 함수 포인터 변수의 선언은 다음과 같다.

```
int (*fp)(int x);
int (*fp)(int);
```

위의 두 선언문은 반환형이 **int**형이고, **int**형 매개변수가 하나인 함수를 가리킬 수 있는 함수 포인터 변수 **fp**를 선언한 것이다. 여기서 **fp**는 함수 포인터 변수의 이름이며, 이름 앞의 간접 연산자 *****는 이 변수가 포인터 변수라는 것을 의미한다. 두 번째 선언 형식과 같이 매개변수 이름은 생략할 수 있다.

📖 **참고** 함수 포인터 변수의 선언은 함수 원형의 작성과 유사하다. 예를 들어 **int add(int b)**라는 함수의 원형은 **int add(int b);** 또는 **int add(int);**가 될 수 있다. 이 함수를 가리키는 함수 포인터 변수는 함수 이름 **add** 대신 함수 포인터 변수의 이름을 작성하고 이름 앞에 간접 연산자 *****를 붙인다. 그리고 *****와 함수 이름을 괄호 **()**로 묶어준다. 다음 예를 참고하자.

① 함수 원형 : **int add(int b);**
② 함수 포인터 변수의 선언 : **int *fp(int b) → int (*fp)(int b);** 또는 **int (*fp)(int);**

함수 포인터 변수 **fp**가 함수 **add()**를 가리키기 위해서는 다음 형식과 같이 함수 포인터 변수에 함수의 이름을 치환한다.

```
fp = add;
```

함수 이름 자체가 포인터이므로 함수 이름 앞에 주소 연산자 **&**는 사용하지 않는다. 또한 함수 포인터 변수 **fp**는 **add()** 외에 반환형이 **int**형이고 **int**형 매개변수가 하나인 모든 함수들을 가리킬 수 있다. 다음 예제를 살펴보자.

예제 8-5

```
1:  #include <stdio.h>
2:  int add(int x);
3:  int mul(int x);
4:  int main(void)
5:  {
6:      int (*fp)(int);
7:
8:      fp = add;
9:      printf("add() : %d \n", fp(5));
10:     fp = mul;
11:     printf("mul() : %d \n", fp(5));
12:     return 0;
13: }
14:
15: int add(int x)
16: {
17:     return x+5;
18: }
19:
20: int mul(int x)
21: {
22:     return x*5;
23: }
```

❶ ··· 실행 결과

```
add() : 5
mul() : 25
```

8번째 줄에서 **add()**의 포인터를 **fp**에 치환하여 **add()**를 가리키게 하였다. 9번째 줄에서 **fp**를 사용하여 **add()**를 호출하며, 이때 **add()**가 **int**형 매개변수 하나를 필요로 하는 함수이므로 예제에서는 상수 5를 전달하고 있다. 10번째 줄에서는 **fp**가

mul()을 가리키게 된다.

　　함수 포인터 변수는 반환형과 매개변수 목록이 다른 함수는 가리킬 수 없다. 따라서 다음과 같은 함수 포인터 변수의 사용은 오류이다.

예제 8-6

```
1:  #include <stdio.h>
2:  double add(double x);
3:  int main(void)
4:  {
5:      void (*fp)(int, int);
6:
7:      fp = add; //오류
8:      printf("add()의 결과 : %f \n", fp(5));
9:      return 0;
10: }
11:
12: double add(double x)
13: {
14:     return x+5.0;
15: }
```

　　5번째 줄의 함수 포인터 변수 **fp**는 반환형이 **void**이고 **int**형 매개변수가 두 개인 함수를 가리키는 포인터 변수지만, 7번째 줄에서 반환형이 **double**형이고 **double**형 매개변수를 가지는 **add()**를 가리키게 하고 있다. 이 문장은 함수 포인터변수가 가리킬 수 있는 함수의 반환형과 매개변수가 다르기 때문에 오류가 된다.

　　함수 포인터 변수는 다른 포인터 변수와 마찬가지로 함수에 인수로 전달할 수 있다. 이 때 이 값을 받는 함수의 매개변수는 함수를 가리킬 수 있는 함수 포인터 매개변수의 형태로 선언되어야 한다. 또한 함수 포인터 변수는 함수의 주소 값을 가지는 변수지만, 함수의 주소는 그 값을 변경할 수 없는 상수이므로 함수 포인터 변수의 값을 변경하는 연산(**+**, **-**, **++**, **--**)은 불가능하다.

연습문제 8.2

1. 다음 함수들을 가리킬 수 있는 함수 포인터는 어떻게 선언될 수 있는가?
   ① void func(char ch, int a)
   ② int func2(int *ch)
   ③ double *func3(double *d, int *a)

2. 다음 프로그램에서 잘못된 부분은 무엇인가?

```
1:  #include <stdio.h>
2:  int add(int x);
3:  void func(int a);
4:  int main(void)
5:  {
6:      int (*fp)(int);
7:
8:      fp = add;
9:      printf("add()의 결과 : %d \n", fp(5));
10:     func(add);
11:     return 0;
12: }
13:
14: int add(int x)
15: {
16:     return x+5;
17: }
18:
19: void func(int a)
20: {
21:     printf("결과 : %d \n", a);
22: }
```

8.3 main()의 반환형과 매개변수

main()도 사용자 정의 함수의 한 형태이므로 반환형이나 매개변수를 가질 수 있다. C 표준에서는 main()의 반환형은 int형을 사용하는 것으로 규정되어 있으며, 반환형을 생략할 경우 자동으로 int형으로 처리된다. return문에 의해 main()가 반환하는 값은 프로그램 실행을 끝내면서 운영체제로 전달되며, 정수 0이 반환될 경우 프로그램이 정상적으로 종료되었다는 것을 의미한다.

main()의 매개변수가 없을 경우 void를 사용하며, 기재하지 않을 경우 자동으로 void로 처리된다. 즉, int main(void)와 int main()는 동일한 문장이다. 만일 main()의 매개변수가 void가 아닐 경우에는 다음 형식 중 하나가 사용될 수 있다.

```
int main(int argc)
int main(int argc, char *argv[])
int main(int argc, char **argv)
```

main()의 매개변수에 전달되는 인수는 운영체제에서 프로그램을 수행시킬 때 전달해 주어야 한다. 이와 같이 프로그램을 실행시킬 때 **main()**에 전달되는 인수를 **명령 라인 인수**(command line argument)라 부른다. 예를 들어 DOS의 실행 파일 중 하나인 **rename.exe**는 파일의 이름을 변경할 때 사용되는 명령이며, 이 명령어는 다음과 같이 사용될 수 있다.

```
c:\rename.exe   report.hwp   report.bak
      ①             ②             ③
```

위의 명령은 **report.hwp**라는 파일을 **report.bak**이란 이름으로 변경한다. 여기서 ①, ②, ③이 명령 라인 인수가 되며, 이 인수들이 **rename** 프로그램의 **main()**의 매개변수로 전달된다.

main()의 매개변수 중 **argc**(argument count)에는 **main()**로 전달되는 인수의 개수가 저장된다. 위의 예와 같은 경우에는 3이 **argc**로 전달될 것이다. 이 값은 명령어 라인 인수를 필요로 하는 프로그램에서 인수가 올바르게 입력되었는지를 검사할 때 사용될 수 있다.

main()의 매개변수 중 문자형 포인터 배열 **argv**(argument vector)에는 ①, ②, ③ 인수들의 문자열 **"c:\rename"**, **"report.hwp"**, **"report.bak"**의 포인터가 **argv[0]**, **argv[1]**, **argv[2]**에 각각 저장된다. 여기서 **char *argv[]**는 **char **argv**와 동일한 형태이므로 둘 중 어떤 선언 방식을 사용해도 그 결과는 동일하다.

main()의 매개변수 **argc**, **argv**는 변수 이름이므로 반드시 임의로 작성할 수 있다. 다음 예제를 확인해 보자.

예제 8-7

```
1:  #include <stdio.h>
2:  int main(int argc, char *argv[])
3:  {
4:      int i;
5:
6:      printf("argc : %d \n", argc);
7:      for(i=0; i<argc; i++)
8:          printf("argv[%d] : %s \n", i, argv[i]);
9:      return 0;
10: }
```

⚠ ••• 실행 결과

```
c:\test\test.exe hello there↵
argc : 3
argv[0] : c:\test\test.exe
argv[1] : hello
argv[2] : there
```

위의 실행 결과는 실행 파일의 이름이 **test.exe**이고 실행 파일의 경로가 **c:\test**
일 때의 결과를 나타내고 있으며, 명령 라인 인수의 개수와 인수의 내용들을 출력하고 있
다. 다음 예제는 명령 라인 인수로 전달되는 데이터를 사용하여 산술 연산을 수행한다.

예제 8-8

```
1:  #include <stdio.h>
2:  #include <stdlib.h>
3:  int main(int argc, char *argv[])
4:  {
5:      double fah;
6:
7:      if(argc != 2) {
8:              puts("실행 파일 이름과 섭씨온도를 입력하세요!");
9:              puts("<사용방법 : 실행파일 섭씨온도[enter]>");
10:     }
11:     else {
12:             fah = atof(argv[1])*(9.0/5.0)+32.0;
13:             printf("화씨온도 : %.2f \n", fah);
14:     }
15:     return 0;
16: }
```

⚠ ••• 실행 결과

```
c:\test\test.exe 30↵
화씨온도 : 86.00
```

예제의 7번째 줄에서 명령 라인 인수의 개수가 일치하지 않을 경우 오류 메시지를
출력하며, 인수의 개수가 정확할 경우 11번째 줄 이하를 수행하게 된다. 여기서 문자
열로 입력된 두 번째 인수를 **atof()**를 사용하여 실수로 변환한 다음 계산에 사용하고
있다.

1. 명령 라인 인수로 두 개의 정수를 입력받아 두 정수의 곱을 계산하는 프로그램을 작성하시오.

2. 명령 라인 인수로 암호를 입력받아 암호가 일치할 경우 "PASS"를 출력하고, 암호가 일치하지 않을 경우 "PASSWORD INCORRECT"를 출력하는 프로그램을 작성하시오. 단, 암호는 프로그램 내에서 임의로 정해준다.

8.4 가변 길이 매개변수를 가지는 함수

함수의 형태 중 **printf()**와 같이 매개변수의 개수가 정해져 있지 않은 함수들이 있다. **printf()**는 다음 예와 같이 인수의 개수와 자료형에 상관없이 호출이 가능하다.

```
printf("hello"); // 인수 1개
printf("%d \n", 30); // 인수 2개
printf("%d %f %c \n", 30, 3.14, 'A'); // 인수 4개
```

printf()는 첫 번째 인수를 반드시 문자열 상수나 문자형 포인터(**char ***)를 전달해야 하는데, 이와 같이 그 형태가 고정되어 있는 인수를 **고정 인수**(fixed argument)라 한다. 반면 첫 번째 고정 인수 다음의 두 번째 인수부터는 전달되는 인수의 개수와 자료형이 정해지지 않았으며, 이러한 인수를 **가변 인수**(variable argument)라 부른다. 또한 이러한 가변 인수들을 전달받을 수 있는 함수를 **가변 길이 매개변수**(variable-length argument)를 가지는 함수라 한다. 실제 **printf()**의 원형은 다음과 같이 선언되어 있다.

```
int printf(char *format, ...);
```

printf()의 첫 번째 매개변수는 고정 인수로 전달되는 문자열을 받기위한 문자형 상수 포인터이고, 그 나머지는 매개변수 이름 대신 "..."로 되어 있다. 여기서 "..." 는 매개변수의 자료형과 개수가 가변적임을 뜻하는 **생략 기호**(ellipsis)이며, 매개변수 목록 중 마지막에 자리에서만 사용할 수 있다. 그리고 매개변수 목록 중 생략기호 "..."가 나오기 전에 반드시 하나의 고정 인수를 포함해야 한다. 컴파일러는 "..."

이후의 인수들은 자료형과 개수에 상관없이 그대로 호출되는 함수에 전달하므로 "..." 이후에 전달되는 인수들은 호출되는 함수에서 모두 처리해 주어야 한다.

보통 함수로 전달되는 고정 인수들은 매개변수를 통해 전달 받지만, 가변 인수들은 전달받는 매개변수가 없다. 따라서 이러한 가변 인수들은 전달되는 인수들의 순서대로 순차적으로 읽어 와야 하는데, 이것을 위해 **stdarg.h**에 선언된 매크로 함수들을 사용한다. 함수에 가변 인수가 전달될 경우 처리하는 방법을 간단한 예제를 통해 살펴보도록 하자.

예제 8-9

```
1:  #include <stdio.h>
2:  #include <stdarg.h>
3:  void func(int num, ...);
4:  int main(void)
5:  {
6:      func(1, 2, -1);
7:      func(1, 2, 3, 4, -1);
8:      return 0;
9:  }
10:
11: void func(int num, ...)
12: {
13:     int i=num;
14:     va_list vt;
15:
16:     va_start(vt, num);
17:     while(i != -1) {
18:         printf("%d ", i);
19:         i = va_arg(vt, int);
20:     }
21:     putchar('\n');
22:     va_end(vt);
23: }
```

◑··· 실행 결과

```
1 2
1 2 3 4
```

예제의 6, 7번째 줄에서 **func()**를 호출하고 있으며, 전달되는 인수의 수는 3개와 5개이다. 11번째 줄의 **func()**의 첫 번째 매개변수 **num**은 **int**형 고정 인수를 받기 위해 사용되었으며, 두 번째는 가변 인수를 전달받기 위해 생략기호 "..."를 사용하

였다.

14번째 줄에서 **va_list**형 변수 **vt**를 선언하고 있다. 여기서 자료형 **va_list**는 **char ***을 의미한다. 함수로 전달되는 가변 인수들은 메모리의 한 부분(스택(stack))에 순서대로 저장되는데, **va_list**형 변수 **vt**는 메모리의 가변 인수들을 가리키게 하여 가변 인수들을 순서대로 읽어 오기 위해 사용된다.

> 📖 **참고** 스택(stack)은 메모리 공간을 사용하는 방법 중의 하나를 말한다. 스택은 후입
> 선출(LIFO : Last In First Out) 방식으로 마지막에 입력된 데이터가 먼저
> 출력되는 구조이며, 프로그램 내에서 사용되는 지역 변수(매개변수)나 함수의
> 인수들이 이 방식으로 메모리에 저장된다.

16번째 줄의 **va_start(vt, num);** 문장은 가변 인수를 가리키는 포인터 **vt**를 초기화하기 위한 문장이다. **va_start()**의 첫 번째 인수 포인터 **vt**는 가변 인수들 중 첫 번째 인수를 가리키도록 하기 위해 사용되는데, 이것을 위해 마지막 고정 인수를 전달받는 매개변수의 이름을 넣어준다. **va_start()**는 포인터 **vt**가 고정 인수 다음 번지를 가리키도록 하여 순서대로 가변 인수를 읽을 수 있도록 한다. 예제에서는 마지막 고정 인수가 전달되는 변수 **num**을 **va_list()**의 두 번째 인수로 사용하고 있다. 참고적으로 6번째 줄의 **func()** 호출 후 메모리에 저장되는 고정 인수, 가변 인수의 형태와 **va_start()** 수행 후의 **vt**의 위치는 다음 그림과 같다.

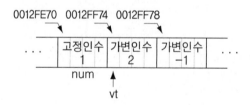

19번째 줄의 **i=va_arg(vt, int);** 문장은 **va_arg()**를 사용하여 포인터 **vt**가 가리키는 위치에서부터 **int**형의 크기만큼을 읽어 변수 **i**에 치환한다. 즉, **va_arg()**의 두 번째 인수는 첫 번째 인수인 포인터 **vt**가 가리키고 있는 가변 인수가 어떤 자료형인지를 알려주어 데이터를 올바르게 읽어올 수 있도록 하는 역할을 한다. 또한 **va_arg()**는 두 번째 인수로 전달되는 자료형의 크기만큼 증가하여 다음 가변 인수의 시작 위치를 가리키게 한다. 따라서 17번째 줄의 **while** 반복문은 **va_arg()**에 의해 가변 인수들을 순서대로 읽어오며, 가변 인수가 -1일 경우 반복문을 종료하게 될 것이다.

22번째 줄의 **va_end(vt);** 문장은 포인터 **vt**를 널 포인터로 초기화하기 위해 사용되는데, 포인터 **vt**는 지역 변수의 일종이므로 함수가 끝나면 자동으로 사라지기 때문에 **va_end()**를 사용하지 않아도 된다.

1. 가변 길이의 매개변수를 가지는 함 **func()**를 만들고, 이 함수를 사용하는 프로그램을 작성하시오. 함수 **func()**는 전달되는 **int**형 값들 중 홀수들을 모두 더하는 기능을 가진다. 단, **func()**의 첫 번째 매개변수는 **int**형 고정 인수이며, 이 매개변수에는 가변 인수의 개수가 전달된다.

> **⬙··· 실행 결과**
>
> ```
> func(3, 1, 3, 5)의 호출 결과 : 9
> func(5, 1, 3, 5, 7, 2)의 호출 결과 : 16
> ```

8.5 자기 호출 함수

자기 호출 함수(recursive function)는 함수 내에서 자신을 다시 호출하는 함수를 의미하며, **재귀 함수** 또는 **순환 함수**라고도 한다. 자기 호출 함수는 자신의 함수 내에서 자신을 다시 호출한다는 것이 일반 함수와의 차이점이다. 자기 호출 함수의 간단한 예제를 살펴보도록 하자.

예제 8-10

```
1:  #include <stdio.h>
2:  void func(int num);
3:  int main(void)
4:  {
5:      func(1);
6:      return 0;
7:  }
8:
9:  void func(int num)
10: {
11:     if(num<4) {
12:         func(num+1);
13:         printf("%d ", num);
14:     }
15: }
```

3 2 1

main()에서 처음 func()가 호출될 때 9번째 줄의 매개변수 num에는 1이 전달된다. 그리고 12번째 줄에서 func()를 다시 호출하게 되는데, 이때 처음 호출된 func()는 종료되지 않은 상태이므로 매개변수 num은 1이 저장된 상태로 메모리(스택)에 계속존재하게 된다.

두 번째 호출된 func()의 num에는 2가 전달되고, 이 변수는 메모리에 새롭게 다시할당된다. 이것은 동일한 함수가 여러 번 호출되더라도 각 호출에 사용되는 매개변수(지역 변수)들은 독립적으로 기억되고 관리되기 때문이다. 두 번째 func()가 호출될때 11번째 줄의 조건문은 num이 2의 값을 가지므로 참이 되고, 12번째 줄의 다시 수행하여 세 번째 func()를 호출하게 된다. 이때 func()에 전달되는 인수는 3이 되며, 이것을 num이 4가 될 때까지 반복하게 된다. num이 4가 되면 11번째 줄의 조건문이 거짓이 되고 이때까지의 메모리의 상태는 아래의 그림과 같다.

메모리(스택)

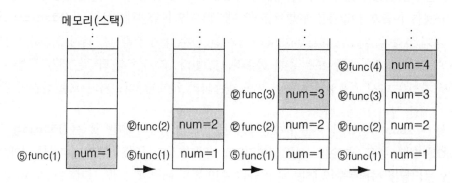

num이 4일 때 11번째 줄의 조건문은 거짓이 되고, func()를 종료하면서 호출한 곳으로 복귀하게 된다. 또한 func()가 종료되면서 이때 사용된 매개변수 num이 메모리에서 삭제되므로, 4의 값을 가지는 num이 사라질 것이다. 함수가 복귀되는 위치는 num이 3일 때 func()의 13번째 줄이 되므로, 이때의 num 값 3을 화면에 출력하게 된다. 그리고 num이 3일 때의 func()가 종료되므로 3의 값을 가지는 매개변수 num이 메모리에서 사라지며, num이 2일 때의 func() 13번째 줄이 다시 수행되어 화면에 2를 출력한다. 이 과정이 처음 func()를 호출할 때 전달된 1을 출력할 때까지 계속되며, 마지막 1을 화면에 출력하고 main()으로 복귀하게 된다. 이 과정을 그림으로 살펴보면 아래와 같다.

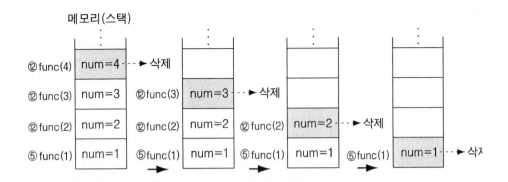

메모리(스택)

자기 호출 함수의 호출 횟수는 메모리(스택)의 크기에 따라 달라지는데, 너무 많은 자기 호출 함수를 사용할 경우 할당된 메모리를 다 소모하게 되므로 프로그램 수행 중 오류(stack overflow)를 발생하게 된다. 반대로 자기 호출 함수의 호출 횟수보다 더 많은 복귀가 수행될 경우 비어 있는 메모리에서 계속 데이터를 꺼내려 할 경우에도 역시 오류(stack underflow)를 일으키게 된다. 따라서 자기 호출 함수의 사용은 항상 호출과 복귀를 수행하는 문장을 주의 깊게 작성할 필요가 있으며, 이것이 잘못될 경우 프로그램이 무한 반복에 빠지거나 프로그램 수행 중 오류를 일으킬 수 있다.

연습문제 8.5

1. 다음 프로그램은 무엇이 잘못되었는가?

```
 1:  #include <stdio.h>
 2:  void func(void);
 3:  int main(void)
 4:  {
 5:      func();
 6:      return 0;
 7:  }
 8:
 9:  void func(void)
10:  {
11:      func();
12:  }
```

2. 1부터 10까지 출력하는 프로그램을 자기 호출 함수를 사용하여 작성하시오.

8.6 전처리 지시어

8.6.1 #include 지시어

　C 프로그램의 소스 코드는 컴파일(compile)과 링크(link) 과정을 거쳐 실행 파일로 생성된다. 여기서 컴파일은 소스 코드를 목적 파일(object file)이라는 기계어로 변경하며, 링크는 컴파일을 통해 생성된 목적 파일과 프로그램 내에서 사용된 라이브러리 함수들의 실제 코드를 결합하여 실행 파일을 생성한다.

　여기서 컴파일 과정을 좀 더 세분화하면 전처리(preprocess)와 컴파일 과정으로 다시 나눌 수 있다. 전처리는 **전처리기**(preprocessor)라는 프로그램에 의해서 컴파일하기 전에 소스 코드를 컴파일하기 쉽도록 재구성한다. 우리가 헤더 파일을 소스 코드에 포함 시킬 때 **#include**를 사용하는데, 전처리는 **#**으로 시작하는 문장의 처리 과정으로 이해할 수 있다.

　이때 **#**으로 시작하는 문장을 **전처리 지시어**(preprocessor directive)라 하며, 이것은 전처리기에게 컴파일 하기 전에 적절한 처리를 요구할 때 사용한다. 전처리 지시어를 포함하는 문장은 컴파일하기 전에 수행되기 때문에 몇 가지 지켜야 하는 규칙이 있다. 첫 번째, 전처리 지시어는 한 행에 하나의 전처리 지시어가 있어야 한다. 두 번째, 주석을 제외한 전처리 문장의 뒤에 실행문을 함께 쓸 수 없다. 세 번째, 전처리 문장은 마지막에 세미콜론(;)을 사용할 수 없다.

　먼저 **#include** 지시어에 대하여 살펴보자. 이 지시어는 **#include** 다음에 기재된 파일을 읽어 현재의 위치에 삽입한다. 예를 들어, **#include <stdio.h>**는 현재의 위치에 **stdio.h** 파일의 내용을 삽입한다. **#include** 지시어를 사용하여 소스 코드에 파일을 포함시키는 방법은 다음과 같은 두 가지 형식이 있다.

- #include <헤더파일>
- #include "헤더파일"

첫 번째 형식과 같이 파일 이름이 < >로 포함될 경우, 컴파일러는 이 파일을 표준 디렉터리에서 찾게 된다. 만일 표준 디렉터리가 지정되어 있지 않을 경우 현재 소스 파일이 저장된 디렉터리에서 찾는다. 두 번째 형식과 같이 파일 이름이 큰 따옴표 " "로 포함될 경우, 컴파일러는 이 파일을 소스 파일이 저장된 현재 디렉터리에서 찾게 된다. 이 형식은 사용자 정의 헤더 파일을 프로그램에서 사용할 경우 사용되는 방법이다.

소스 코드에 포함시킬 헤더 파일은 반드시 ".h"의 확장자를 가질 필요는 없으며, 경우에 따라 임의의 확장자로 끝나는 파일을 포함시킬 수도 있다. **#include** 전처리 지시어의 선언 위치는 프로그램 내의 어떤 위치에 있어도 관계없지만, 일반적으로 프로그램의 시작 부분에 선언해 준다.

8.6.2 #define 지시어

#define 지시어는 값(상수), 연산자, 변수들로 구성된 기호들(매크로)을 미리 정의된 다른 문자열로 대치하기 위해 사용한다. 이것을 **매크로 대치**(macro substitution)라 하며, **#define** 지시어를 사용한 매크로 대치는 매크로 상수 대치와 매크로 함수 대치가 있고, 두 대치 방법의 기본 형식은 다음과 같다.

```
#define 매크로_이름 실제_값
```

위 형식에서 **#define**, **매크로_이름**, **실제_값** 사이에는 하나 이상의 공백을 두어야 한다. 위의 문장은 프로그램 내에서 매크로 이름으로 정의된 모든 기호들은 매크로 이름 다음의 실제 값으로 대치된다. **#define** 지시어는 실행문이 아니므로 문장의 마지막에 세미콜론(;)을 사용하지 않는다. 먼저 매크로 상수 대치에 관하여 살펴보자.

● 매크로 상수 대치

매크로 상수는 프로그램 내에서 사용되는 기호들을 다른 이름으로 정의하여 사용하는 것을 말한다. 매크로 상수를 사용하게 되면 프로그램의 의미가 명확해지고, 프로그램의 수정이 쉽다는 장점이 있다. 다음 예제를 살펴보자.

예제 8-11

```
1:  #include <stdio.h>
2:  #define PI 3.14
3:  int main(void)
4:  {
5:      double radi;
6:      double cir;
```

```
 7:
 8:    printf("반지름 입력: ");
 9:    scanf("%lf", &radi);
10:    cir = 2.0 * PI * radi;
11:    printf("원의 둘레 : %.2f \n", cir);
12:    return 0;
13: }
```

❶••• 실행 결과

반지름 입력 : 5↵
원의 둘레 : 31.40

예제 2번째 줄의 **#define PI 3.14**는 매크로 상수 PI를 3.14로 정의하였다. 따라서 10번째 줄의 계산식에서 **PI**는 실제 값 3.14로 대치된다. 위의 예와 같이 매크로 대치를 사용할 경우 계산에 사용되는 값이 π 라는 것을 쉽게 이해할 수 있다.

다음 예제와 같이 매크로 상수를 적절히 잘 사용할 경우, 프로그램의 수정이 매우 간단해 질 수 있다.

예제 8-12

```
 1: #include <stdio.h>
 2: #define MAX 10
 3: int main(void)
 4: {
 5:    int i, j;
 6:    int m, sum=0;
 7:
 8:    printf("정수 입력:");
 9:    scanf("%d", &m);
10:    if(m>MAX) return 0;
11:    for(i=m; i<MAX; i++)
12:     for(j=m; j<MAX; j++) {
13:        sum = sum + (i + j);
14:         if(sum > MAX*MAX) break;
15:     }
16:    printf("%d \n", sum*MAX);
17:    return 0;
18: }
```

```
 1: #include <stdio.h>
 2: int main(void)
 3: {
 4:    int i, j;
 5:    int m, sum=0;
 6:
 7:    printf("정수 입력:");
 8:    scanf("%d", &m);
 9:    if(m>10) return 0;
10:    for(i=m; i<10; i++)
11:     for(j=m; j<10; j++) {
12:        sum = sum + (i + j);
13:         if(sum > 10*10) break;
14:     }
15:    printf("%d \n", sum*10);
16:    return 0;
17: }
```

왼쪽 예제에서 매크로 상수 **MAX**를 10으로 정의하였다. 만일 이 값을 20으로 변경하고자 한다면, **MAX**의 실제 값만 20으로 변경하면 프로그램에서 사용된 모든 **MAX**가 20으로 변경된다. 그러나 오른쪽 예제의 경우 프로그램에서 사용된 모든 상수 10을 하나씩 변경해야 하므로 매우 번거롭게 된다.

전처리기는 **#define** 지시어에서 사용되는 매크로 상수의 실제 값을 문자열로만 처리하며, 실제 자료형은 프로그램 컴파일시 결정된다.

매크로 상수 이름은 대·소문자를 혼용하여 사용할 수 있지만, 다른 식별자들과의 구분을 위해 일반적으로 대문자만을 사용한다. 또한 다른 매크로 상수 이름은 프로그램 내의 다른 명칭들과 중복될 수 없으며, 숫자가 처음에 오거나 공백을 포함할 수 없다.

매크로 상수 이름이 변수의 일부분에 포함되거나, 다음 예와 같이 문자열 내에 포함되어 있을 경우에는 대치되지 않는다.

```
#define VAL 5
printf("Result : VAL");    // printf("Result : 5");로 변환되지 않음
```

#define 지시어는 선언 위치에 영향을 받지 않는다. 따라서 프로그램 내의 어떤 위치에서든 한 번만 선언되면 프로그램 어디에서든지 사용할 수 있다.

● 매크로 함수 대치

매크로 함수는 **#define**을 사용하여 함수의 기능을 수행하는 매크로를 만드는 것이다. 매크로 함수는 함수의 사용법과 매우 유사하게 인수를 전달할 수도 있고, 계산된 값을 반환할 수도 있다. 다음 예제를 살펴보자.

예제 8-13

```
1:  #include <stdio.h>
2:  #define DOUBLE(x) ((x)+(x))
3:  int main(void)
4:  {
5:      int num, result;
6:
7:      printf("정수 입력 : ");
8:      scanf("%d", &num);
9:      result = DOUBLE(num);
10:     printf("결과 1 : %d \n", result);
11:     printf("결과 2 : %.3f \n", DOUBLE(3.14));
12:     return 0;
13: }
```

예제 2번째 줄의 매크로 함수 **DOUBLE**은 인수로 전달되는 **x**를 **((x)+(x))**로 대치한다. 따라서 9번째 줄의 문장은 **result = ((num)+(num));**로, 11번째 줄의 **DOUBLE(3.14)**는 **((3.14)+(3.14))**로 대치된다.

위의 예제에서와 같이 매크로 함수의 수식과 수식에서 사용되는 변수들은 다음 예와 같은 문제점을 방지하기 위해 괄호로 묶어주는 것이 좋다.

```
#define DOUBLE (X) X+X
#define DOUBLE2 (X) (X*X)
printf("%d", -DOUBLE(5)); // -5+5로 대치되어 -10이 아닌 0을 출력
printf("%d", DOUBLE2(3+5)); // (8*8)이 아닌 (3+5*3+5)로 대치되어 23을 출력
```

또한 다음 예와 같이 매크로 함수에서 증감 연산자는 주의해서 사용해야 한다.

```
#define DOUBLE(x) ((x)+(x))
printf("%d", DOUBLE(num++)); // ((num++)+(num++))로 대치되어, num이 2 증가
```

연습문제 8.6

1. 다음 매크로 상수 선언문은 올바른가? 틀리다면 그 이유는 무엇인가?

   ① #define MAX 100;

   ② #define 2PI 6.28

   ③ #define MESSAGE "Good Morning"

2. 다음 프로그램은 올바른가?

```
1:  #include <stdio.h>
2:  int main(void)
3:  {
4:  #define MAX 100
5:      printf("%d \n", MAX);
6:      return 0;
7:  }
```

3. 다음 프로그램은 출력 결과는 무엇인가?

```c
1:  #include <stdio.h>
2:  #define A 5
3:  #define B 8
4:  #define C A+B
5:  int main(void)
6:  {
7:      printf("결과 : %d \n", C*C);
8:      return 0;
9:  }
```

Chapter 08

Chapter 09

Chapter 10

Chapter 11

Chapter 12

Chapter 13

부록

1. 다음 프로그램은 함수 포인터의 사용 예제이다. 프로그램의 실행 결과는 무엇인가?

```
1:  #include <stdio.h>
2:  void func(int a);
3:  void func2(void (*f)(int), int a);
4:  int main(void)
5:  {
6:      func2(func, 10);
7:      return 0;
8: }
9:
10: void func(int a)
11: {
12:     printf("결과 : %d \n", a);
13: }
14:
15: void func2(void (*f)(int), int a)
16: {
17:     f(a);
18: }
```

2. 다음 프로그램은 함수 포인터의 사용 예제이다. 프로그램의 실행 결과는 무엇인가?

```
1:  #include <stdio.h>
2:  void func1(void);
3:  void func2(void);
4:  void func3(void);
5:  int main(void)
6:  {
7:      int i = 0;
8:      void (*funcp[3])() = {func1, func2, func3};
9:
10:     for(i=0; i<3; i++) funcp[i]();
11:     return 0;
12: }
13:
14: void func1(void)
15: {
16:     puts("The");
17: }
```

```
18:
19: void func2(void)
20: {
21:     puts("Program");
22: }
23:
24: void func3(void)
25: {
26:     puts("Language");
27: }
```

3. 명령 라인 인수로 세 개의 단어를 입력받아 실행 결과와 같이 각 단어를 사전 순서로 정렬하시오. 이때 각 단어의 첫 번째 문자에 의해서 출력 순서가 결정된다.

❶ ⋯ 실행 결과

c:\test\test The Program Language↵
결과 : Language Program The

4. 사용자로부터 하나의 정수를 입력받고, 자기 호출 함수를 사용하여 1부터 입력받은 수까지 더하는 프로그램을 작성하시오.

5. 두 개의 정수를 인수로 받아 두 수의 곱을 계산해 주는 매크로 함수 **MULTI**를 정의하고, 이 매크로 함수를 사용하는 프로그램을 작성하시오.

6. 두 개의 정수를 인수로 받아 큰 수 반환하는 매크로 함수 **MAX**를 조건 연산자 **?**를 사용하여 정의하고, 이 매크로 함수를 사용하는 프로그램을 작성하시오.

7. 다음의 기능을 가지는 매크로 함수를 정의하시오.
   ① **PERCENT(x, y)** : y에 대한 x의 100분 율을 계산하는 매크로 함수
   ② **ABS(x)** : x의 절대치를 계산하는 매크로 함수
   ③ **ISODD(x)** : x가 홀수인지 판정하는 매크로 함수
   ④ **ROUNDOFF(x)** : x의 소수 아래 첫 자리에서 반올림하는 매크로 함수

8. 2부터 10까지의 수를 제곱한 결과와 네제곱한 결과를 출력하는 프로그램을 작성하시오. 이때 수의 제곱을 출력하는 **SQUARE()** 매크로를 작성하고, 이 매크로 함수만 사용하여 각 수의 제곱과 네제곱을 계산하도록 하시오.

C 언어 프로그래밍

Chapter 09

구조체

사용자가 직접 자료형을 정의하여 사용하는 사용자 정의 자료형(user defined data type)은 기본 자료형으로 표현할 수 없는 복잡한 형태의 데이터를 표현하는 데 사용하며, 이러한 사용자 정의 자료형을 구조체라 한다. 이 장에서는 구조체의 정의와 다양한 사용법에 관하여 알아보고, 메모리를 공유해서 사용하는 공용체에 대해서도 살펴본다.

9.1 구조체의 정의

9.1.1 구조체 정의와 구조체 변수 선언

구조체(structure)는 "서로 다른 변수들의 집합"으로 정의할 수 있다. 예를 들면 "학생"이라는 정보를 구성하는 이름, 학번, 나이, 학과 등은 한 가지 자료형 만으로는 표현이 불가능하다. 이와 같이 하나의 정보를 표현하기 위해 관련성 있는 서로 다른 크기의 자료형들을 하나로 묶어 사용할 수 있는 자료형을 구조체라 한다.

구조체를 사용하기 위해서는 구조체를 정의하고, 정의된 구조체의 변수를 선언해야 한다. 먼저 구조체의 정의 형식은 다음과 같다.

```
struct 태그_이름 {
    자료형 변수_이름1;
    자료형 변수_이름2;
              :
    자료형 변수_이름N;
};
```

키워드 **struct**는 구조체 정의를 알리는 역할을 한다. **struct** 다음의 태그 이름은 생성되는 구조체의 자료형 이름이 된다. 그리고 코드 블록 { } 내에 구조체를 구성하는 변수들을 선언하며, 구조체 내에 선언되는 변수들을 구조체의 **멤버**(member)라 한다. 예를 들어 "학생"이라는 정보를 구조체로 표현한다면 다음과 같이 작성할 수 있다.

```
struct student {
    char name[12];
    char id[10];
    unsigned age;
    char dept[20];
};
```

이와 같이 정의된 구조체의 자료형은 **student**형이 되고, 4개의 구조체 멤버 변수를 가진다. 이 문장은 **student**라는 사용자 정의 자료형을 생성한 것이며, 이 구조체를 사용하기 위해서는 **student**형의 변수를 선언해야 한다. **student**형 구조체 변수를 선언하기 위한 방법은 다음 예제와 같이 두 가지 형태가 있다.

예제 9-1

```
1:  #include <stdio.h>
2:  struct student {
3:      char name[12];
4:      char id[10];
5:      unsigned int age;
6:      char dept[20];
7:  } s1, s2; //구조체 전역 변수 선언
8:
9:  int main(void)
10: {
11:     ...
12:     return 0;
13: }
```

```
1:  #include <stdio.h>
2:  struct student {
3:      char name[12];
4:      char id[10];
5:      unsigned int age;
6:      char dept[20];
7:  };
8:
9:  int main(void)
10: {
11:     struct student s1, s2;
12:     ...
13:     return 0;
14: }
```

왼쪽 예제 2 ~ 7번째 줄에서는 구조체 **student**의 정의와 구조체 변수 **s1, s2** 선언을 동시에 수행한다. 오른쪽 예제에서는 구조체의 정의와 구조체 변수의 선언을 분리하여 2 ~ 7번째 줄에서 구조체 **student**를 정의하고, 11번째 줄에서 구조체 지역 변수 **s1, s2**를 선언한다. 오른쪽 예제와 같이 구조체 변수의 선언이 분리될 경우, 11번째 줄과 같이 **student** 자료형 앞에 키워드 **struct**를 사용하여 이 변수가 구조체 자료형임을 알려주어야 한다.

두 예제의 변수 **s1, s2**는 아래의 그림과 같이 각각 4개의 멤버 변수들을 가지는 구조체 변수로 메모리에 생성된다.

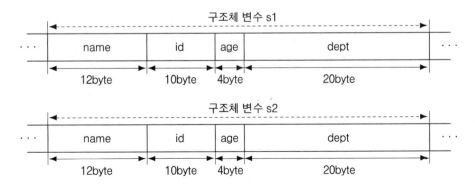

참고　구조체 변수를 구조체 정의와 별도로 선언할 경우 C에서는 구조체 변수의 선언에서
키워드 **struct**을 반드시 사용해야 하나, C++에서는 키워드 **struct** 없이 태그
이름만으로도 구조체 변수를 선언할 수 있다.

① **struct student s1, s2, s3;** // C 형식

② **student s1, s2, s3;** // C++ 형식

9.1.2 구조체 변수의 사용

구조체 변수는 하나 이상의 멤버 변수들이 모여 있는 형태이므로 구조체 변수 자체를
사용할 수는 없으며, 구조체가 포함하고 있는 구조체 멤버 변수를 사용해야 한다. 구조
체 멤버 변수를 사용하기 위해서는 다음 예제와 같이 구조체 **멤버**(member) 또는 **도트**
(dot) **연산자**라 부르는 마침표(.)를 이용하여, **"구조체_변수_이름.멤버_변수"** 형태
로 사용한다.

예제 9-2

```
1:  #include <stdio.h>
2:  #include <string.h>
3:  struct student {
4:      char name[12];
5:      char id[10];
6:      unsigned int age;
7:      char dept[20];
8:  };
9:  int main(void)
10: {
11:     struct student s1;
12:
13:     strcpy(s1.name, "홍길동");
14:     strcpy(s1.id, "12345678");
15:     s1.age = 21;
16:     strcpy(s1.dept, "전자공학과");
17:     printf("이름 : %s, 학번 : %s \n", s1.name, s1.id);
18:     printf("나이 : %d, 학과 : %s \n", s1.age, s1.dept);
19:     return 0;
20: }
```

---

❶ ··· 실행 결과

이름 : 홍길동, 학번 : 12345678
나이 : 21, 학과 : 전자공학과

● **구조체 변수의 초기화**

구조체 변수도 변수의 선언과 동시에 초기값을 줄 수 있다. 구조체 변수의 초기화는 초기화 할 데이터를 중괄호 { } 내에 구조체 멤버 변수의 나열 순서대로 차례로 기재한다. 다음 예제로 확인해 보자.

예제 9-3

```
1:  #include <stdio.h>
2:  struct student {
3:      char name[12];
4:      char id[10];
5:      unsigned int age;
6:      char dept[20];
7:  };
8:  int main(void)
9:  {
10:     struct student s1 = {"홍길동", "12345678", 21, "전자공학과"};
11:
12:     printf("이름 : %s, 학번 : %s \n", s1.name, s1.id);
13:     printf("나이 : %d, 학과 : %s \n", s1.age, s1.dept);
14:     return 0;
15: }
```

---

❶•••• 실행 결과

```
이름 : 홍길동, 학번 : 12345678
나이 : 21, 학과 : 전자공학과
```

예제에서와 같이 각 초기값들을 구조체의 멤버 변수 순서에 맞춰 기재하며, 초기값이 없는 멤버 변수는 0으로 초기화 된다.

선언된 구조체 변수가 지역 변수일 때 멤버 변수의 초기값이 존재하지 않으면, 각 멤버 변수는 쓰레기 값으로 초기화 된다. 만일 구조체 변수가 전역 변수이고 멤버 변수의 초기값이 존재하지 않으면 0으로 초기화 된다. 또한 다음과 같이 구조체 정의문에서 멤버 변수에 초기값을 부여할 수 없다.

```
    struct student {
        char name[12] = "홍길동";   //오류
        char id[10] = "12345678";   //오류
        unsigned age = 21;   //오류
        char dept[20] = "전자공학과";   //오류
    };
```

구조체 변수들은 일반 변수와 마찬가지로 서로 치환 연산이 가능하며, 함수의 인수나 반환값으로 아무런 제약 없이 사용할 수 있다. 구조체 변수들 끼리 치환 연산이 수행될 경우 다음 예제에서와 같이 두 구조체 변수의 멤버들은 모두 동일한 값을 가지게 된다.

예제 9-4

```
1:  #include <stdio.h>
2:  struct student {
3:      char name[12];
4:      char id[10];
5:      unsigned int age;
6:      char dept[20];
7:  };
8:  int main(void)
9:  {
10:     struct student s1, s2 = {"홍길동", "12345678", 21, "전자공학과"};
11:     s1 = s2;
12:     printf("이름 : %s, 학번 : %s \n", s1.name, s1.id);
13:     printf("나이 : %d, 학과 : %s \n", s1.age, s1.dept);
14:     return 0;
15: }
```

❶ ••• 실행 결과

```
이름 : 홍길동, 학번 : 12345678
나이 : 21, 학과 : 전자공학과
```

구조체의 멤버 변수 이름과 지역, 전역 변수의 이름은 동일할 수 있다. 이것은 구조체 멤버 변수가 사용될 때 항상 구조체 변수와 함께 사용되기 때문에 동일한 이름의 다른 변수들과 구분할 수 있기 때문이다.

연습문제 9.1

1. 다음 프로그램은 무엇이 잘못되었는가? 잘못된 부분을 수정하시오.

```
1:  #include <stdio.h>
2:  struct student {
3:      char name[15];
4:      int age;
5:  };
6:  int main(void)
```

```
7:  {
8:      student.name = "Hong Gil-Dong";
9:      student.age = 21;
10:     printf("%s, %d \n", student.name, student.age);
11:     return 0;
12: }
```

2. 다음 표와 같은 멤버들을 가지는 구조체 **company**를 정의하고, 구조체 변수 **ca**를 선
   언하시오. 그리고 구조체 변수 **ca**를 오른쪽 데이터로 초기화하고, 각 항목을 출력하
   는 프로그램을 작성하시오.

항목	구조체 멤버 변수	데이터
회사명	char c_name[15]	Hankook Corp.
근로자수	int emp	2000명
수출금액	int exp	100억
이익률	double rate	8.8%

9.2 구조체 배열

구조체 배열은 구조체 변수들의 집합으로 생각할 수 있다. 만일 **student**형의 구조체
변수 3개를 요소로 하는 1차원 구조체 배열 **sa**는 다음 예제와 같이 선언한다.

예제 9-5

```
1:  #include <stdio.h>
2:  struct student {
3:      char name[12];
4:      char id[10];
5:      unsigned int age;
6:      char dept[20];
7:  };
8:  int main(void)
9:  {
10:     struct student sa[3];
11:     ...
12:     return 0;
13: }
```

예제의 10번째 줄과 같이 구조체 배열 **sa**의 크기가 3이므로 배열 **sa**는 아래의 그림과 같이 메모리에 생성된다.

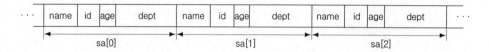

위의 그림과 같이 각 배열의 요소 내에 구조체의 멤버 변수가 존재하므로, 각 구조체 배열의 요소에 데이터를 읽고, 쓰기 위해서는 다음 예제에서와 같이 배열의 색인과 '.' 연산자를 함께 사용한다.

예제 9-6

```
1:  #include <stdio.h>
2:  #include <string.h>
3:  struct student {
4:      char name[12];
5:      char id[10];
6:      unsigned int age;
7:      char dept[20];
8:  };
9:  int main(void)
10: {
11:     struct student sa[3];
12:
13:     strcpy(sa[0].name, "홍길동");
14:     strcpy(sa[0].id, "12345678");
15:     sa[0].age = 21;
16:     strcpy(sa[0].dept, "전자공학과");
17:          ...
18:     return 0;
19: }
```

위 예제에서 구조체 배열 **sa[0]**에는 다음 그림과 같이 데이터가 저장된다.

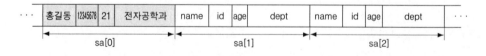

선언된 구조체 배열은 구조체 멤버에 접근하는 방법만 차이가 있을 뿐, 일반적인 배열과 사용법이 동일하다. 다음 예제는 구조체 배열의 사용 방법을 보여준다.

```
1:  #include <stdio.h>
2:  struct student {
3:      char name[12];
4:      char id[10];
5:  };
6:  int main(void)
7:  {
8:      struct student sa[3];
9:      int i;
10:
11:     for(i=0; i<3; i++) {
12:             printf("%d 학생의 이름 : ", i+1);
13:             gets(sa[i].name);
14:             printf("%d 학생의 학번 : ", i+1);
15:             gets(sa[i].id);
16:     }
17:     for(i=0; i<3; i++) {
18:             printf("%d 학생의 이름 : %s \n", i+1, sa[i].name);
19:             printf("%d 학생의 학번 : %s \n", i+1, sa[i].id);
20:     }
21:     return 0;
22: }
```

구조체 배열의 선언에서 각 요소에 초기값을 부여할 수 있다. 이러한 구조체 배열의 초기화는 배열의 초기화와 매우 유사하며, 각 멤버 변수의 나열 순서대로 초기값들을 기재한다.

예제 9-8

```
1:  #include <stdio.h>
2:  struct student {
3:      char name[12];
4:      char id[10];
5:      unsigned int age;
6:      char dept[20];
7:  };
8:  int main(void)
9:  {
10:     struct student sa[3] = {{"홍길동", "123456", 21, "전자공학과"},
11:                             {"김철수", "123457", 22, "전자공학과"},
12:                             {"김영희", "123458", 20, "전자공학과"}};
13:                 ...
14:     return 0;
15: }
```

위 예제의 초기화가 수행될 경우 구조체 배열 **sa**의 각 요소는 아래의 그림과 같이 초기화된다.

| ... | 홍길동 | 123456 | 21 | 전자공학과 | 김철수 | 123457 | 22 | 전자공학과 | 김영희 | 123458 | 20 | 전자공학과 | ... |

sa[0]   sa[1]   sa[2]

연습문제 9.2

1. 다음 프로그램의 잘못된 부분을 수정하시오.

```
 1:  #include <stdio.h>
 2:  #include <string.h>
 3:  struct student {
 4:      char name[15];
 5:      int age;
 6:  };
 7:  int main(void)
 8:  {
 9:      struct student s[3];
10:
11:      strcpy(s.name[1], "홍길동");
12:      s.age[1] = 21;
13:      printf("%s, %d \n", s.name[1], s.age[1]);
14:      return 0;
15:  }
```

2. 다음 표와 같은 멤버들을 가지는 구조체 **company**를 정의하고, 구조체 배열 **ca[3]**을 선언하시오. 그리고 구조체 배열 **ca**의 각 요소를 표의 데이터로 초기화하고, 전체 데이터를 출력하는 프로그램을 작성하시오.

항목	구조체 멤버 변수	ca[0]	ca[1]	ca[2]
회사명	char c_name[15]	Hankook Corp.	Japan Corp.	USA Corp.
근로자수	int emp	2000명	1200명	1000명
수출금액	int exp	100억	80억	50억
이익률	double rate	8.8%	7.0%	7.7%

9.3 구조체 포인터

구조체 포인터

9.3.1 구조체 포인터 변수

　구조체 포인터는 구조체 자료형의 변수를 가리키기 위해 사용된다. 다음 예제는 구조체 포인터 변수의 선언과 그 사용 방법을 보여준다.

예제 9-9

```
1:  #include <stdio.h>
2:  #include <string.h>
3:  struct student {
4:      char name[12];
5:      unsigned int age;
6:  };
7:  int main(void)
8:  {
9:      struct student s;
10:     struct student *sp; //구조체 포인터 변수의 선언
11:
12:     sp = &s;
13:     strcpy((*sp).name, "홍길동");
14:     (*sp).age = 21;
15:     printf("%s, %d \n", (*sp).name, (*sp).age);
16:     return 0;
17: }
```

●••• 실행 결과

홍길동, 21

　10번째 줄에서 **student**형 구조체 포인터(**student ***) 변수 **sp**가 선언되고, 12번째 줄에서 **student**형 구조체 변수 **s**의 주소를 **sp**에 치환한다. 따라서 구조체 포인터 **sp**는 구조체 변수 **s**를 가리키게 되며, **student *** 변수 **sp**를 사용하여 변수 **s**에 접근할 수 있다.

　student * 변수 **sp**에 간접 연산자 *****를 사용하면 **sp**가 가리키는 변수를 참조할 수 있으며, 13번째 줄의 **(*sp).name**은 **s.name**과 동일한 문장이 된다. 이 멤버 연산자 (**.**)가 간접 연산자(*****) 보다 우선순위가 높기 때문에 괄호를 생략할 경우 ***sp.name**는 ***(sp.name)**과 동일한 문장이 되어 오류가 된다.

구조체 포인터와 화살표(->) 연산자

구조체 포인터를 사용하여 구조체 멤버를 참조하는 **(*sp).name**와 같은 문장은 빈번히 사용되는 문장이지만 보기에 복잡해 보이며 프로그램의 가독성을 떨어뜨린다. C에서는 구조체 포인터를 사용하여 멤버 변수에 접근할 수 있는 별도의 **포인터 멤버 접근 연산자 '->'**를 제공하며, 연산자의 모양이 화살표와 비슷하다하여 **화살표 연산자**(arrow operator)라 부르기도 한다. **(*sp).name** 문장을 포인터 멤버 접근 연산자를 사용하여 고쳐 쓰면 **sp->name**과 같다.

```
(*sp).name ⇔ sp -> name
```

포인터 멤버 접근 연산자를 사용하여 위의 예제 13~15번째 줄을 다시 작성하면 다음과 같다.

```
13:    strcpy(sp->name, "홍길동");
14:    sp->age = 21;
15:    printf("%s, %d \n", sp->name, sp->age);
```

9.3.2 배열과 포인터

구조체 배열을 구조체 포인터를 사용하여 접근할 수 있다. 이것은 구조체 배열 이름이 구조체 배열의 포인터를 의미하는 상수이기 때문이다. 다음의 예제는 구조체 배열을 구조체 포인터로 접근하는 방법을 보여준다.

예제 9-10

```
1:  #include <stdio.h>
2:  struct student {
3:      int no;
4:      int kor, eng;
5:      int sum;
6:  };
7:  int main(void)
8:  {
9:      struct student exam[3];
10:     struct student *ep = exam;
11:     int j;
12:
13:     for(j=0; j<3; j++) {
```

```
14:          printf("번호 : ");
15:          scanf("%d", &ep->no);
16:          printf("국어 : ");
17:          scanf("%d", &ep->kor);
18:          printf("영어 : ");
19:          scanf("%d", &ep->eng);
20:          ep++;
21:      }
22:      ep=exam; //ep가 다시 exam[0]를 가리키게 함.
23:      for(j=0; j<3; j++) {
24:          ep->sum = ep->kor + ep->eng;
25:          ep++;
26:      }
27:      ep=exam; //ep가 다시 exam[0]를 가리키게 함.
28:      for(j=0; j<3; j++) {
29:        printf("번호 : %d, 총점 : %d \n", ep->no, ep->sum);
30:        ep++;
31:      }
32:      return 0;
33: }
```

10번째 줄에서 **student *** 변수 **ep**는 구조체 배열 **exam**을 가리키게 된다. 13 ~ 21 번째 줄에서 입력되는 데이터는 배열 **exam[0]**부터 저장되며, 20번째 줄에서 **ep++**를 수행하여 배열의 다음 요소를 가리키게 한다. **ep++**는 포인터 연산이므로 구조체 **student** 형의 크기 16만큼 증가하여 **exam[1]**을 가리키게 된다.

● 포인터 멤버 변수를 가지는 구조체

구조체 멤버 변수가 다른 구조체 변수의 포인터일 경우, 다음 예제에서와 같이 멤버 연산자 '**.**'와 포인터 멤버 접근 연산자 '**->**'를 함께 사용한다.

예제 9-11

```
1: #include <stdio.h>
2: struct student {
3:     char name[12];
4:     unsigned int age;
5: };
6: struct univ {
7:     char uname[20];
8:     char dept[20];
```

```
9:        struct student *sp;
10: };
11: int main(void)
12: {
13:        struct student st = {"홍길동", 21};
14:        struct univ uv = {"한구대학교", "전자공학과", &st};
15:
16:        printf("학교 : %s, 학과 : %s \n", uv.uname, uv.dept);
17:        printf("이름 : %s, 나이 : %d \n", uv.sp->name, uv.sp->age);
18:        return 0;
19: }
```

예제에서 두 개의 구조체 **student, univ**가 정의되고, 구조체 **univ**의 멤버 변수 **sp**는 **student *** 변수로 선언되었다. 이 변수는 14번째 줄에서 **student**형 구조체 변수 **st**의 주소로 초기화된다. 이 경우 구조체 변수 **uv**를 이용하여 구조체 **student**에 접근하기 위해서는 17번째 줄과 같이 먼저 변수 **uv**의 구조체 포인터 **sp**에 멤버 연산자 '**.**'로 접근한 다음, 포인터 멤버 연산자 '**->**'를 사용하여 **student**의 각 멤버에 접근한다.

● 구조체 포인터 배열

구조체 포인터 배열은 구조체를 가리킬 수 있는 포인터들을 배열의 요소로 한다. 예제를 통해 살펴보자.

예제 9-12

```
1:  #include <stdio.h>
2:  #include <string.h>
3:  struct student {
4:      char name[12];
5:      unsigned int age;
6:  };
7:  int main(void)
8:  {
9:      struct student s1, s2, s3;
10:     struct student *spa[3] = {&s1, &s2, &s3};
11:
12:     strcpy(spa[0]->name, "홍길동");
13:     spa[0]->age = 21;
14:     printf("%s, %d \n", s1.name, s1.age);
15:     return 0;
16: }
```

홍길동, 21

10번째 줄에 선언된 **student *** 배열 **spa**의 각 요소 **spa[0], spa[1], spa[2]**에는 구조체 변수 **s1, s2, s3**의 포인터로 초기화된다. 여기서 **spa[0]**를 사용하여 구조체 변수 **s1**의 멤버 **name**에 접근하기 위해서는 12번째 줄과 같이 **spa[0]->name**의 형태로 사용한다.

구조체 포인터 배열의 각 요소가 구조체 변수를 가리키는 포인터이므로 기본적인 사용 방법은 구조체 포인터와 크게 다르지 않다.

연습문제 9.3

1. 다음 프로그램의 잘못된 부분은 무엇인가?

```
 1:  #include <stdio.h>
 2:  struct student {
 3:     char name[15];
 4:     int age;
 5:  }s, *sp;
 6:  int main(void)
 7:  {
 8:     sp = &s;
 9:     sp.age = 21;
10:     printf("%d \n", s.age);
11:     return 0;
12: }
```

2. 예제 9-10을 수정하여 10명의 학생에 대한 번호, 구어, 영어, 수학 점수를 입력받아 각 학생별 총점과 평균 성적을 출력하는 프로그램을 작성하시오.

9.4 구조체와 함수

구조체 매개변수

구조체 변수를 함수의 호출시 인수로 전달하거나 함수의 반환값으로 사용할 수 있다. 먼저 값에 의한 호출 방식으로 구조체 변수를 함수에 전달하는 예제를 살펴보자.

예제 9-13

```
1:  #include <stdio.h>
2:  struct student {
3:      char name[12];
4:      unsigned int age;
5:  };
6:  void func(struct student sp); //func()의 원형
7:  int main(void)
8:  {
9:      struct student s = {"홍길동", 21};
10:     func(s);  //call by value
11:     return 0;
12: }
13:
14: void func(struct student sp)
15: {
16:    printf("%s, %d \n", sp.name, sp.age);
17: }
```

●••• 실행 결과

홍길동, 21

10번째 줄의 **func()** 호출에서 구조체 변수 **s**를 인수로 전달한다. 14번째 줄의 **func()**의 매개변수는 인수를 전달받기 위한 **student**형의 매개변수 **sp**가 선언되었다.

위의 예제와 같이 구조체 매개변수를 가지는 함수의 원형은 구조체 정의문 다음에 와야 한다. 만일 구조체 정의문 이전에 구조체 매개변수를 가지는 함수의 원형이 작성되어 있을 경우, 컴파일러는 사용된 구조체가 어떠한 형태인지를 알 수 없기 때문에 오류를 출력한다.

> 📖 **참고**　배열은 값에 의한 호출 방법으로 함수에 전달될 수 없으나, 위의 예제에서와 같이 구조체 내에 배열이 포함되어 있으면, 배열의 값을 값에 의한 호출 방법으로 전달할 수 있다.

위의 예제를 참조에 의한 호출 방식으로 작성할 경우 다음 예제와 같다.

예제 9-14

```c
1:  #include <stdio.h>
2:  struct student {
3:      char name[12];
4:      unsigned int age;
5:  };
6:  void func(struct student *sp);
7:  int main(void)
8:  {
9:      struct student s = {"홍길동", 21};
10:     func(&s); // call by reference
11:     return 0;
12: }
13:
14: void func(struct student *sp)
15: {
16:     printf("%s, %d \n", sp->name, sp->age);
17: }
```

---

❶ ⋯ 실행 결과

홍길동, 21

10번째 줄에서 **student**형 구조체 변수 **s**의 포인터를 **func()**에 전달한다. 따라서 이 인수를 전달받는 매개변수는 14번째 줄과 같이 **student *** 매개변수가 되어야 한다. 이 경우 16번째 줄에서 참조하고 있는 값들은 9번째 줄에 선언된 구조체 변수 **s**의 값이 된다.

● 구조체를 참조에 의한 호출 방식으로 전달할 때의 장점

구조체 변수를 값에 의한 호출 방식으로 전달하는 것은 구조체 변수를 구조체 매개변수에 복사해 주는 방식이므로 구조체 변수가 많은 메모리를 사용할 경우 구조체 매개변수 역시 그것과 동일한 크기의 메모리를 필요로 한다.

반면 참조에 의한 호출 방식을 사용할 경우 구조체의 포인터만 전달하기 때문에 구조체 변수의 크기와 상관없이 구조체 포인터 매개변수의 크기는 4바이트로 고정된다. 또한 수행 속도 역시 참조에 의한 호출 방식이 값에 의한 호출 방식보다 빠르다.

● 구조체를 반환하는 함수

함수의 반환값이 구조체 자료형이 될 수 있다. 이 경우 함수의 반환형은 반환되는 구조체의 자료형으로 명시해 주어야 한다. 예제를 통해 확인해 보자.

예제 9-15

```
1:  #include <stdio.h>
2:  struct student {
3:      char name[12];
4:      unsigned int age;
5:  };
6:  struct student func(void);
7:  int main(void)
8:  {
9:      struct student s;
10:
11:     s = func();
12:     printf("%s, %d \n",
13:                 s.name, s.age);
14:     return 0;
15: }
16:
17: struct student func(void)
18: {
19:     struct student sa;
20:
21:     printf("이름 입력 : ");
22:     gets(sa.name);
23:     printf("나이 입력 : ");
24:     scanf("%d", &sa.age);
25:     return sa;
26: }
```

```
1:  #include <stdio.h>
2:  struct student {
3:      char name[12];
4:      unsigned int age;
5:  };
6:  struct student* func(void);
7:  int main(void)
8:  {
9:      struct student *sp;
10:
11:     sp = func();
12:     printf("%s, %d \n",
13:                 sp->name, p->age);
14:     return 0;
15: }
16:
17: struct student* func(void)
18: {
19:     struct student sa;
20:
21:     printf("이름 입력 : ");
22:     gets(sa.name);
23:     printf("나이 입력 : ");
24:     scanf("%d", &sa.age);
25:     return &sa;
26: }
```

❗ … 실행 결과

```
이름 입력 : 홍길동↵
나이 입력 : 21↵
홍길동, 21
```

❗ … 실행 결과

```
쓰레기 값 출력!
```

왼쪽 예제의 **func()** 는 구조체 지역 변수 **sa**에 데이터를 입력받아 **sa**를 반환한다. 이때 반환값 **sa**는 **student**형의 구조체이므로 17번째 줄과 같이 **func()** 의 반환형이 **struct student**형으로 작성되었다. 이 값은 11번째 줄의 구조체 변수 **s**에 치환되고, 그 결과를 출력한다.

오른쪽 예제와 같이 함수가 구조체 변수의 포인터를 반환할 수도 있다. 이 경우 함수의 반환형은 17번째 줄과 같이 구조체 포인터 자료형으로 선언되어야 한다. 그러나 이 예제에서 **func()** 의 지역 변수인 구조체 **sa**의 주소를 반환하고 있으며, 이 구조체 변수는 **func()** 가 종료되면 메모리에서 사라지기 때문에 12번째 줄의 출력문이 올바르게 수행되지 않는다.

연습문제 9.4

1. 다음 프로그램의 수행 결과는 무엇인가?

```
 1:  #include <stdio.h>
 2:  struct student {
 3:      char name[12];
 4:      unsigned int age;
 5:  };
 6:  void func(struct student *sp);
 7:  int main(void)
 8:  {
 9:      struct student sa[3]={{"홍길동",21},{"김철수",22},{"김영희",20}};
10:      func(sa);
11:      return 0;
12: }
13:
14: void func(struct student *sp)
15: {
16:      int i;
17:      for(i=0; i<3; i++) {
18:              printf("%s, %d \n", sp->name, sp->age);
19:              sp++;
20:      }
21: }
```

9.5 중첩된 구조체

구조체의 멤버는 기본 자료형을 포함하여 어떤 자료형이라도 사용할 수 있다. 만일 구조체 정의문에 다른 구조체 변수가 구조체 멤버로 포함될 때 **중첩된 구조체**(nested structure)라 한다. 다음 예제를 살펴보자.

예제 9-16

```
 1:  #include <stdio.h>
 2:  struct student {
 3:      char name[12];
 4:      unsigned int age;
 5:  };
 6:  struct univ {
 7:      char uname[20];
 8:      char dept[20];
 9:      struct student st; // 중첩된 구조체
10:  };
11:
12:  int main(void)
13:  {
14:      struct univ uv = {"한구대학교", "전자공학과", "홍길동", 21};
15:
16:      printf("학교 : %s, 학과 : %s \n", uv.uname, uv.dept);
17:      printf("이름 : %s, 나이 : %d \n", uv.st.name, uv.st.age);
18:      return 0;
19:  }
```

❶ ••• 실행 결과

학교 : 한구대학교, 학과 : 전자공학과
학교 : 홍길동, 학과 : 21

구조체 **univ** 정의문에서 멤버 변수 **st**는 구조체 **student**형으로 선언되었다. 여기서 구조체 내의 멤버 변수가 다른 구조체일 경우, 위 예제와 같이 멤버 변수로 사용되는 구조체의 정의문이 먼저 선언되어야 한다. 따라서 14번째 줄의 구조체 변수 **uv**는 메모리에 다음 그림과 같이 생성된다.

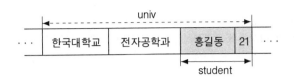

14번째 줄에서 구조체 변수 **uv**를 초기화하고 있으며, 예제와 같이 일반적인 구조체 변수의 초기화와 크게 다르지 않다. 만일 14번째 줄의 문장을 **struct univ uv = {"한국대학교", "전자공학과", {"홍길동"}};**의 형태로 사용할 경우 구조체 변수 **uv**는 아래 그림과 같이 생성되며, 초기값이 지정되지 않은 멤버 변수는 0으로 채워진다.

중첩된 구조체의 멤버 변수들을 참조하기 위해서는 멤버 참조 연산자를 17번째 줄과 같이 사용해야 한다. 이것은 **univ** 구조체 내에 **student** 형의 구조체 변수 **st**가 포함되어 있으며, **st**는 다시 **name**과 **age**를 멤버 변수로 가지고 있기 때문이다.

구조체 내의 멤버 변수로 아래의 예와 같이 자기 자신의 구조체를 중첩해서 사용할 수는 없다. 만일 가능하다면 구조체 변수의 선언시 끝없이 자기 자신의 구조체를 메모리에 할당하므로 무한대의 메모리가 필요하게 될 것이다.

```
struct univ {
    char uname[20];
    char dept[20];
    struct univ uv; // 중첩 불가
};
```

● 자기 참조 구조체

구조체의 멤버가 자신을 가리키는 구조체 포인터 변수일 수 있다. 이러한 구조체를 **자기 참조 구조체**(self-referential structure)라 부르며, 자신과 동일한 자료형의 구조체를 가리킬 수 있다.

예제 9-17

```
1:  #include<stdio.h>
2:  struct student {
3:      char name[12];
```

```
4:     unsigned int age;
5:       struct student *sp;
6:   };
7:   int main(void)
8:   {
9:       struct student s1 = {"홍길동", 21};
10:      struct student s2 = {"김철수", 22};
11:      struct student s3 = {"김영희", 20};
12:
13:      s1.sp = &s2;
14:      s2.sp = &s3;
15:      printf("이름:%s, 나이:%d \n", s1.name, s1.age);
16:      printf("이름:%s, 나이:%d \n", s1.sp->name, s1.sp->age);
17:      printf("이름:%s, 나이:%d \n", s1.sp->sp->name, s1.sp->sp->age);
18:      return 0;
19:  }
```

ⓘ··· 실행 결과

이름:홍길동, 나이:21
이름:김철수, 나이:22
이름:김영희, 나이:20

예제 5번째 줄의 **sp**는 **student**형을 가리키는 **student *** 변수이다. 13번째 줄에서 구조체 변수 **s1**의 멤버 변수 **sp**는 구조체 변수 **s2**의 포인터를 가지게 되고, 14번째 줄의 변수 **s2**는 구조체 변수 **s3**의 포인터를 가지게 된다. 이것을 그림으로 표현하면 아래와 같다.

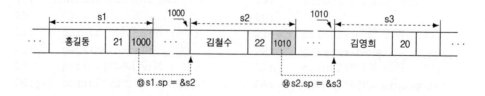

16번째 줄의 **s1.sp->name**는 **s1**의 멤버 변수 **sp**가 가리키는 구조체의 **name**을 참조하며, 이 문장은 **s2.name**과 동일하다. 17번째 줄의 **s1.sp->sp->name**은 **s1**의 멤버 변수 **sp**가 가리키는 구조체 **s2**의 멤버 변수 **sp**를 참조하게 되고, 다시 **s2**의 멤버 변수 **sp**가 가리키는 구조체 **s3**의 **name**을 참조한다. 결국 이 문장은 **s3.name**을 참조하는 것과 동일하다. 이러한 자기 참조 구조체는 **연결 리스트**(linked list)나 **트리**(tree)와 같은 자료 구조를 사용하는 프로그램을 작성하는데 주로 사용된다.

1. 다음과 같은 구조체의 정의문이 있을 때, **grad**의 멤버 변수를 참조하기 위한 방법을 설명하시오.

```
1:  struct grad {
2:      int kor;
3:      int math;
4:      int eng;
5:  };
6:
7:  struct student {
8:      char name[20];
9:      char id[10];
10:     struct grad gd;
11: } st;
```

2. 다음 프로그램의 수행 결과는 무엇인가?

```
1:  #include<stdio.h>
2:  struct student {
3:      char name[12];
4:      unsigned int age;
5:      struct student *sp;
6:  };
7:  void display(struct student *stp);
8:  int main(void)
9:  {
10:     struct student sap[3] = {{"홍길동", 21, &sap[1]},
11:                              {"김철수", 22, &sap[2]},
12:                              {"김영희", 20, NULL}};
13:     struct student *p = sap;
14:     display(p);
15:     return 0;
16: }
17:
18: void display(struct student *stp)
19: {
20:     while(stp->sp != NULL) {
21:             printf("이름 : %s, 나이 : %d \n",stp->name, stp->age);
22:             stp++;
23:     }
24: }
```

9.6 비트 필드 구조체와 공용체

9.6.1 비트 필드 구조체

비트 필드(bit field) 구조체는 구조체를 구성하는 멤버가 비트들로 구성된다. 예를 들어 구조체를 구성하는 4개의 멤버 변수들이 모두 0 ~ 15 사이의 아주 작은 값들만 가진다고 가정하자. 만일 이 변수를 위해 4개의 **int**형 변수를 사용할 경우 16바이트의 메모리가 필요할 것이다. 반면 각 데이터를 비트 단위로 저장할 경우 각 데이터 당 4비트면 충분하므로 총 2바이트면 데이터를 저장할 수 있다.

비트 필드 구조체는 메모리 공간을 비트로 세분화하여 사용함으로써 메모리를 보다 효율적으로 사용할 수 있게 해준다. 비트 필드 구조체의 정의 형식은 다음과 같다.

```
struct 태그_이름 {
    자료형 멤버_이름1 : 사용_비트_수;
    자료형 멤버_이름2 : 사용_비트_수;
            ...
};
```

비트 필드 구조체의 정의 형식은 구조체의 정의 형식에 각 멤버가 사용하는 비트의 크기만 추가 된다. 비트 필드에 사용할 수 있는 자료형은 **int**형과 **unsigned**형 중의 하나가 될 수 있지만, 일반적으로 부호 비트를 사용하는 **int**형 보다는 **unsigned**형이 주로 사용된다. 다음 예제는 비트 필드 구조체의 정의와 사용 방법을 보여준다.

예제 9-18

```
1:  #include<stdio.h>
2:  struct bit_flag {
3:      unsigned a : 3;
4:      unsigned b : 2;
5:      unsigned c : 1;
6:      unsigned d : 4;
7:  };
8:  int main(void)
9:  {
10:     struct bit_flag bf = {0};
11:
```

```
12:    bf.a = 7;
13:    bf.b = 3;
14:    bf.c = 1;
15:    bf.d = 15;
16:    printf("%d, %d, %d, %d \n", bf.a, bf.b, bf.c, bf.d);
17:    printf("bf의 크기:%d, 전체 값:%08x \n", sizeof(bf), bf);
18:    return 0;
19: }
```

❶··· 실행 결과

```
7, 3, 1, 15
bf의 크기:4, 전체 값:000003ff
```

2~7번째 줄의 비트 필드 정의문에서 3번째 줄 **unsigned a:3;**은 전체 **unsigned** 형 중에서 LSB(least significant bit) 부터의 하위 3비트를 멤버 변수 **a**의 영역으로, 4번째 줄은 전체 **unsigned**형 중에서 4번째 비트에서부터 2개의 비트를 멤버 변수 **b**의 영역으로, 나머지 멤버 **c**, **d**도 동일한 방법으로 1비트, 4비트의 영역을 확보한다. 그리고 12~15번째 줄까지 각 멤버에 데이터를 치환하고 있으며, 이 문장들이 수행되었을 때 메모리의 상태는 다음 그림과 같다.

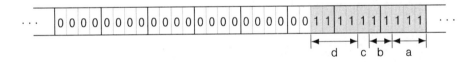

그림에서와 같이 구조체의 각 멤버들은 하위 첫 번째 비트부터 채워지게 되며, **bf.a** 에는 7의 비트 값 **111**, **bf.b**에는 3의 비트 값 **11**, **bf.c**에는 1의 비트 값 **1**, **bf.d**에는 15의 비트 값 **1111**이 저장된다.

비트 필드 구조체의 멤버들은 아래의 형식과 같이 이름을 갖지 않을 수 있으며, 이러한 경우 멤버에 접근할 수 없기 때문에 공간만 차지할 뿐 사용되지는 않는다. 이러한 방법은 비트 값을 원하는 위치에 배치하고자 할 때 유용하게 사용될 수 있다.

```
struct bit_flag {
    unsigned a : 1;
    unsigned   : 30; // 공간만 차지함
    unsigned b : 1;
};
```

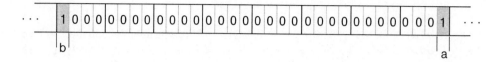

만일 비트 필드의 멤버 중 하나가 아래의 예제와 같이 이름을 가지지 않고 사용하는 비트의 크기가 0일 경우, 그 다음 멤버는 4바이트(**int**형의 크기) 뒤의 새로운 메모리 공간에 할당된다.

예제 9-19

```
1:  #include<stdio.h>
2:  struct bit_flag {
3:      unsigned a : 1;
4:      unsigned   : 0;
5:      unsigned b : 1;
6:  };
7:  int main(void)
8:  {
9:      struct bit_flag bf = {0};
10:
11:     bf.a = 1;
12:     bf.b = 1;
13:     printf("%d, %d \n", bf.a, bf.b);
14:     printf("bf의 크기:%d, 전체 값:%08x \n", sizeof(bf), bf);
15:     return 0;
16: }
```

❗•••• 실행 결과

```
1, 1
bf의 크기:8, 전체 값:00000001
```

4번째 줄과 같이 비트 필드 구조체에서 이름과 크기가 0인 멤버가 존재하면, 구조체 멤버 변수 **b**는 아래의 그림과 같이 멤버 **a**가 저장된 4바이트 영역 다음의 새로운 4바이트 공간에 할당된다. 따라서 비트 필드 구조체 **bf**의 크기는 실행 결과와 같이 8바이트를 사용하게 된다.

```
··· |1|1|0|0|0|0|0|0|0|0|0|0|0|0|0|0|0|0|0|0|0|0|0|0|0|0|0|0|0|0|0|1| ···
    |b                                                           |a
```

비트 필드 구조체의 각 멤버들은 메모리를 사용하고 있지만, 바이트 단위가 아닌 비트 단위로 사용하고 있기 때문에 주소 참조 연산자 &를 사용할 수 없다. 또한 비트 필드 구조체 멤버가 사용하는 자료형의 크기 보다 더 큰 비트 수는 저장할 수 없다.

9.6.2 공용체

공용체(union)는 두 개 이상의 서로 다른 자료형의 변수들이 하나의 메모리를 공유하여 사용한다. 즉, 공용체는 메모리를 어떤 하나의 자료형으로 할당받아 이 영역을 서로 다른 자료형이 함께 사용함으로써 메모리 사용의 효율성을 증대시킬 수 있는 방법이다. 공용체의 정의 방법과 사용 방법은 구조체와 거의 동일하다. 공용체를 정의는 다음 형식과 같다.

```
union 태그_이름 {
    자료형 변수_이름1;
    자료형 변수_이름2;
        :
    자료형 변수_이름N;
};
```

공용체의 정의는 구조체와 비교하여 키워드 **struct** 대신 **union**을 사용하는 것만 차이가 있다. 다음 예제를 살펴보자.

예제 9-20

```
1:  #include<stdio.h>
2:  union u_data {
3:      char ch;
4:      short s;
5:  };
6:  int main(void)
7:  {
8:      union u_data ud;
9:
10:     printf("공용체의 크기 : %d \n", sizeof(ud));
11:     ud.s = 257;
12:     printf("%d, %d \n", ud.ch, ud.s);
13:     ud.ch = 127;
14:     printf("%d, %d \n", ud.ch, ud.s);
15:     return 0;
16: }
```

공용체의 크기 : 2
1, 257
127, 383

   2번째 줄에서 공용체 **u_data**가 정의되고, 8번째 줄에서 공용체 변수 **ud**가 선언되었다. 만일 이 선언문이 구조체 변수라면 두 멤버 변수를 위해 각각 1, 2바이트가 할당되겠지만, 공용체의 경우 멤버 변수 중 가장 큰 메모리를 사용하는 변수를 기준으로 메모리를 할당하기 때문에 10번째 줄의 출력 결과와 같이 **short**형의 크기인 2바이트만 할당한다. 이 2바이트 공간을 공용체 멤버 **ch**와 **s**가 공통으로 사용하게 되며, 이것을 그림으로 살펴보면 다음과 같다.

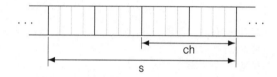

   11번째 줄에서 **ud**의 멤버인 변수 **s**에 257을 저장하고 있다. 따라서 2바이트의 메모리 공간은 아래의 그림과 같이 257의 비트 값 **100000001**이 저장된다.

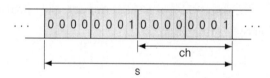

   12번째 줄과 같이 각 멤버 변수들을 출력하면, **ch**는 1바이트만 읽어와 1을 출력하고, **s**는 2바이트를 읽어 257을 출력한다.

   공용체의 멤버들은 동일한 메모리 공간을 사용함으로 **ch**에 어떤 값을 저장하면, 같은 메모리 공간을 사용하는 **s**의 값도 함께 변경되며 반대로 **s**를 변경하면 **ch**도 변경된다. 따라서 13번째 줄의 문장이 수행되면 멤버 변수 **ch**가 사용하는 1바이트의 메모리 공간은 아래 그림과 같이 변경되고, 14번째 줄과 같이 각 멤버 변수를 출력하면 **ch**는 127, **s**는 383을 출력한다.

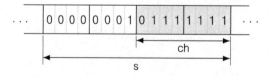

연습문제 9.6

1. 세 개의 비트 필드 멤버 **a, b, c**를 가지는 구조체 **b_type**을 정의하시오. 구조체의 멤버 **a, b, c**는 각각 2, 3, 4비트의 크기를 가지며 모두 **unsigned**형이다. 그리고 **a**에 3, **b**에 7, **c**에 15를 대입하여 출력하는 프로그램을 작성하시오.

2. 다음 프로그램의 수행 결과는 무엇인가?

```
1:  #include <stdio.h>
2:  union u_type {
3:      unsigned i;
4:      unsigned char c[4];
5:  };
6:  int main(void)
7:  {
8:      union u_type uvar;
9:
10:     uvar.i = 0x12345678;
11:     printf("%x \n", uvar.c[0]);
12:     printf("%x \n", uvar.c[1]);
13:     printf("%x \n", uvar.c[2]);
14:     printf("%x \n", uvar.c[3]);
15:     return 0;
16: }
```

종합문제

1. 이름과 전화번호, 회사명을 저장할 수 있는 구조체 **tel**을 정의하고, 이 구조체를 자료형으로 하는 배열 **addr_book[10]**을 선언하시오. 그리고 10명의 데이터를 입력받아 배열에 저장한 다음, 이름을 입력받아 그 이름에 해당하는 전화번호와 회사명을 출력하는 프로그램을 작성하시오.

2. 사번, 이름, 나이, 월 급여, 가족 수를 저장할 수 있는 구조체 **emp**를 정의하고, 이 구조체를 자료형으로 하는 배열 **emp_a[4]**를 선언하시오. 그리고 이 배열을 가리키는 구조체 포인터 **ep**를 사용하여 다음의 데이터로 초기화하고, 사번을 입력받아 이름과 나이, 월 급여, 가족 수를 출력하는 프로그램을 작성하시오. 단, 사번이 –1이 입력될 경우에만 프로그램이 종료된다.

사번	이름	나이	월 급여	가족 수
1001	홍길동	27	120 만원	3
1002	김철수	28	130 만원	2
1003	이영희	25	100 만원	3
1004	박문수	30	150 만원	4

3. 복소수를 저장할 수 있는 구조체 **complex**를 정의하고 이 구조체를 자료형으로 하는 변수 **com1**, **com2**을 선언한 다음, 각각 3+4i와 5+6i로 초기화 하시오. 그리고 복소수의 덧셈과 곱셈을 수행하는 사용자 정의 함수 **complex_add()**, **complex_mul()**을 작성하고, 이 함수를 참조에 의한 호출 방법으로 사용하는 프로그램을 작성하시오.

   - 복소수의 덧셈 : $(a+bi)+(c+di)=(a+c)+(b+d)i$
   - 복소수의 곱셈 : $(a+bi)(c+di)=(ac-bd)+(bc+ad)i$

4. 실수는 메모리에 지수부와 가수부로 나뉘어 저장된다. 공용체를 사용하여 사용자로부터 입력받은 실수가 저장된 메모리 공간을 16진수로 출력하는 프로그램을 작성하시오.

5. x86 기반의 시스템에서 정수는 하위 바이트에서 상위 바이트의 역순으로 메모리에 기록된다. 예를 들어 **0x12345678**이라는 데이터는 메모리의 낮은 번지에서부터 하위 바이트가 먼저 저장되어 아래의 그림과 같이 저장된다.

위의 내용을 참고로 하여 만일 다음의 프로그램이 수행되었을 때 출력 결과가 무엇인지를 설명하시오.

```
1:  #include <stdio.h>
2:  union c_data {
3:      char c[12];
4:      int ai[3];
5:  };
6:  int main(void)
7:  {
8:      union c_data cd;
9:
10:     cd.ai[0] = 0x614c2043;
11:     cd.ai[1] = 0x6175676e;
12:     cd.ai[2] = 0x00216567;
13:     printf("출력 결과 : %s \n",x.c);
14:     return 0;
15: }
```

6. 아래에 정의된 구조체와 공용체를 사용하여 공용체의 멤버 변수 **ch**에 문자를 입력받으시오. 그리고 입력 받은 문자의 비트 값과 16진수의 ASCII 코드 값을 출력하는 프로그램을 작성하시오.

```
1: struct b_byte {
2:      unsigned a : 1;
3:      unsigned b : 1;
4:      unsigned c : 1;
5:      unsigned d : 1;
6:      unsigned e : 1;
7:      unsigned f : 1;
8:      unsigned g : 1;
9:      unsigned h : 1;
10: };
11:
12: union u_type {
13:      char ch;
14:      struct b_byte bb;
15: };
```

어어
ㄴ프로그래밍

Chapter

10

파일 입·출력

파일은 디스크에 정보가 저장되는 단위이다. 프로그램에서 파일의 개념은 매우 광범위하여, 모니터나 키보드, 프린터, 하드디스크와 같은 장치들도 모두 파일로 취급한다. 이 장에서는 파일과 스트림의 개념과 외부 장치로의 데이터 입·출력을 위한 C의 다양한 라이브러리 함수들의 사용 방법에 대하여 살펴본다.

10.1 파일 입·출력의 개요

10.1.1 파일과 스트림

파일(file)은 디스크와 같은 물리적인 저장 공간에 정보가 저장되는 단위이다. 파일 입·출력은 어떤 데이터를 파일로 출력하거나 읽는 것을 의미한다.

프로그램에서 파일의 개념은 매우 광범위하여, 모니터나 키보드, 프린터, 하드디스크와 같은 장치들도 모두 파일로 취급한다. 즉, 파일에 기록하듯이 모니터나 프린터와 같은 장치에 데이터를 출력할 수 있으며, 파일을 읽어 오는 것과 동일하게 키보드나 마우스로부터 데이터를 입력받을 수 있다.

프로그램에서 모든 데이터는 그 대상이 어떤 장치인가에 관계없이 모두 동일한 파일의 형태로 입·출력을 수행한다. 프로그래머는 복잡한 입출력 장치들을 직접 제어하지 않아도 파일과 원하는 입·출력 대상만 지정하면, 그 장치에서의 입·출력이 가능하다. 여기서 프로그램과 외부 장치들을 연결시켜주는 파일을 **스트림**(stream)이라 한다. 프로그램에서는 스트림을 이용하여 다양한 입·출력 장치들을 모두 동일하게 다룰 수 있으며, 실제 장치들의 제어는 라이브러리 함수나 운영체제에 의해 이루어진다.

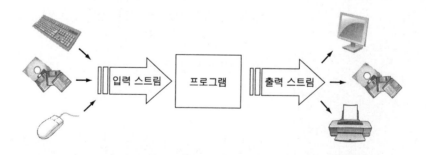

스트림의 사용은 일관된 입출력 방법을 제공한다는 것 이외에 CPU와 입·출력 장치에서 발생되는 처리 속도의 차이를 줄이는 역할도 한다. 스트림은 내부에 데이터의 임시

저장을 위한 버퍼를 가지고 있는데, 이 버퍼를 이용하여 입·출력 데이터를 모아 한꺼번에 처리한다.

스트림을 이용한 데이터 입·출력 함수들은 현재 스트림의 버퍼 크기나, 버퍼의 사용 상태 등을 참조하여 동작하도록 되어 있다. 스트림의 이와 같은 정보들을 구조체 변수에 저장되며, 스트림의 정보를 저장하는 구조체를 **FILE 구조체**라 한다. **FILE** 구조체는 **stdio.h**에 자료형이 정의되어 있고, 프로그램에서 스트림을 사용한다는 것은 실제로 스트림의 정보가 저장된 **FILE** 구조체를 사용하는 것과 같다.

> 📖 **참고**   **FILE** 구조체는 **stdio.h**에 정의된 **_iobuf** 구조체를 **FILE**이란 이름으로 재정의 한 것이다. **stdio.h**에 정의된 **_iobuf** 구조체는 다음과 같으며, 컴파일러에 따라 멤버 변수가 조금씩 다를 수 있다.

```
struct _iobuf {                             }
        char *_ptr;
        int   _cnt;
        char *_base;
        int   _flag;                    스트림에 대한 정보가 저장
        int   _file;
        int   _charbuf;
        int   _bufsiz;
        char *_tmpfname;
};
typedef struct _iobuf FILE;        // 구조체 _iobuf를 FILE로 재정의
```

10.1.2   파일 열기/닫기

프로그램에서 파일의 입·출력은 결국 스트림을 사용한 입·출력과 동일하다. 따라서 파일을 사용하기 위해서는 먼저 스트림을 생성해야 하는데, 이것을 **파일 열기**(open)라 한다.

파일을 열기 위해서는 라이브러리 함수 **fopen()**을 사용한다. **fopen()**의 원형은 다음과 같다.

```
#include <stdio.h> // 사용하는 헤더 파일
FILE fopen(char *filename, char *mode);
```

     fopen()의 첫 번째 매개변수에는 오픈할 파일의 이름을 전달하고, 두 번째 매개변수에는 파일 접근 모드를 지정한다.

     fopen()에 의해 파일 열기가 성공하면, 이 함수는 이 파일을 사용할 수 있도록 스트림을 생성한다. 그리고 이 스트림을 사용할 수 있는 **FILE** 구조체의 포인터를 반환하고, 실패하면 **NULL** 포인터를 반환한다. 프로그램에서는 반환되는 **FILE** 포인터를 사용하여 원하는 입·출력을 수행하게 된다. 다음 사용 예를 살펴보자.

```
FILE *fp; // FILE 구조체의 포인터를 저장할 FILE형 구조체 변수 선언
fp = fopen("sample.txt", "r");
```

● 파일 이름

     위의 예에서 열고자 하는 파일의 이름을 **"sample.txt"**로 지정하였다. 이 경우 프로그램이 수행되고 있는 디렉터리에서 **sample.txt**를 열게 된다. 필요할 경우 파일의 경로를 **"c:\\temp\\sample.txt"**와 같이 지정할 수도 있다. 이 경우 **c:\temp**의 디렉터리에서 **sample.txt** 파일을 열게 된다. **'\'**를 **"\\"**로 표현한 것은 **'\'**가 역슬래쉬 코드로 사용되는 특수한 문자이기 때문이다.

● 파일 접근 모드

     파일 접근 모드는 생성할 파일의 속성(읽기, 쓰기, 읽고 쓰기, 추가)을 지정하며, 사용할 수 있는 모드는 다음 표와 같다.

표 10-1 : fopen()에 사용되는 모드

모드	의미
r	■ 읽기 (읽기만 가능) ■ 지정된 파일이 존재하지 않으면, NULL 포인터를 반환
w	■ 쓰기 (쓰기만 가능) ■ 지정된 파일이 존재하면, 그 파일을 삭제하고 새 파일을 생성
a	■ 추가 ■ 지정된 파일이 존재하지 않으면, 새 파일을 생성 ■ 지정된 파일이 존재하면, 그 파일 끝에 새로운 데이터를 추가
r+	■ 읽기와 쓰기 ■ 지정된 파일이 존재하지 않으면 NULL 포인터를 반환 ■ 지정된 파일이 존재하면, 그 파일의 시작 부분부터 새로운 데이터를 덮어 씀
w+	■ 읽기와 쓰기 ■ 지정된 파일이 존재하지 않으면, 새 파일을 생성 ■ 지정된 파일이 존재하면, 그 파일을 삭제하고 새 파일을 생성

a+	■ 읽기와 추가 ■ 지정된 파일이 존재하지 않으면, 새 파일을 생성 ■ 지정된 파일이 존재하면, 그 파일 끝에 새로운 데이터를 추가

● 파일의 형태

파일은 저장되는 데이터의 형태에 따라서 **텍스트**(text) **파일**과 **이진**(binary) **파일**로 나누어진다. 기본 파일 형태는 텍스트 파일이며, 필요에 따라 이진 파일로 선택할 수 있다.

텍스트 파일은 ASCII 코드의 문자들로만 구성되는 파일이다. 텍스트 파일은 데이터를 입·출력할 때 **'\n'** 문자에 대한 변환이 발생한다는 특징이 있다. 이 특징은 다음 표와 같이 운영체제에 따라 조금씩 달라진다.

표 10-2 : 텍스트 파일에서 '\n'의 변환			
C 프로그램	**DOS/Winodws**	**Unix**	**Mac OS**
"123\n"	"123\r\n"	"123\n"	"123\r"

이진 파일은 **'\n'**에 대한 변환이 발생하지 않는다. 예를 들어 문자열 **"123\n"**이 텍스트 스트림으로 출력될 경우 **"123\r\n"**의 5개의 ASCII 코드로 출력되지만, 이진 스트림으로 저장될 경우 **"123\n"** 자체가 2진수의 형태로 출력된다.

이진 파일로 데이터를 기록하고, 읽어오기 위해서는 표 10-1의 파일 접근 모드에 다음과 같이 **'b'**를 추가하여 사용한다.

```
"rb"  "wb"  "ab"  "r+b"  "w+b"  "a+b"
```

● 유효한 FILE 포인터의 확인

fopen()는 파일 열기가 실패할 경우 **NULL** 포인터를 반환한다. 파일의 입·출력은 파일이 성공적으로 열렸을 때만 수행되어야 하므로, **fopen()**의 반환값이 사용할 수 있는 유효한 포인터인지를 확인하는 것은 중요하다. 다음 예제를 살펴보자.

예제 10-1

```
1:  #include <stdio.h>
2:  int main(void)
3:  {
4:      FILE *fp;
```

```
 5:
 6:     fp = fopen("sample.txt", "r");
 7:     if(fp == NULL) {
 8:         puts("File Open Error!");
 9:         return 1;
10:     }
11:     return 0;
12: }
```

7번째 줄에서 **fopen()**의 반환값이 **NULL** 포인터일 경우 오류 메시지를 출력하고 프로그램을 종료한다.

● 파일 닫기

파일의 사용이 끝나면 열린 파일을 닫아 주어야 한다. 이것은 사용했던 스트림을 소멸시키는 것과 동일하다. 일반적으로 프로그램이 종료되면 열려있는 파일들은 자동으로 닫히게 된다. 그러나 파일이 열린 상태에서 프로그램이 비정상적인 종료가 될 경우, 열려있던 파일이 손상될 수 있으므로, 사용이 끝난 파일은 바로 닫아 주는 것이 좋다. 파일을 닫기 위해서는 다음과 같은 **fclose()**를 사용한다.

```
#include <stdio.h> // 사용하는 헤더 파일
int fclose(FILE *fp);
```

매개변수 **fp**에는 닫고자 하는 파일이 사용했던 **FILE** 포인터를 전달한다. **fclose()**는 정상적으로 수행되었을 경우 0을 반환하며, 오류가 발생했을 경우 **EOF**(End-Of-File)를 반환한다. **EOF**는 **stdio.h**에 정의되어 있는 매크로 상수이며, -1을 의미한다.

10.1.3 표준 입·출력 스트림

프로그램이 실행되면 운영체제는 키보드와 모니터를 사용할 수 있는 몇 개의 스트림을 생성하여, **scanf()**나 **printf()** 등과 같은 기본 입·출력 라이브러리 함수들이 쉽게 키보드나 모니터를 사용할 수 있도록 한다. 이것을 **표준 입·출력 스트림**(standard input/output stream)이라 하며, 그 종류와 사용 장치는 다음 표와 같다.

표 10-3 : 표준 입·출력 스트림

이름	종류	장치
stdin	표준 입력 스트림	키보드
stdout	표준 출력 스트림	모니터
stderr	표준 에러 스트림	모니터

stdin은 키보드로부터 데이터를 입력받기 위한 스트림이며, **scanf()**, **gets()**와 같은 함수에서 사용된다. **stdout**은 화면의 출력을 위한 스트림이며, **printf()**와 같은 함수에서 사용된다. **stderr**은 화면의 출력을 위해 사용된다는 점에서 **stdout** 스트림과 매우 유사하다. 일반적으로 모든 출력은 **stdout** 스트림을 사용하지만, 에러 메시지의 출력은 **stderr** 스트림을 사용하도록 권장된다. 따라서 어떤 스트림을 사용하여 출력할 것인가는 프로그래머가 선택해야 한다.

> 📖 **참고** **stderr** 스트림은 과거에 프로그램의 디버깅을 목적으로 주로 사용되었으나, 프로그램 개발 도구들이 잘 만들어져 있는 현재에는 거의 사용되지 않는다.

실제 표준 입·출력 스트림들은 운영체제에 의해 생성되는 **FILE** 구조체 포인터의 이름이며, 프로그램 실행시 생성되고, 프로그램이 종료되면 자동으로 사라진다.

연습문제 10.1

1. **"test.txt"**, **"test2.bin"** 이름의 파일을 각각 텍스트 파일과 이진 파일로 생성하는 프로그램을 작성하시오.

2. 다음 프로그램은 올바른가?

```
1:  #include <stdio.h>
2:  int main(void)
3:  {
4:      FILE *fp;
5:
6:      fopen("c:\test\test.txt", "w+");
7:      return 0;
8:  }
```

10.2 파일을 이용한 문자의 입·출력

● 파일을 이용한 문자 입력

파일에서 하나의 문자를 입력받기 위해서는 **fgetc()**를 사용하며, 함수의 원형은 다음과 같다.

```
#include <stdio.h> // 사용하는 헤더 파일
int fgetc(FILE *fp);
```

fgetc()는 매개변수 **fp**로 전달되는 파일에서 하나의 문자를 읽어 **int**형으로 반환한다. **fgetc()**의 **fp**에 **stdin**을 전달하면 키보드로부터 하나의 문자를 입력받고, 열려있는 파일의 포인터를 전달하면, 그 파일에서 하나의 문자를 입력받는다. **fgetc()**는 데이터의 입력과정에서 문제가 발생하거나, 파일의 끝에 도달했을 경우 **EOF**를 반환한다. 또한 **fgetc()**에 **stdin**을 사용했을 때 키보드에서 **Ctrl-Z**가 입력되면, 파일의 끝으로 처리하여 **EOF**를 반환한다. 다음 예제를 확인해 보자.

예제 10-2

```
 1:  #include <stdio.h>
 2:  int main(void)
 3:  {
 4:      char ch;
 5:
 6:      do {
 7:          ch = fgetc(stdin);
 8:          putchar(ch);
 9:      }while(ch != EOF);
10:      return 0;
11: }
```

❗••• 실행 결과

a↵
a
^Z

파일을 이용한 문자 출력

파일에서 하나의 문자를 출력하기 위해 **fputc()**를 사용하며, 함수의 원형은 다음과 같다.

```
#include <stdio.h> // 사용하는 헤더 파일
int fputc(int c, FILE *fp);
```

fputc()는 매개변수 **c**로 전달되는 문자를 **fp**로 출력한다. **fp**가 **stdout**일 경우 화면으로, **fp**가 열려있는 파일의 포인터인 경우 해당 파일로 하나의 문자를 출력한다. **fputc()**에 전달되는 문자는 **int**형 매개변수가 받지만, 이 값은 함수 내부에서 **unsigned char**로 변환된다. **fputc()**는 문자의 출력이 정상적으로 수행되었을 경우 출력된 문자를 반환하며, 오류가 발생 했을 경우 **EOF**를 반환한다. **fputc()**에 **stdout**을 사용한 예제를 먼저 살펴보자.

예제 10-3

```
1:  #include <stdio.h>
2:  int main(void)
3:  {
4:      char ch;
5:
6:      do {
7:          ch = fgetc(stdin);
8:          fputc(ch, stdout);
9:      }while(ch != '\n');
10:     return 0;
11: }
```

다음 예제는 **fgetc()**, **fputc()**에 **FILE** 포인터를 사용하여 디스크 파일에 문자를 쓰고, 읽는다.

예제 10-4

```
1:  #include <stdio.h>
2:  int main(void)
3:  {
4:      FILE *fp;
5:      char *strp = "The C Programming Language";
6:      char ch;
7:
8:      if((fp = fopen("sample.txt", "w")) == NULL) {  // 파일 열기
```

```
 9:              puts("File Open Error!");
10:              return 1;
11:         }
12:    while(*strp) {
13:         if(fputc(*strp, fp) == EOF) { // 문자 출력
14:                 puts("Disk Write Error!");
15:                 return 1;
16:         }
17:         strp++;
18:    }
19:    fclose(fp); // 파일 닫기
20:    if((fp = fopen("sample.txt", "r")) == NULL) {  // 파일 열기
21:         puts("File Open Error!");
22:         return 1;
23:    }
24:    while(1) {
25:         ch = fgetc(fp); // 문자 입력
26:         if(ch != EOF) putchar(ch);
27:         else break;
28:    }
29:    fclose(fp); // 파일 닫기
30:    return 0;
31: }
```

8번째 줄에서 **sample.txt** 파일을 텍스트 쓰기 모드로 열고, 12번째 줄에서 **strp**가 가리키는 문자를 **fp**에 출력한다. **fp**는 **sample.txt**와 연결되어 있으므로 파일에 문자를 기록하게 된다. 만일 **fputc()**에서 오류가 발생되면, **EOF**가 반환되므로 13번째 줄의 조건에 따라 프로그램이 종료된다.

20번째 줄에서 **sample.txt**를 텍스트 읽기 모드로 열고, 25번째 줄에서 **fgetc()**는 **sample.txt**에 기록된 하나의 문자를 읽어 변수 **ch**에 치환한다. 26번째 줄에서 **ch**가 **EOF**가 아닌 경우 화면에 문자를 출력한다. **fgetc()**는 파일의 끝에 도달했을 경우 **EOF**를 반환하므로, 26번째 줄의 조건이 거짓이 되어 프로그램이 종료된다. 24 ~ 28번째 줄의 반복문을 다음과 같이 간략하게 작성할 수도 있다.

```
while((ch = fgetc(fp)) != EOF) putchar(ch);
```

● 파일 위치 지시자

위 예제에서 **fputc()**, **fgetc()**를 사용한 파일로의 문자 입·출력에서 반복문이 한 번씩 수행될 때 마다 파일에 기록된 데이터를 순서대로 하나씩 기록하고 읽어온다. 즉,

프로그래머가 파일의 위치를 지정하지 않아도 자동으로 파일의 처음부터 끝까지 일정한 크기로 순차적으로 읽고 쓰게 된다.

　　FILE 구조체 내부에는 현재 사용되고 있는 파일을 얼마나 읽었는지, 또는 어디까지 파일에 기록했는지를 저장하고 있으며, 이 역할을 하는 **FILE** 구조체의 멤버 변수를 **파일 위치 지시자**(file position indicator)라 한다. 이 파일 위치 지시자의 정보를 변경하면, 순차적인 파일 접근이 아닌 임의의 파일 위치에 접근하는 것이 가능하다.

연습문제 10.2

1. 다음 프로그램이 종료되기 위한 조건은 무엇인가?

```
1:  #include <stdio.h>
2:  int main(void)
3:  {
4:      char ch;
5:
6:      do {
7:          ch = fgetc(stdin);
8:      } while(ch != EOF);
9:      return 0;
10: }
```

2. 예제 10-4를 수정하여 어떤 텍스트 파일의 이름을 입력받아 그 파일에 포함된 문자 **'a'**의 개수를 세는 프로그램을 **fgetc()**, **fputc()**를 사용하여 작성하시오.

3. 예제 2를 수정하여 명령 라인 인수로 텍스트 파일의 이름과 찾을 문자를 입력받아 파일에 포함된 문자의 개수를 세는 프로그램을 **fgetc()**, **fputc()**를 사용하여 작성하시오.

10.3 　파일을 이용한 문자열의 입·출력

● 파일을 이용한 문자열 입력

　　파일에서 하나의 문자열을 입력받기 위해서는 **fgets()**를 사용하며, 함수의 원형은 다음과 같다.

```
#include <stdio.h> // 사용하는 헤더 파일
char *fgets(char *str, int n, FILE *fp);
```

　　fgets()의 매개변수 **str**에는 문자열을 저장할 배열의 포인터를 전달하며, 매개변수 **n**은 입력받을 문자열의 최대 크기를 지정한다. **fgets()**는 입력 문자열 마지막에 **'\0'**을 추가하므로, 실제 입력받는 문자열 크기는 **n-1** 이다. 매개변수 **fp**가 **stdin**일 경우 키보드로부터 문자열을 입력받고, **FILE** 포인터일 경우 파일로부터 문자열을 입력받는다. **fgets()**는 입력이 성공적으로 완료되면 **str**의 포인터를 반환하며, 오류가 발생했을 경우나 디스크 파일의 끝에 도달했을 때는 **NULL** 포인터가 반환된다. **fgets()**에 **stdin**을 사용한 간단한 예제를 살펴보자.

예제 10-5

```
 1:  #include <stdio.h>
 2:  int main(void)
 3:  {
 4:      char str[80];
 5:      char *p;
 6:
 7:      printf("문자열 입력 : ");
 8:      p = fgets(str, 5, stdin);
 9:      if(p != NULL) printf("%s, %s \n", p, str);
10:      return 0;
11: }
```

ⓘ •••• 실행 결과

```
문자열 입력 : hello↵
hell, hell
```

　　8번째 줄의 **fgets()**에 최대 문자열의 크기가 5로 지정되어 있다. 따라서 **hello**↵가 입력될 경우 입력되는 문자열은 **hello**와 마지막에 **'\n'**과 **'\0'**이 포함되어 7개가 되지만, 실행 결과와 같이 배열 **str**에는 **'o'**와 **'\n'**을 제외한 문자열 **hell**과 **'\0'**만 저장된다.

● 파일을 이용한 문자열 출력

　　파일에서 하나의 문자열을 출력하기 위해 **fputs()**를 사용하며, 함수의 원형은 다음과 같다.

```
#include <stdio.h> // 사용하는 헤더 파일
int fputs(char *str, FILE *fp);
```

　　fputs()는 매개변수 **str**가 가리키는 문자열을 **fp**에 출력한다. **fp**가 **stdout**일 경우 화면으로, **fp**가 열려있는 파일의 포인터인 경우 해당 파일로 하나의 문자열를 출력한다. **fputs()**는 출력이 정상적으로 수행되었을 경우 양수를 반환하고, 오류가 발생했을 경우 **EOF**를 반환한다. 다음의 예제로 확인해보자.

예제 10-6

```
1:  #include <stdio.h>
2:  int main(void)
3:  {
4:      char *strp[3] = {"The", "Programming", "Language"};
5:      int i;
6:
7:      for(i=0; i<3; i++) fputs(strp[i], stdout);
8:      return 0;
9:  }
```

---

❶•••실행 결과

```
TheProgrammingLanguage
```

7번째 줄의 **fputs()**는 **stdout**으로 **strp**의 문자열을 하나씩 출력한다. 실행 결과와 같이 **fputs()**는 **puts()**와 달리 문자열의 출력 후 '**\n**'을 출력하지는 않는다.

다음 예제는 **fgets()**, **fputs()**에 **FILE** 포인터를 사용하여 디스크에 문자열을 쓰고, 읽는다.

예제 10-7

```
1:  #include <stdio.h>
2:  int main(void)
3:  {
4:      FILE *fp;
5:      char *strp = "The C Programming Language";
6:      char str[30];
7:
8:      if((fp = fopen("sample.txt", "w")) == NULL) {
9:              puts("File Open Error!");
10:             return 1;
11:     }
12:     if(fputs(strp, fp) == EOF) {
13:             puts("Disk Write Error!");
14:             return 1;
15:     }
16:     fclose(fp);
17:     if((fp = fopen("sample.txt", "r")) == NULL) {
18:             puts("File Open Error!");
```

```
19:            return 1;
20:        }
21:        if(fgets(str, 30, fp) != NULL) puts(str);
22:        else puts("Error!");
23:        fclose(fp);
24:        return 0;
25: }
```

```
The C Programming Language
```

12번째 줄에서 **strp**가 가리키는 문자열을 **sample.txt** 파일에 기록한다. **fputs()**는 디스크 파일로 문자열을 기록할 때 '**\0**'을 제외한 순수 문자들만 출력한다. 21번째 줄에서 **fgets()**를 이용하여 파일 **sample.txt**에 기록된 30바이트의 문자를 읽은 후, 배열 **str**에 저장한다. **fgets()**는 문자열의 크기(**n-1**)만큼 문자들을 읽거나 줄 바꿈 문자('**\r**'+'**\n**')를 읽을 때 까지 문자들을 읽게 되며, 읽은 문자들의 끝에 자동으로 '**\0**'을 추가한다.

다음 예제에서는 세 개의 문자열을 입력받아 **fputs()**로 파일에 저장하고, 저장된 문자열을 **fgets()**로 읽은 후 화면에 출력한다.

예제 10-8

```
1:  #include <stdio.h>
2:  #include <string.h>
3:  int main(void)
4:  {
5:      FILE *fp;
6:      char str[80];
7:      int i;
8:
9:      if((fp = fopen("sample.txt", "w")) == NULL) {
10:         puts("File Open Error!");
11:         return 1;
12:     }
13:     for(i=0; i<3; i++) {
14:         printf("%d번째 문자열 입력 : ", i+1);
15:         gets(str);
16:         strcat(str, "\n");
17:         fputs(str, fp);
18:     }
19:     fclose(fp);
```

```
20:     if((fp = fopen("sample.txt", "r")) == NULL) {
21:         puts("File Open Error!");
22:         return 1;
23:     }
24:     for(i=0; i<3; i++) {
25:         fgets(str, sizeof(str), fp);
26:         printf("%d번째 문자열 : %s", i+1, str);
27:     }
28:     fclose(fp);
29:     return 0;
30: }
```

15번째 줄에서 문자열을 입력받고, 16번째 줄에서 입력된 문자열에 **"\n"**을 추가한다. 그리고 17번째 줄에서 이 문자열을 **sample.txt**에 기록하게 된다. 입력된 문자열이 **"The"**일 경우 15 ~ 17번째 줄에 의해 출력되는 문자열의 변화는 다음과 같다.

```
gets(str);            →  the\0
strcat(str, "\n");    →  the\n\0
fputs(str, fp);       →  the\r\n
```

fputs는 **'\0'**을 기록하지 않으며, 텍스트 파일로 기록될 때 **'\n'**은 **'\r'**+**'\n'**의 조합으로 변환된다. 따라서 파일에 기록되는 데이터는 **the\r\n**이 된다. 만일 **"The"**, **"Programming"**, **"Language"**가 입력되었을 경우 다음과 같은 문자들이 파일에 저장된다.

```
The\r\nProgramming\r\nLanguage\r\n
```

25번째의 **fgets()**는 파일 **sample.txt**에 기록된 **sizeof(str)-1**의 크기 또는 줄바꿈 문자 **\r\n**을 만날 때 까지 문자들을 읽어온다. 따라서 24번째 줄의 첫 번째 반복에서 **fgets()**는 파일에 기록된 **The\r\n** 까지만 읽게 되고, **\r\n**은 다시 **'\n'**으로 변환되어 **The\n**을 **str**에 저장한다. 이때 **fgets()**는 문자들의 끝에 자동으로 **'\0'**을 추가하게 되므로 **str**에는 **The\n\0**이 저장된다.

● 스트림 버퍼 비우기

scanf()와 같은 입력 함수들을 사용하여 데이터를 입력받는 경우, 버퍼를 공유함에 따른 문제가 발생할 수 있다. 이 경우 **stdin** 스트림의 버퍼에 남아 있는 데이터를 비워버리면 되는데, 이 때 사용되는 함수가 **fflush()**이다. **fflush()**는 **stdio.h**를 사용하며, 이 함수의 원형은 다음과 같다.

```
#include <stdio.h> // 사용하는 헤더 파일
int fflush(FILE *fp);
```

매개변수 **fp**에 비울 스트림을 전달해 준다. 만일 **stdin**이 **fp**에 전달될 경우 입력 스트림의 버퍼에 남아 있는 데이터를 모두 삭제한다. **stdout**이 전달될 경우 출력 스트림 버퍼의 데이터를 모두 출력될 장치로 보내버림으로써 스트림을 비운다. 다음 예제를 확인해 보자.

예제 10-9

```
1:  #include <stdio.h>
2:  int main(void)
3:  {
4:      char ch, str[80];
5:
6:      printf("문자 입력 : ");
7:      scanf("%c",&ch);
8:      fflush(stdin); // stdin 스트림의 버퍼를 비운다.
9:      printf("문자열 입력 : ");
10:     gets(str);
11:     printf("결과 : %c, %s \n", ch, str);
12:     return 0;
13: }
```

❗••• 실행 결과

문자 입력 : a↵
문자열 입력 : hello↵
결과 : a, hello

예제의 **scanf()**와 **gets()**는 모두 **stdin** 스트림을 사용한다. 만일 8번째 줄의 **fflush()**가 없을 경우 7번째 줄의 **scanf()**가 수행된 후, **stdin**에는 입력된 데이터 중 '**\n**'이 버퍼에 남아있게 된다. 이것을 10번째 줄의 **gets()**가 읽어오며, 이 '**\n**'을 문자열 입력의 끝으로 보기 때문에 정상적인 입력이 수행되지 않게 된다. 이러한 경우 예제와 같이 **fflush()**를 사용하게 되면 첫 번째 데이터 입력 후 **stdin** 버퍼를 비우게 되므로 두 번째 입력이 정상적으로 동작하게 된다.

연습문제 10.3

1. 임의의 문자열들을 입력받아 파일로 저장하는 프로그램을 **fgets()**, **fputs()**을 사용하여 작성하시오. 이때 입력된 각 문자열의 끝에 '**\n**'을 추가하고, 입력된 문자열이 **"quit\n"**일 때 프로그램은 종료된다. 그리고 프로그램이 종료될 때 입력된 문자열들을 화면에 출력한다.

10.4 파일을 이용한 형식화된 데이터의 입·출력

텍스트 파일을 이용한 형식화된 데이터의 입·출력을 위해 **fscanf()**, **fprintf()**를 사용할 수 있다. 이 함수들은 입·출력을 위한 파일을 지정할 수 있다는 것을 제외하고, **scanf()**, **printf()**와 동일하게 동작한다. 두 함수의 원형은 다음과 같다.

```
#include <stdio.h> // 사용하는 헤더 파일
int fscanf(FILE *fp, char *format-string, ...);
int fprintf(FILE *fp, char *format-string, ...);
```

두 함수의 매개변수 **fp**에는 **FILE** 구조체 포인터가 사용된다. **fp**에 **stdin**, **stdout**이 각각 전달될 경우 **scanf()**, **printf()**와 동일한 기능을 가진다. **fprint()**는 출력한 문자의 개수를 반환하고, **fscanf()**는 파일의 끝에 도달했을 경우 **EOF**를 반환한다. 다음 예제를 살펴보자.

예제 10-10

```
1:  #include <stdio.h>
2:  struct student {
3:      char name[12];
4:      char id[10];
5:      unsigned int age;
6:      char dept[20];
7:  };
8:  int main(void)
9:  {
10:     FILE *fp;
11:     struct student s1 = {"홍길동", "2005123", 21, "전자공학과"};
12:
13:     if((fp = fopen("sample.txt", "w")) == NULL) {
14:             puts("File Open Error!");
15:             return 1;
16:     }
17:     fprintf(fp,"%s %s %d %s\n", s1.name,s1.id,s1.age,s1.dept);
18:     fclose(fp);
19:     if((fp = fopen("sample.txt", "r")) == NULL) {
20:             puts("File Open Error!");
21:             return 1;
22:     }
```

```
23:      fscanf(fp,"%s %s %d %s\n",&s1.name,&s1.id,&s1.age,&s1.dept);
24:      printf("이름:%s, 학번:%s \n", s1.name, s1.id);
25:      printf("나이:%d, 학과:%s \n", s1.age, s1.dept);
26:      fclose(fp);
27:      return 0;
28: }
```

17번째 줄에서 **fprintf()**를 사용하여 **s1**의 데이터를 **sample.txt** 파일에 기록한다. **fprintf()**는 문자열 **"%s %s %d %s\n"**을 기록하게 되므로 **sample.txt**에는 다음과 같이 데이터가 저장된다.

> 홍길동 2000513 21 전자공학과\r\n

23번째 줄에서 **fscanf()**를 사용하여 **sample.txt**에 기록된 데이터를 **s1**에 읽어온 후 24, 25번째 줄에서 출력한다.

fprintf()와 **fscanf()**는 다양한 자료형의 데이터를 형식 지정자를 이용하여 간편하게 파일로 출력할 수 있다는 장점이 있으며, 텍스트 파일로 변수나 상수 데이터를 출력할 때 사용된다.

연습문제 10.4

1. **int**형 배열 **arr**을 123, 456, 789, 234, 251로 초기화하고, 텍스트 파일로 저장하는 프로그램을 **fprintf()**와 **fscanf()**를 사용하여 작성하시오. 이때 각 데이터를 5자리의 출력 자릿수로 기록하고, 저장된 데이터를 읽어 화면에 출력하시오.

2. 임의의 문자열들을 입력받아 텍스트 파일로 저장하고, 파일에 저장된 문자열들을 읽어 화면에 출력하는 프로그램 **fprintf()**와 **fscanf()**를 사용하여 작성하시오. 파일에 저장되는 데이터는 1부터 증가하는 번호와 입력된 문자열이다. 만일 입력된 문자열이 "quit"일 경우 "quit"를 파일에 저장하고 입력은 중단되며, "quit" 이외의 문자열이 입력될 경우 계속 문자열을 입력받아 번호와 함께 파일로 저장한다.

10.5 파일을 이용한 이진 데이터의 입·출력

이진 파일은 데이터를 2진수 형태 그대로 파일로 출력하는 방법이다. 예를 들어 정수 1234가 텍스트 파일로 저장될 경우, 각 숫자는 '1', '2', '3', '4'의 ASCII 코드로 변환되어 저장되므로 4바이트가 필요하다. 그러나 이진 파일의 경우 1234는 2바이트의 2진수로 저장되므로 텍스트 파일보다 크기가 작아진다.

이진 파일로 데이터를 입·출력하기 위해 **fread()**, **fwrite()**를 사용한다. 두 함수의 원형은 다음과 같다.

```
#include <stdio.h> // 사용하는 헤더 파일
unsigned fwrite(void *buff, unsigned size, unsigned num, FILE *fp);
unsigned fread(void *buff, unsigned size, unsigned num, FILE *fp);
```

fwrite()는 **size** 바이트 크기의 **num**개 데이터를 **buffer**가 가리키는 곳에서 읽어 **fp**와 연결된 파일에 기록한다. **fwrite()**가 성공적으로 수행될 경우 기록된 데이터의 수를 반환한다. 예를 들어 배열 **int ar[50]**을 **fwrite()**로 파일 **fp**에 기록한다면 다음 형식과 같다.

```
fwrite(ar, 4, 50, fp);
fwrite(ar, sizeof(int), 50, fp);
```

fread()는 **fp**와 연결된 파일에서 **num**개의 데이터를 **size** 바이트 크기로 읽어, **buffer**가 가리키는 곳에 저장한다. **fread()**가 성공적으로 수행될 경우 읽어온 데이터의 개수를 반환한다. 다음 예제를 살펴보자.

예제 10-11

```
1:  #include <stdio.h>
2:  #define SIZE 50
3:  int main(void)
4:  {
5:      FILE *fp;
6:      int ar[SIZE], i;
7:
8:      for(i=0; i<SIZE; i++) ar[i] = i;
9:      if((fp = fopen("sample.dat", "wb")) == NULL) {
```

```
10:            puts("File Open Error!");
11:            return 1;
12:     }
13:     if(fwrite(ar, sizeof(int), SIZE, fp) != SIZE) {
14:            puts("File Write Error!");
15:            return 1;
16:     }
17:     fclose(fp);
18:     if((fp = fopen("sample.dat", "rb")) == NULL) {
19:            puts("File Open Error!");
20:            return 1;
21:     }
22:     if(fread(ar, sizeof(int), SIZE, fp) != SIZE) {
23:            puts("File Read Error!");
24:            return 1;
25:     }
26:     for(i=0; i<SIZE; i++) printf("ar[%d] = %d \n", i, ar[i]);
27:     fclose(fp);
28:     return 0;
29: }
```

9번째 줄과 18번째 줄에서 **sample.dat** 파일을 이진 파일로 쓰고, 읽기 위해 파일 모드를 **"wb"**, **"rb"**로 하였다. 13번째 줄에서는 **ar**의 전체 크기 **SIZE**개를 배열 요소의 크기 **sizeof(int)** 만큼씩 **sample.dat**에 기록한다. 만일 **fwrite()**에서 오류가 발생하면, **fwrite()**의 반환값은 **SIZE**의 크기와 일치하지 않게 되므로 프로그램은 종료된다. 22번째 줄에서 **sample.dat**의 데이터를 **ar**로 읽어오고, 26번째 줄에서 배열의 내용을 출력한다.

다음 예제는 구조체 배열을 **fwrite()**, **fread()**를 사용하여 데이터를 저장하고 읽어오는 방법을 보여준다.

예제 10-12

```
1:  #include <stdio.h>
2:  #define SIZE 3
3:  struct company {
4:      char c_name[15];
5:      int emp;
6:      int exp;
7:      double rate;
8:  };
9:  int main(void)
10: {
```

Chapter 08

Chapter 09

Chapter 10

Chapter 11

Chapter 12

Chapter 13

부록

```
11:      FILE *fp;
12:      struct company ca[SIZE] = {{"Hankook Corp.", 2000, 100, 8.8},
13:                                 {"Japan Corp.", 1200, 80, 7.0},
14:                                 {"USA Corp.", 1000, 50, 7.7}}};
15:      int i;
16:
17:      if((fp = fopen("sample.dat", "wb")) == NULL) {
18:              puts("File Open Error!");
19:              return 1;
20:      }
21:      if(fwrite(ca, sizeof(struct company), SIZE, fp) != SIZE) {
22:              puts("File Write Error!");
23:              return 1;
24:      }
25:      fclose(fp);
26:      if((fp = fopen("sample.dat", "rb")) == NULL) {
27:              puts("File Open Error!");
28:              return 1;
29:      }
30:      if(fread(ca, sizeof(struct company), SIZE, fp) != SIZE) {
31:              puts("File Read Error!");
32:              return 1;
33:      }
34:      fclose(fp);
35:      for(i=0; i<SIZE; i++) {
36:              printf("회사명 : %s \n", ca[i].c_name);
37:              printf("근로자 수 : %d명 \n", ca[i].emp);
38:              printf("수출금액 : %d억 \n", ca[i].exp);
39:              printf("이익률 : %.2f%% \n", ca[i].rate);
40:      }
41:      return 0;
42: }
```

21번째 줄에서 배열 **ca**를 **sample.dat** 파일에 기록하며, 30번째 줄에서 저장된 파일의 데이터를 읽어온다. 이 두 문장은 다음 예와 동일하다.

```
if(fwrite(ca, sizeof(ca), 1, fp) != 1) ...
if(fread(ca, sizeof(ca), 1, fp) != 1) ...
```

예제의 방식은 **company**형인 구조체 배열 **ca**의 각 요소를 하나씩 파일에 기록하는 것이며, 위 예는 구조체 배열 **ca** 전체를 하나의 데이터로 취급하여 한 번에 파일에 기록하는 것이다.

1. **double**형 2차원 배열 **da[2][3]**을 선언하고, 3.11, 3.12, 3.13, 3.14, 3.15, 3.16 데이터로 초기화하시오. 그리고 배열의 각 요소를 **fwrite()**를 사용하여 파일로 저장하고, **fread()**로 읽어 화면에 출력하는 프로그램을 작성하시오.

2. 예제 1번을 배열 전체를 한 번에 기록하고, 읽어 오도록 프로그램을 수정하시오.

10.6 파일의 끝 확인

텍스트 파일 읽기 함수들은 파일의 끝에 도달했을 때 **EOF**를 반환하지만, 파일을 읽는 도중 오류가 발생했을 때도 **EOF**를 반환한다. 따라서 반환된 **EOF**를 무조건 텍스트 파일의 끝으로 단정할 수 없다. 또한 이진 파일의 경우 저장된 데이터가 **EOF**에 해당하는 −1의 값을 가질 수 있기 때문에 −1을 파일의 끝으로 사용할 수 없다.

feof()는 정확한 파일의 끝을 찾기 위해 사용하는 라이브러리 함수이다. **feof()**는 텍스트 파일과 이진 파일에 모두 사용될 수 있다. **feof()**의 원형은 다음과 같다.

```
#include <stdio.h> // 사용하는 헤더 파일
int feof(FILE *fp);
```

feof()는 파일 **fp**의 끝에 도달했을 경우 0이 아닌 값을 반환하고, 파일의 끝이 아닐 경우 0을 반환한다. **feof()**를 사용한 파일 끝의 확인 후에는 파일을 다시 읽을 수 없으며, 파일을 닫고 다시 열어야 읽을 수 있다. 다음 예제는 **feof()**를 사용하여 파일에 기록된 바이트의 수를 계산한다.

예제 10-13

```
1:  #include <stdio.h>
2:  int main(void)
3:  {
4:      FILE *fp;
5:      char str[80];
6:      unsigned count=0;
7:
8:      printf("파일 이름 입력 : ");
9:      gets(str);
```

```
10:    if((fp = fopen(str, "rb")) == NULL) {
11:            puts("File Open Error!");
12:            return 1;
13:    }
14:    while(!feof(fp)){
15:            if(fgetc(fp) == EOF) break;
16:            count++;
17:    }
18:    fclose(fp);
19:    printf("파일 이름: %s, 바이트 수: %u바이트 \n", str, count-1);
20:    return 0;
21: }
```

10번째 줄에서 입력받는 파일을 이진 모드로 연다. 14번째 줄의 반복문에서 파일의 끝, 즉 **feof()**의 반환값이 0이 아닐 때까지 반복은 계속된다. 15번째 줄에서 **fgetc()**가 **fp**에서 1바이트씩 읽고, 그 값이 **EOF**면 반복을 종료하고 아닐 경우 **count**를 증가한다.

다음 예제는 구조체 배열을 이진 파일로 기록하고, **feof()**를 사용하여 파일의 끝까지 데이터를 읽어 화면에 출력한다.

예제 10-14

```
1:  #include <stdio.h>
2:  struct student {
3:      char name[12];
4:      unsigned int age;
5:  };
6:  int main(void)
7:  {
8:      FILE *fp;
9:      struct student s[3] = {{"홍길동", 21}, {"김철수", 22}, {"김영희", 20}};
10:     struct student sd;
11:
12:     if((fp = fopen("sample.dat", "wb")) == NULL) {
13:             puts("File Open Error!");
14:             return 1;
15:     }
16:     if(fwrite(s, sizeof(s), 1, fp) != 1) {
17:             puts("File Write Error!");
18:             return 1;
19:     }
20:     fclose(fp);
```

```
21:     if((fp = fopen("sample.dat", "rb")) == NULL) {
22:             puts("File Open Error!");
23:             return 1;
24:     }
25:     while(!feof(fp)){
26:             if(fread(&sd, sizeof(struct student), 1, fp) != 1) break;
27:             printf("이름:%s, 나이:%d \n", sd.name, sd.age);
28:     }
29:     fclose(fp);
30:     return 0;
31: }
```

25번째 줄에서 **feof()**를 사용하여 이진 파일의 끝을 검사한다. 26번째 줄에서 **fread()**를 사용하여 **student**형의 크기만큼 파일에서 읽어 구조체 변수 **sd**에 저장하고, 27번째 줄에서 멤버 변수를 출력한다.

연습문제 10.6

1. 예제 10-14의 26번째 줄의 문장을 다음과 같이 수정하고 실행 결과를 확인하시오. 그리고 이렇게 출력되는 이유가 무엇인지 설명하시오.
   - fread(&sd, sizeof(struct student), 1, fp) != 1);

2. 사용자로부터 어떤 텍스트 파일의 이름을 입력받아 파일의 끝까지 그 내용을 출력하는 프로그램을 작성하시오. 파일 끝의 확인을 위해 **feof()**를 사용하고, 파일의 데이터를 읽기 위해 **fgets()**를 사용하시오.

10.7 임의 파일 접근

FILE 구조체 내부의 파일 위치 지시자는 파일의 데이터를 읽고 쓸 때 그 크기만큼 위치를 이동시켜주며, 프로그래머가 파일의 위치를 지정하지 않아도 파일의 처음부터 끝까지 순차적으로 쓰고 읽게 된다. 이와 같이 파일을 순차적으로 데이터를 읽고 쓰는 파일 접근 방법을 **순차 파일 접근**(sequential file access)이라 한다.

순차 파일 접근과는 반대로 파일 위치 지시자의 위치 정보를 제어하여, 파일 임

의의 위치에서 데이터를 읽고 쓰는 파일 접근 방식을 **임의 파일 접근**(random file access)이라 하며, **fseek()**을 사용하여 수행한다. **fseek()**의 원형은 다음과 같다.

```
#include <stdio.h> // 사용하는 헤더 파일
int fseek(FILE *fp, long offset, int origin);
```

매개변수 **offset**에는 **origin** 위치에서부터의 거리를 바이트로 지정하며, 이 위치를 새로운 현재 위치로 설정한다. **offset**은 음수 또는 양수의 값을 가질 수 있으며, 양수일 경우 파일의 끝 방향으로 현재 위치가 이동하게 되고, 음수일 경우 파일의 시작 방향으로 위치가 이동한다. 매개변수 **origin**은 기준 위치를 설정하기 위해 사용되고, 다음의 세 가지 값 중에서 하나가 될 수 있다. 이 값들은 **stdio.h**에 정의되어 있는 매크로 상수들이다.

표 10-4 : origin의 값

매크로 상수	값	의미
SEEK_SET	0	파일의 시작 위치부터 offset 바이트만큼 이동
SEEK_CUR	1	파일의 현재 위치부터 offset 바이트만큼 이동
SEEK_END	2	파일의 끝(EOF) 위치부터 offset 바이트만큼 이동

예를 들어 **fseek(fp, 100, SEEK_SET);** 문장은 아래의 그림과 같이 파일의 시작 위치에서부터 파일 끝 방향으로 100바이트만큼 떨어진 위치를 새로운 현재 위치로 설정한다. **origin**이 **SEEK_SET**일 경우 **offset**의 크기는 0보다 크거나 같아야 한다.

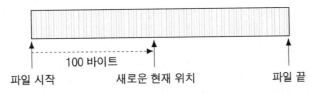

fseek(fp, 100, SEEK_CUR); 문장은 아래의 그림과 같이 파일의 현재 위치에서부터 파일 끝 방향으로 **100바이트**만큼 떨어진 위치를 새로운 현재 위치로 설정한다.

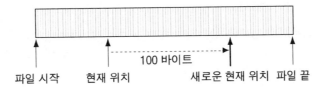

fseek(fp, -100, SEEK_END); 문장은 아래의 그림과 같이 파일의 끝 위치에서부터 파일 시작 방향으로 **-100**바이트만큼 떨어진 위치를 새로운 현재 위치로 설정한다. **origin**이 **SEEK_END**일 경우 **offset**의 크기는 0보다 작거나 같아야 한다. 여기서 **SEEK_END**가 의미하는 파일의 끝은 파일의 마지막에 존재하는 데이터의 위치가 아니라 **EOF**를 말한다.

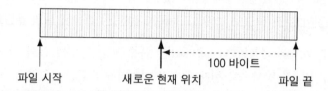

| 파일 시작 | 새로운 현재 위치 | 100 바이트 | 파일 끝 |

fseek()이 성공적으로 수행되었을 경우 0을 반환하여, 오류가 발생했을 경우 0이 아닌 값을 반환한다. **fseek()**을 잘못 사용할 경우 파일의 범위를 지나친 위치에서 데이터를 읽어 올 수 있기 때문에, 항상 파일의 처음과 마지막 위치를 벗어나지 않도록 주의해야 한다. 다음 예제를 살펴보자.

예제 10-15

```
1:  #include <stdio.h>
2:  struct student {
3:      char name[12];
4:      unsigned int age;
5:  };
6:  int main(void)
7:  {
8:      FILE *fp;
9:      struct student s[3] = {{"홍길동", 21}, {"김철수", 22}, {"김영희", 20}};
10:     struct student sd;
11:     long num;
12:
13:     if((fp = fopen("sample.dat", "wb")) == NULL) {
14:             puts("File Open Error!");
15:             return 1;
16:     }
17:     if(fwrite(s, sizeof(s), 1, fp) != 1) {
18:             puts("File Write Error!");
19:             return 1;
20:     }
21:     fclose(fp);
22:     if((fp = fopen("sample.dat", "rb")) == NULL) {
23:             puts("File Open Error!");
24:             return 1;
```

```
25:     }
26:     printf("출력할 데이터 번호 : ");
27:     scanf("%ld", &num);
28:     if(num<0 || num>2) return 1;
29:     fseek(fp, num * sizeof(struct student), SEEK_SET);
30:     if(fread(&sd, sizeof(struct student), 1, fp) != 1) return 1;
31:     printf("이름:%s, 나이:%d \n", sd.name, sd.age);
32:     fclose(fp);
33:     return 0;
34: }
```

29번째 줄의 **fseek()**는 파일의 처음 위치에서부터 **num*sizeof(struct student)** 만큼 위치를 이동한다. 따라서 **num**이 0일 경우 **s[0]**, 1일 경우 **s[1]**의 시작 위치를 현재 위치로 설정한다. 30번째 줄에서 이 위치부터 **sizeof(struct student)**의 크기만큼 데이터를 읽고, 그 값을 구조체 변수 **sd**에 저장한다.

일반적으로 **fseek()**을 사용한 임의 파일 접근은 이진 파일을 다룰 때 주로 사용된다. 텍스트 파일의 경우 **'\n'**과 같은 특정 문자에 대한 변환이 발생하기 때문에 접근하고자 하는 위치와 실제 파일의 위치가 다를 수 있기 때문이다.

파일의 현재 위치를 알기 위해 **ftell()**을 사용할 수 있다. **ftell()**의 원형은 다음과 같다.

```
#include <stdio.h> // 사용하는 헤더 파일
long ftell(FILE *fp);
```

ftell()이 반환하는 값은 현재 파일의 위치가 시작 위치로부터 얼마만큼 떨어져 있는 지를 나타내는 바이트 값이다. **ftell()**은 실행 중 오류가 발생했을 경우 –1을 반환한다.

현재 파일의 위치를 시작 부분으로 설정하기 위해 **rewind()**를 사용할 수 있다. 이 함수의 수행 효과는 **fseek(fp, 0L, SEEK_SET);**과 같으며, 함수의 원형은 다음과 같다.

```
#include <stdio.h> // 사용하는 헤더 파일
void rewind(FILE *fp);
```

rewind()는 현재 열려 있는 파일은 모두 처음 위치로 되돌릴 수 있기 때문에, 반환 값이 존재하지 않는다. 예제를 통해 두 함수의 사용 방법을 살펴보자.

예제 10-16

```
1:  #include <stdio.h>
2:  int main(void)
3:  {
4:      FILE *fp;
5:      char str[10] = "hi!";
6:      char ch; long cp;
7:
8:      if((fp = fopen("sample.dat", "wb")) == NULL) {
9:              puts("File Open Error!");
10:             return 1;
11:     }
12:     if(fwrite(str, sizeof(str), 1, fp) != 1) {
13:             puts("File Write Error!");
14:             return 1;
15:     }
16:     fclose(fp);
17:     if((fp = fopen("sample.dat", "rb")) == NULL) {
18:             puts("File Open Error!");
19:             return 1;
20:     }
21:     while(ch != '\0') {
22:             cp = ftell(fp);
23:             ch = fgetc(fp);
24:             printf("현재 파일 위치 : %ld, 읽은 문자 : %c \n", cp, ch);
25:     }
26:     rewind(fp);
27:     cp = ftell(fp);
28:     printf("현재 파일 위치 : %ld \n", cp);
29:     fclose(fp);
30:     return 0;
31: }
```

❗··· 실행 결과

```
현재 파일 위치 : 0, 읽은 문자 : h
현재 파일 위치 : 1, 읽은 문자 : i
현재 파일 위치 : 2, 읽은 문자 :
현재 파일 위치 : 0
```

　실행 결과와 같이 **while** 반복문 내의 23번째 줄에서 파일의 데이터를 **fgetc()**를 사용하여 1바이트씩 읽어 화면으로 출력한다. 22번째 줄의 **ftell()**은 파일의 현재 위치를 변수 **cp**에 치환하고, 이 값을 24번째 줄에서 출력한다. 그리고 26번째 줄에서 **rewind()**를 사용하여 파일의 위치를 처음으로 되돌린다.

1. 사용자로부터 임의의 문자열을 입력받아 파일로 저장하시오. 그리고 파일에 저장된 문자열 중 널 문자를 제외한 문자들을 역순으로 출력하는 프로그램을 **fseek()**와 **ftell()**을 사용하여 작성하시오.

2. 사용자로부터 임의의 문자열을 배열에 입력받아 파일로 저장하시오. 그리고 이 파일의 내용을 두 번 출력하는 프로그램을 **rewind()**를 사용하여 작성하시오.

🦋 종합문제

1. 어떤 영문 텍스트 파일의 이름을 사용자로부터 입력받아 그 파일에 존재하는 모든 데이터의 대·소문자를 반대로 변환하여 텍스트 파일로 저장하는 프로그램을 작성하시오. 결과 확인을 위해 변환된 파일의 내용을 화면에 출력하시오.

2. 어떤 텍스트 파일의 이름을 사용자로부터 입력받아 그 파일에 존재하는 모든 데이터를 출력하는 프로그램을 **fgets()**를 사용하여 작성하시오. 이때 출력되는 데이터의 각 줄의 첫 부분에 1부터 번호를 붙이고, 한 화면에 20줄씩 끊어서 출력한다. 그리고 사용자가 엔터를 입력하면 그 다음 20줄을 화면에 출력한다.

3. 학생의 수학, 영어, 총점, 평균을 저장할 수 있는 구조체를 선언하고, 10명의 학생 성적을 저장할 수 있도록 구조체 배열을 선언하시오. 사용자로부터 수학, 영어 성적을 입력받아 총점과 평균을 계산하여 텍스트 파일로 저장한 다음, 학생의 이름을 입력받아 성적과 총점 평균을 출력하는 프로그램을 **fprintf()**, **fscanf()**를 사용하여 작성하시오.

4. 이름과 전화번호, 회사명을 저장할 수 있는 구조체 **tel**을 정의하고, 이 구조체를 자료형으로 하는 배열 **addr_book[10]**을 선언하시오. 10명의 데이터를 입력받아 이진 파일로 저장한 다음, 이름을 입력받아 그 이름에 해당하는 전화번호와 회사명을 파일에서 검색하여 출력하는 프로그램을 작성하시오.

5. 10개의 양의 정수값을 저장할 수 있는 배열을 선언하고, 사용자로부터 정수값을 입력받아 이진 파일로 저장하시오. 그리고 사용자로부터 검색하고자 하는 정수를 입력받아 파일에서 해당 정수를 찾고, 그 위치를 출력하는 프로그램을 **fread()**, **fwrite()**, **ftell()**, **rewind()**를 사용하여 작성하시오. 사용자가 -1을 입력했을 경우 프로그램은 종료되며, 해당 데이터가 파일에 없을 경우 적절한 메시지를 출력한다.

6. **fread()**를 사용하여 파일의 내용을 다음과 같이 16진수로 출력하는 프로그램을 작성하시오.

```
000000: 4d 5a 90 00 03 00 00 00 04 00 00 00 ff ff 00 00   MZ..............
000010: b8 00 00 00 00 00 00 00 40 00 00 00 00 00 00 00   ........@.......
000020: 00 00 00 00 00 00 00 00 00 00 00 00 00 00 00 00   ................
000030: 00 00 00 00 00 00 00 00 00 00 00 00 d0 00 00 00   ................
000040: 0e 1f ba 0e 00 b4 09 cd 21 b8 01 4c cd 21 54 68   ........!..L.!Th
000050: 69 73 20 70 72 6f 67 72 61 6d 20 63 61 6e 6e 6f   is.program.canno
000060: 74 20 62 65 20 72 75 6e 20 69 6e 20 44 4f 53 20   t.be.run.in.DOS.
000070: 6d 6f 64 65 2e 0d 0d 0a 24 00 00 00 00 00 00 00   mode....$.......
```

각 라인의 첫 6숫자는 파일의 위치(offset)를 나타내는 16진수 값이며, 그 다음은 16바이트의 값들을 16진수로 출력한다. 마지막은 16바이트들의 값을 문자로 나타낸 것이며, 출력할 수 없는 문자는 '.'으로 표시한다.

Chapter 11

기억장소의 종류와
동적 메모리 할당

변수는 저장되는 위치에 따라 그 성질이 달라진다. 이 장에서는 변수가 메모리에 저
장되는 장소와 선언된 변수의 유효 범위를 지정하기 위한 변수의 기억 클래스에 대하
여 살펴본다. 또한 변수에 접근하는 방법에 영향을 주는 키워드들에 관하여 알아보고
프로그램 실행 중 메모리를 할당 받는 동적 메모리 할당에 관하여 학습한다.

11.1 프로그램이 사용하는 메모리 영역

모든 프로그램은 메모리에 적재된 상태에서 실행된다. 운영체제는 실행되는 프로그
램을 위해서 프로그램이 사용할 메모리 공간을 할당하며, 프로그램이 할당 받는 메모리
공간은 **코드**, **데이터**, **힙**(heap) 그리고 **스택** 영역으로 세분화된다.

프로그램이 사용하는 메모리 구조는 운영체제에 따라 조금씩 달라지지만, 일반적으
로 다음 그림과 같은 형태를 가진다.

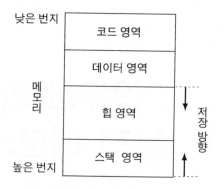

코드 영역은 기계어로 변환된 프로그램 명령들이 저장되는 곳으로, 이 메모리 공간
은 읽기만 가능하고 쓰기는 금지된다.

데이터 영역은 전역 변수나 문자열 상수와 같은 데이터들이 저장되는 곳으로, 프로
그램이 종료될 때 까지는 메모리에 계속 존재한다. 이 영역은 저장되는 데이터의 종류
에 따라 읽기만 가능한 영역과 읽기 쓰기가 자유로운 영역으로 분리된다. 다음 절에서
설명할 **const** 변수나 문자열 상수와 같은 데이터는 읽기만 가능한 데이터 영역에 저장
되고, 전역 변수나 정적(**static**) 변수와 같은 데이터들은 읽기 쓰기가 가능한 데이터
영역에 저장된다.

힙 영역은 프로그래머에 의해 관리되는 메모리 영역으로서, 프로그램 실행 전까지
알 수 없는 가변적인 크기의 데이터를 저장하기 위해 사용된다.

스택 영역은 지역 변수나 매개변수와 같은 데이터가 저장되는 영역으로서, 이곳에 저장된 데이터들은 사용이 끝나면 자동으로 삭제된다.

변수의 **기억 클래스**(storage class)란 변수가 저장될 메모리의 영역을 지정하는 것이다. 변수의 저장 장소를 **레지스터**(register) 또는 메모리의 어떤 영역에 저장하게 할 것인가를 결정하여 변수의 삭제 시기, 유효 범위, 초기값 등을 규정해 준다.

C에서는 변수의 기억 클래스를 위해 키워드 **auto**, **extern**, **static**, **register**의 4가지 지정자를 제공하며, 각 지정자에 따른 특징을 요약하면 다음 표와 같다.

표 11-1 : 지정자에 따른 변수의 기억 클래스

지정자	기억 클래스	저장 영역	선언 위치	유효 범위	삭제 시기	초기값
auto	지역	스택 영역	함수의 내부 (코드 블록)	함수의 내부 (코드 블록)	함수 종료	쓰레기
extern	전역	데이터 영역	함수의 외부	프로그램 전체	프로그램 종료	0
static	정적	데이터 영역	함수의 내부 (코드 블록)	함수의 내부 (코드 블록)	프로그램 종료	0
register	레지스터	CPU 레지스터	함수의 내부 (코드 블록)	함수의 내부 (코드 블록)	함수 종료	쓰레기

11.2 변수의 기억 클래스

11.2.1 auto 지정자

auto는 지역 변수의 선언을 위해 사용하며, 변수 선언시 키워드 **auto**를 붙인다. **auto** 변수는 함수 또는 코드 블록이 시작될 때 자동으로 스택에 생성되고, 변수의 사용이 끝나면 자동으로 스택에서 삭제된다. 이러한 이유로 지역 변수를 **자동 변수**(automatic variable)라 부른다.

모든 지역 변수는 **auto** 변수로 가정하기 때문에 변수 선언시 **auto**를 생략할 수 있다. **auto** 키워드는 지역 변수 선언에서만 사용할 수 있으므로, 전역 변수 선언문에 **auto**를 사용할 경우 오류가 된다.

11.2.2 extern 지정자

규모가 큰 프로그램을 작성할 때, 프로그램에서 사용되는 사용자 정의 함수들을 기능에 따라 여러 개의 소스 파일로 분리하여 작성한다. 분리된 파일 단위를 **모듈** (module)이라 하며, 모듈로 프로그램을 작성하게 되면, 프로그램의 재사용과 유지보수가 쉬워진다.

프로그램을 모듈로 작성할 경우, 이 모듈들을 따로 컴파일 한 다음, 링크 과정에서 하나로 합치는 **분할 컴파일**을 하게 된다. 그림으로 살펴보면 다음과 같다.

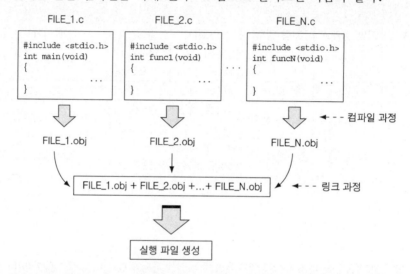

이러한 경우 서로 다른 모듈에 존재하는 전역 변수들을 참조할 경우가 생기는데, 이때 **extern** 지정자를 사용한다. 먼저 **extern** 지정자가 필요한 경우를 살펴보자.

예제 11-1

```
// FILE1.c
1:  #include <stdio.h>
2:  double func(double j); // 함수 원형
3:  double num; // 전역 변수
4:  int main(void)
5:  {
6:      int i;
7:
8:      for(i=1; i<5; i++)
9:          printf("%f \n", func(i));
10:     return 0;
11: }
```

```
// FILE2.c
1:  #include <math.h>
2:  double func(double j)
3:  {
4:      num = sqrt(j);
5:      return num;
6:  }
```

위 예제는 하나의 프로그램이 2개의 모듈로 나누어진 경우를 나타낸다. 이 프로그램을 컴파일하면 **FILE2.c**의 4번째 줄에서 변수 **num**이 선언되지 않았다는 오류가 발생한다. 이것은 **FILE2.c**에 사용된 **num**이 **FILE1.c**의 3번째 줄에 선언된 전역 변수 **num**을 의미하는 것이지만, 컴파일러는 **FILE2.c** 내에서만 **num**이라는 변수를 찾기 때문에 변수가 선언되지 않은 것으로 간주한다. 따라서 **FILE2.c**에 존재하는 변수 **num**이 다른 모듈에서 선언된 외부 변수라는 것을 다음 예제와 같이 컴파일러에게 알려 주어야 한다.

예제 11-2

```
// FILE2.c
1:  #include <math.h>
2:  extern double num; //외부 변수임을 알림
3:  double func(double j)
4:  {
5:      num = sqrt(j);
6:      return num;
7:  }
```

2번째 줄에서 **extern**을 사용하여 변수 **num**이 다른 모듈에서 선언된 외부 변수라는 것을 알려준다. **extern**이 사용된 선언문은 변수 선언문이 아니기 때문에 메모리를 할당하지 않으며, 단지 외부 변수가 현재 파일 내에 사용된다는 것을 알려 주는 역할만 한다.

11.2.3 **static 지정자**

지역 변수의 선언문에 **static** 지정자가 사용될 경우, 이 변수를 **정적 변수**라 부른다. 정적 변수는 스택이 아닌 데이터 영역에 저장되기 때문에 프로그램이 종료될 때 까지 항상 메모리에 존재한다.

정적 변수의 유효 접근 범위는 함수의 내부로 제한되며, 변수 선언시 0으로 초기화 된다. 다음 예제를 살펴보자.

예제 11-3

```
1:  #include <stdio.h>
2:  int func(int j);
3:  int main(void)
4:  {
5:      int i;
```

```
 6:
 7:     for(i=1; i<4; i++) printf("%d \n", func(i));
 8:     return 0;
 9: }
10:
11: int func(int j)
12: {
13:     static int num;
14:
15:     num = num + j;
16:     return num;
17: }
```

❗···· 실행 결과

```
1
3
6
```

13번째 줄에 정적 변수 **num**이 선언되었다. 실행 결과와 같이 정적 변수는 0으로 초기화되며, 초기화는 최초의 함수 호출시 한 번만 수행된다. 또한 함수가 종료된 뒤에도 그 값을 계속 유지하게 된다.

전역 변수를 정적 변수로 선언할 경우, 이 변수의 접근 범위는 같은 모듈 내부로 제한되며, 외부의 다른 모듈에서 **extern** 지정자를 사용하여 접근하는 것 역시 불가능하다.

11.2.4 `register` 지정자

레지스터는 CPU 내부에 존재하는 메모리 영역이며, CPU 내부에 있기 때문에 시스템 메모리(RAM)에 비해 월등히 빠른 접근 속도를 가진다. 만일 어떤 변수를 이 레지스터에 저장시키고자 할 경우, **register** 지정자를 사용한다.

register가 사용될 수 있는 변수는 **char**, **int**, 포인터 형과 같은 정수형으로 제한되며, **float**형과 **double**형 같은 실수형 변수에 **register** 지정자를 사용할 경우 컴파일러는 무시해 버린다. 또한 **register** 변수는 지역 변수 선언에서만 사용할 수 있으며, 전역 변수에 사용할 경우 오류가 된다.

CPU의 레지스터는 그 수가 많지 않기 때문에 각 함수에서 사용할 수 있는 레지스터 변수는 극히 제한적 이다. 만일 많은 수의 레지스터 변수가 선언될 경우, 컴파일러는 레지스터에 저장할 수 있는 만큼만 레지스터 변수로 선언하고, 나머지 변수들은 자동으로 지역 변수로 선언하게 된다.

레지스터 변수는 반복문의 반복 제어 변수와 같이 매우 빈번히 사용되는 변수를 위해

사용될 경우 수 있다. 그러나 이러한 목적이 아니라면 일반 변수를 레지스터 변수로 만들 필요는 없다. 이것은 현재의 CPU가 매우 고속이기 때문에 레지스터 변수와 일반 변수의 차이를 느끼기 힘들 뿐만 아니라, 현재 컴파일러들은 매우 지능적이어서 지역 변수로 선언하더라도 레지스터의 공간이 비어있을 경우 자동으로 레지스터 변수로 선언하여 프로그램을 최적화시키기 때문이다.

레지스터 변수는 시스템의 메모리에 저장되는 변수가 아니므로, 주소 참조 연산자 &를 사용하여 주소를 알 수 없다. 그러나 레지스터에 포인터 변수를 저장할 수는 있으므로 포인터가 가리키는 객체를 참조 연산자 *를 사용하여 접근하는 것은 가능하다.

연습문제 11.2

1. 다음 두 모듈로 하나의 프로그램을 구성할 때, 이 프로그램은 올바른가?

```
//FILE1.c
1:  #include <stdio.h>
2:  void input_name(void);
3:  char str[80];
4:  int main(void)
5:  {
6:      input_name();
7:      puts(str);
8:      return 0;
9:  }
```

```
//FILE2.c
1:  #include <stdio.h>
2:  void input_name(void)
3:  {
4:      printf("이름 입력 : ");
5:      gets(str);
6:  }
```

2. 다음 프로그램의 수행 결과는 무엇인가?

```
1:  #include <stdio.h>
2:  void func(void);
3:  int main(void)
4:  {
5:      int i;
6:
7:      for(i=0; i<10; i++) func();
8:      return 0;
9:  }
10:
11: void func(void)
12: {
13:     static int num=10;
14:     int count=10;
15:
16:     printf("%d %d \n", num++, count++);
17: }
```

11.3 const와 volatile 지정자

11.3.1 const 지정자

변수 선언시 **const** 지정자를 사용할 경우, 이 변수는 값을 변경할 수 없는 상수가 된다. **const** 변수는 프로그램 내에서 어떤 변수가 다른 문장에 의해 수정되는 것을 방지할 수 있다.

const 변수는 변수의 선언과 동시에 초기값을 반드시 지정해야 한다. 다음 두 예제를 살펴보자.

예제 11-4

```
1:  #include <stdio.h>
2:  int main(void)
3:  {
4:      const double PI = 3.14;
5:
6:      printf("%.3f \n", 2*PI*3.0);
7:      return 0;
8:  }
```

```
1:  #include <stdio.h>
2:  int main(void)
3:  {
4:      const double PI;
5:
6:      PI = 3.14; //오류
7:      printf("%.3f \n", 2*PI*3.0);
8:      return 0;
9:  }
```

오른쪽 예제의 4번째 줄에서 변수 **PI**를 **const** 변수로 정의하였다. 따라서 **PI**의 값은 변경할 수 없기 때문에 6번째 줄의 문장은 오류가 된다. 만일 **const** 변수의 초기값을 지정하지 않을 경우 쓰레기 값으로 초기화되고, 그 값으로 고정된다.

11.3.2 포인터와 const 지정자

포인터 변수의 선언문에 **const** 지정자를 사용하여 포인터 변수를 상수로 정의할 수 있다. 포인터 변수 선언에서 **const** 지정자의 사용 위치에 따라 포인터가 가리키고 있는 변수를 상수로 정의하는 방법과 포인터 변수 자체를 상수로 정의하는 두 가지 방법이 있다.

먼저 포인터가 가리키는 변수를 상수로 정의하는 방법을 예제를 통해 살펴보자.

예제 11-5

```
1:   #include <stdio.h>
2:   int main(void)
3:   {
4:       int i, arr[3] = {1, 3, 5};
5:       const int *pa = arr; //const의 위치에 주의
6:
7:       for(i=0; i<3; i++) *(pa+i) = i; //오류
8:       for(i=0; i<3; i++) arr[i] = i; //문제없음
9:       return 0;
10: }
```

5번째 줄은 포인터 변수 **pa**를 선언하고, **pa**가 가리키는 배열 **arr**을 상수로 정의하는 문장이다. 따라서 7번째 줄과 같이 **pa**를 사용하여 배열 **arr**의 데이터를 변경하는 문장은 오류가 된다. 여기서 5번째 줄의 문장이 배열 **arr** 자체를 상수로 정의하는 것은 아니며, 포인터를 사용하여 포인터가 가리키는 객체의 데이터를 변경하는 연산을 금지시키는 것이다. 따라서 8번째 줄과 같이 배열 **arr**을 사용한 데이터의 변경은 아무런 문제가 발생하지 않는다.

다음은 포인터 변수 자체를 상수로 정의하는 예제이다.

예제 11-6

```
1:   #include <stdio.h>
2:   int main(void)
3:   {
4:       int i, arr1[3] = {1, 3, 5};
5:       int arr2[3] = {2, 4, 6};
6:       int *const pa = arr1; //const의 위치에 주의
7:
8:       for(i=0; i<3; i++) printf("%d ", *(pa+i)); //문제없음
9:       pa = arr2; //오류
10:      for(i=0; i<3; i++) printf("%d ", *(pa+i));
11:      return 0;
12: }
```

6번째 문장은 포인터 변수 **pa**를 선언하고, **pa**를 상수로 정의하고 있다. 이 경우 **pa**는 배열 **arr1**을 가리키는 것으로 고정되기 때문에 다른 객체를 가리킬 수 없다. 따라서 8번째 문장과 같이 **pa**가 가리키는 객체를 참조하는 것은 아무런 문제가 되지 않지만, 9번째 줄과 같이 **pa**가 다른 객체를 가리키게 하는 연산은 오류가 된다.

11.3.3 volatile 지정자

대부분의 컴파일러들은 사용자가 작성한 프로그램을 컴파일 할 때, 실행 시간의 단축과 사용되는 메모리를 최소화시키기 위해, 프로그램이 가지고 있는 비효율적인 문장들을 효율적으로 개선시키는 **코드 최적화**(code optimization) 과정을 수행한다. 예를 들어 다음과 같은 프로그램을 작성했다고 가정해 보자.

```
int i; double x;
for(i=0; i<1000000; i++) {
    x = (-2.0 + sqrt((8.0*8.0)-(4.0*1.0*4.0))) / (2.0 * 3.0); //x 값 계산
    printf("%f \n", x*i);
        ...
}
```

반복문 내에서 **x** 값을 계산하기 위한 수식을 반복 수행할 때마다 매번 계산하는 것은 비효율적이라 할 수 있다. 컴파일러는 코드 최적화에 의해 이러한 문장들을 다음과 같은 형태로 변환한 다음 컴파일을 수행한다.

```
int i; double x;
x = (-2.0 + sqrt((8.0*8.0)-(4.0*1.0*4.0))) / (2.0 * 3.0);
for(i=0; i<1000000; i++) {
    printf("%f \n", x*i);
        ...
}
```

그러나 위와 같은 코드 최적화가 프로그래머의 의도와 다르게 진행될 경우 큰 문제가 될 수도 있다. 이러한 경우 해당 변수에 대한 코드 최적화를 불가능하도록 지정해야 하는데, 이때 **volatile** 지정자를 사용한다.

다음 예와 같이 **volatile** 지정자를 변수의 선언문에 사용할 경우, 컴파일러는 이 변수를 코드 최적화 과정에서 제외하며, 어떠한 코드 최적화도 수행하지 않는다.

```
int i;
volatile double x; //코드 최적화 금지
for(i=0; i<1000000; i++) {
    x = (-2.0 + sqrt((8.0*8.0)-(4.0*1.0*4.0))) / (2.0 * 3.0);
    printf("%f \n", x*i);
        ...
}
```

volatile 지정자가 필요한 경우는 **인터럽트**(interrupt)와 같이 외부의 다른 요인에 의해 변수의 값이 변경될 수 있을 때, 그것을 방지하기 위해 사용될 수 있으며, 그 이외에는 사용 빈도가 극히 낮다고 할 수 있다.

연습문제 11.3

1. 문자열 관련 라이브러리 함수들의 실제 원형은 다음과 같다. 이 함수들의 매개변수가 가지는 의미를 설명하시오.

   ① char *strcpy(char *dest, const char *src);

   ② char *strcat(char *dest, const char *src);

   ③ int strcmp(const char *s1, const char *s2);

2. 다음 프로그램에서 잘못된 부분은 무엇인가?

```
1:  #include <stdio.h>
2:  void func(const char *sp);
3:  int main(void)
4:  {
5:      char str[80];
6:
7:      gets(str);
8:      func(str);
9:      return 0;
10: }
11:
12: void func(const char *sp)
13: {
14:     while(*sp) {
15:         *sp = *sp + 1;
16:         putchar(*sp++);
17:     }
18: }
```

11.4 힙과 동적 메모리 할당

11.4.1 힙의 필요성

메모리의 힙 영역은 프로그램이 실행되기 전까지는 그 크기를 알 수 없는 가변적인 데이터를 위해 사용된다. 먼저 힙의 필요성을 살펴보자.

배열의 크기는 정수형 상수만 가능하기 때문에 다음 예는 오류가 된다.

```
void input_grade(int size)
{
        int arr[size]; //오류
        int i;
        for(i=0; i<size; i++) {
                printf("%d번째 학생 성적 입력 : ", i+1);
                scanf("%d", &arr[i]);
        }
}
```

C에서 배열을 포함한 지역 변수나 전역 변수와 같이 메모리의 스택 영역과 데이터 영역을 사용하는 객체들은 컴파일 시점에서 그 크기가 반드시 결정되어야 한다. 위의 예의 경우 매개변수 **size**의 값이 프로그램 실행 중에 결정되므로, **int arr[size];**에서 배열 **arr**이 얼마의 크기를 사용하는지 컴파일러가 알 수 없다. 또한 다음과 같은 프로그램도 오류이다.

```
int i, size = 10;
int arr[size];
for(i=0; i<size; i++) {
        printf("%d번째 학생 성적 입력 : ", i+1);
        scanf("%d", &arr[i]);
}
```

배열 **arr**의 크기는 변수 **size**에 의해 결정된다. 여기서 **size**가 10으로 초기화될 때는 컴파일 시점이 아닌 프로그램이 실행될 때이다. 따라서 컴파일 시점에서는 변수 **size**의 크기가 얼마인지를 컴파일러가 알 수 없기 때문에 오류가 된다.

위의 예와 같이 배열의 선언에서 그 크기를 사용자가 원하는 크기만큼 사용할 수 있다면, 불필요한 메모리의 낭비를 줄일 수 있을 뿐만 아니라 프로그램의 유연성을 높일

수 있게 된다. 이러한 경우 사용할 메모리의 크기를 컴파일 시점이 아닌 프로그램 실행 시점에서 할당 받아야 하는데, 이때 사용할 수 있는 메모리 영역이 힙이다.

11.4.2 동적 메모리 할당

힙 영역에 메모리를 할당 받는 것을 **동적 메모리 할당**(dynamic memory allocation)이라 한다. 반대로 컴파일 시점에서 스택이나 데이터 영역에 사용할 메모리를 할당 하는 것을 **정적 메모리 할당**(static memory allocation)이라 한다.

동적 메모리 할당을 위해 사용되는 주요 함수는 **malloc()**와 **calloc()**, **realloc()**, **free()**가 있다. **malloc()**, **calloc()**, **realloc()**는 힙 영역에 메모리를 할당하는 것과 관련된 함수들이며, **free()**는 사용한 메모리를 해제하는 함수이다. 먼저 **malloc()**와 **free()**에 대하여 살펴보자. 두 함수의 원형은 다음과 같다.

```
#include <stdlib.h> // 사용하는 헤더 파일
void *malloc(size_t size);
void free(void *ptr);
```

malloc()의 매개변수 **size**에 할당하고자 하는 메모리의 크기를 바이트 단위로 전달하면, 그 크기만큼의 공간을 힙 영역에 할당한다. 여기서 **size_t** 자료형은 **unsigned**형을 의미한다.

malloc()는 메모리 할당에 성공할 경우 메모리의 포인터를 반환한다. 이때 반환되는 포인터는 **void** 포인터(**void ***)이므로 사용할 데이터의 자료형에 맞게 적절한 자료형 변환이 필요하다. **void ***를 반환하는 이유는 할당된 메모리에 사용자가 어떤 자료형의 데이터를 저장할 것인지를 **malloc()**가 알 수 없기 때문이다. 만일 메모리 할당에 실패할 경우 **malloc()**는 **NULL** 포인터를 반환한다.

힙 영역은 무한히 사용할 수 있는 공간이 아니기 때문에, 항상 **malloc()**의 반환값이 **NULL** 포인터 인지 아닌지를 검사하여 메모리 할당에 실패했을 경우를 대비해야 한다. 다음 예를 살펴보자.

```
int *mp, num=60;
mp = (int *)malloc(sizeof(int)*num); //동적 메모리 할당
if(mp == NULL) return 1;
```

예에서 **malloc()**에 전달되는 인수는 **sizeof(int)*num**이므로 **num**의 값 60에 **int**형의 크기를 곱한 결과가 된다. **malloc()**는 메모리 할당에 성공했을 경우 할당된

메모리의 포인터를 **void ***를 반환하므로 저장할 데이터의 자료형에 맞게 적절한 자료형 변환을 시켜야 한다. 예에서는 자료형 변환 연산자 **(int *)**를 사용하여 **int**형 포인터로 변환하고 있다. 따라서 포인터 변수 **mp**에는 힙 영역의 포인터가 **int**형 포인터로 변환되어 치환된다. 만일 메모리 할당에 실패 했을 경우 **mp**는 **NULL** 포인터를 가지게 되므로 예에서와 같이 적절한 처리를 하는 것이 좋다.

　　malloc()로 할당된 메모리를 해제시킬 경우에는 **free()**를 사용한다. **free()**의 매개변수 **ptr**에는 해제하고자 하는 메모리의 포인터를 전달한다. **ptr**은 **void ***이므로 자료형에 관계없이 어떠한 포인터라도 전달될 수 있다. 다음 예제는 동적 메모리 할당을 사용하여 학생들의 성적 처리를 수행한다.

예제 11-7

```
1:  #include <stdio.h>
2:  #include <stdlib.h>
3:  int main(void)
4:  {
5:      int *mp;
6:      int num, i, sum=0;
7:
8:      printf("학생수 입력 : ");
9:      scanf("%d", &num);
10:     mp = (int *)malloc(sizeof(int)*num); //동적 메모리 할당
11:     if(mp == NULL) {
12:             puts("메모리 할당 실패!");
13:             return 1;
14:     }
15:     for(i=0; i<num; i++) {
16:             printf("%d번 학생의 성적 입력 : ", i+1);
17:             scanf("%d", mp+i); // scanf("%d", &mp[i]);와 동일
18:     }
19:     for(i=0; i<num; i++) sum = sum + *(mp+i);
20:     printf("총점 : %d, 평균 : %d \n", sum, sum/num);
21:     free(mp); // 메모리 해제
22:     return 0;
23: }
```

　　9번째 줄에서 입력한 값이 8이라면, 10번째 줄에서 할당되는 메모리는 아래의 그림과 같이 32바이트가 되고 **mp**는 그 시작 주소를 가리키게 된다. 그리고 15번째 줄의 반복문에서 **mp**를 사용하여 데이터를 입력 받는다. **mp**가 **int ***이므로 **mp+i**의 포인터 연산은 그림과 같이 4바이트씩 증가한다. 21번째 줄에서 사용한 메모리를 **free()**를 사용하여 해제한다.

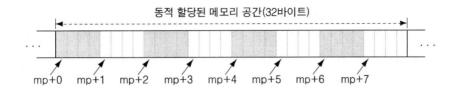

동적 할당된 메모리 공간(32바이트)

mp+0 mp+1 mp+2 mp+3 mp+4 mp+5 mp+6 mp+7

calloc()는 **malloc()**와 동일하게 동적 메모리 할당을 위해 사용되는 함수이다. 다만 그 사용법이 **malloc()**와 약간 다르다. **calloc()**의 원형은 다음과 같다.

```
#include <stdlib.h> // 사용하는 헤더 파일
void *calloc(size_t num, size_t size);
```

malloc()가 사용할 데이터의 전체 크기를 바이트 단위로 할당하는 것과 비교하여, **calloc()**는 **size** 크기의 객체를 **num**개만큼 저장할 수 있는 공간을 메모리에 할당한다. 앞 예제의 10번째 줄의 문장을 **calloc()**를 사용한다면 다음과 같이 작성될수 있다.

```
mp = (int *)calloc(num, sizeof(int));
```

realloc()는 **malloc()**나 **calloc()**에 의해 할당된 메모리 영역의 크기를 확장하거나 축소하기 위해 사용하는 함수다. **realloc()**의 원형은 다음과 같다.

```
#include <stdlib.h> // 사용하는 헤더 파일
void *realloc(void *ptr, size_t size);
```

realloc()의 **ptr**은 앞서 할당된 메모리의 포인터를 의미하며, **size**에는 새로운 크기를 지정한다. **ptr**이 가리키는 메모리 영역이 **size** 크기만큼 확장할 수 있을 만큼 충분할 경우 추가로 메모리를 할당한다. 예를 들어 현재 사용 중인 영역이 8바이트고 확장될 메모리 영역이 12바이트일 경우 아래의 그림과 같이 현재 사용 중인 영역에서 4바이트를 추가로 할당하고, 그 시작 포인터를 반환한다.

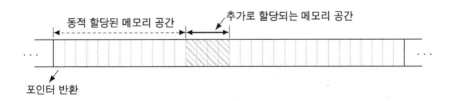

동적 할당된 메모리 공간   추가로 할당되는 메모리 공간

포인터 반환

만일 **ptr**이 가리키는 메모리 영역이 **size** 크기만큼 확장될 수 없을 경우에는 **size** 크기만큼 할당할 수 있는 영역을 찾아서 새롭게 할당하고, 이전의 영역에 저장된 데이

터들을 새로운 영역으로 복사한다. 그리고 이전에 사용된 메모리 영역을 해제하고, 새로 할당된 메모리의 포인터를 반환한다. 아래 그림은 사용하고 있던 8바이트의 영역을 12바이트로 확장하려 했으나, 확장될 영역에 이미 사용 중인 데이터가 존재할 경우를 설명하고 있다.

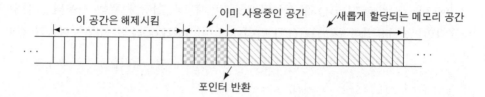

realloc()는 새로운 메모리 할당에 실패할 경우 **NULL** 포인터를 반환하고, 사용하고 있던 영역은 보존된다. 만일 **ptr**이 **NULL**일 경우 **malloc()**와 동일하게 동작하며, **size**가 0일 경우 사용하고 있던 메모리 영역을 해제하고 **NULL** 포인터를 반환한다. 간단한 예제를 통해 사용법을 알아보자.

예제 11-8

```
1:  #include <stdio.h>
2:  #include <stdlib.h>
3:  int main(void)
4:  {
5:      int *mp;
6:
7:      mp = (int *)malloc(sizeof(int)); //동적 메모리 할당
8:      if(mp == NULL) {
9:              puts("메모리 할당 실패!");
10:             return 1;
11:     }
12:     *mp = 10; //mp[0]=10;과 동일
13:     printf("*mp : %d \n", *mp);
14:     mp = (int *)realloc(mp, sizeof(int)*2); //메모리 재할당
15:     if(mp == NULL) {
16:             puts("메모리 할당 실패!");
17:             return 1;
18:     }
19:     *(mp+1) = 20; //mp[1]=20;과 동일
20:     printf("*mp : %d, *(mp+1) : %d \n", *mp, *(mp+1));
21:     free(mp); // 메모리 해제
22:     return 0;
23: }
```

7번째 줄에서 **sizeof(int)**의 크기 4바이트를 메모리에 할당하고, 이 공간에 10을 치환한다. 그리고 14번째 줄에서 **realloc()**를 사용하여 **sizeof(int)*2**의 크기 8바이트로 영역을 확장하고, 19번째 줄에서 이 공간에 20을 치환하고 있다.

● 2차원 배열의 동적 메모리 할당

2차원 배열을 동적 메모리로 할당할 경우, (배열의 전체 크기×자료형)만큼 메모리를 할당하여 사용할 수 있다. 그러나 이 경우 배열의 각 요소를 참조하기 위한 계산이 필요하므로 사용에 있어 불편하다.

이 경우 포인터 배열이나 이중 포인터를 사용하여 2차원 배열을 동적 할당하면 매우 편리하다. 먼저 포인터 배열을 사용한 방법을 살펴보자.

예제 11-9

```
1:  #include <stdio.h>
2:  #include <stdlib.h>
3:  #define ROW 2
4:  #define COL 2
5:  int main(void)
6:  {
7:      int *ap[ROW];
8:      int i, j;
9:
10:     //메모리 할당
11:     for(i=0; i<ROW; i++) {
12:         ap[i] = (int *)malloc(sizeof(int)*COL); //열의 크기만큼 할당
13:         if(ap[i] == NULL) return 1;
14:     }
15:     printf("** 데이터 입력 ** \n");
16:     for(i=0; i<ROW; i++)
17:         for(j=0; j<COL; j++) {
18:             printf("[%d][%d] = ", i, j);
19:             scanf("%d", &ap[i][j]);
20:         }
21:     printf("** 데이터 출력 ** \n");
22:     for(i=0; i<ROW; i++)
23:         for(j=0; j<COL; j++) printf("[%d][%d] = %d \n", i, j, ap[i][j]);
24:     //메모리 해제
25:     for (i=0; i<ROW; i++) free(ap[i]);
26:     return 0;
27: }
```

7번째 줄에서 포인터 배열 **ap**가 선언되었다. 그리고 11번째 줄의 반복문에서 메모리를 할당받고 있으며, 아래의 그림과 같이 **ap[0]**과 **ap[1]**에는 8바이트 씩 할당된 메모리의 포인터가 치환된다.

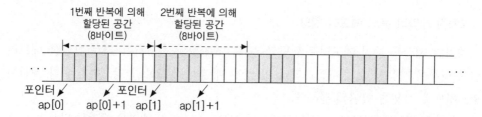

19, 23번째 줄에서 포인터 배열 **ap**를 2차원 배열 참조 형식으로 참조하고 있다. 이것은 **ap[i][j]** 또는 ***(ap[i]+j)**의 형식이 모두 동일하게 ***(*(ap)+i)+j)**를 의미하기 때문이다. 25번째 줄에서 사용된 메모리를 해제하고 있다. 메모리를 할당 받을 때 열의 크기만큼씩 할당 받았기 때문에 해제할 때도 다음 그림과 같이 그 크기만큼씩 해제시켜 주어야 한다.

이중 포인터를 사용하여 2차원 배열을 동적 할당하기 위해서는 먼저 행의 크기만큼 메모리를 할당하고, 다음에 각 열의 크기만큼 다시 메모리를 할당해 주어야 한다. 그리고 사용되었던 메모리를 해제할 때는 그 역순으로 해제한다. 앞 예제를 이중 포인터로 수정하면 다음과 같다.

예제 11-10

```
1:   #include <stdio.h>
2:   #include <stdlib.h>
3:   int main(void)
4:   {
5:       int **ap;
6:       int row, col, i, j;
7:
8:       printf("행의 크기 입력 : ");
9:       scanf("%d", &row);
```

```
10:        printf("열의 크기 입력 : ");
11:        scanf("%d", &col);
12:        //메모리 할당
13:        ap = (int **)malloc(sizeof(int)*row); //행의 크기만큼 할당
14:        for(i=0; i<row; i++) {
15:                ap[i] = (int*)malloc(sizeof(int)*col); //열의 크기만큼 할당
16:                if(ap[i] == NULL) return 1;
17:        }
18:        printf("** 데이터 입력 ** \n");
19:        for(i=0; i<row; i++)
20:                for(j=0; j<col; j++) {
21:                        printf("[%d][%d] = ", i, j);
22:                        scanf("%d", &ap[i][j]);
23:                }
24:        printf("** 데이터 출력 ** \n");
25:        for(i=0; i<row; i++)
26:                for(j=0; j<col; j++)
27:                        printf("[%d][%d] = %d \n", i, j, ap[i][j]);
28:        //메모리 해제
29:        for (i=0; i<row; i++) free(ap[i]); //열 해제
30:        free(ap); //행 해제
31:        return 0;
32: }
```

5번째 줄의 이중 포인터 **ap**는 어떤 포인터 변수의 포인터를 저장하는 변수이다. 13번째 줄에서 사용자가 입력한 행의 크기만큼 메모리를 할당한다. 만일 **row**에 2를 입력했을 경우 할당되는 메모리는 8바이트가 되고, 이 영역의 포인터를 **int**형 이중 포인터(**int ****)로 반환한다. 따라서 아래의 그림과 같이 할당된 8바이트 메모리에는 2개의 **int**형 포인터 변수의 포인터가 저장될 수 있다.

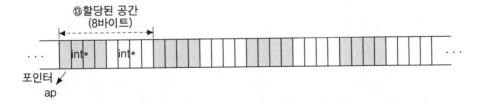

14번째 줄의 반복문에서 다시 열의 크기만큼 메모리를 할당하고, 할당된 각 메모리의 포인터를 **ap[i]**에 치환한다. 따라서 다음 그림과 같이 **a[0]**은 첫 번째 반복에서 할당된 메모리의 포인터를 가지게 되고, **a[1]**에는 두 번째 반복에서 할당된 메모리의 포인터를 가지게 된다.

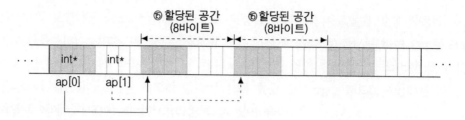

만일 **ap[0]**이 가리키는 메모리의 각 4바이트를 참조하기 위해서는 ***(ap[0]+0)**, ***(ap[0]+1)**의 형식으로 사용할 수 있으며, 이것은 ***(*(ap+0)+0)**, ***(*(ap+0)+1)** 또는 **ap[0][0]**, **ap[0][1]**과 같다.

29, 30번째 줄에서 사용된 메모리를 해제하고 있다. 아래의 그림과 같이 29번째 반복문은 **ap[0]**, **ap[1]**이 가리키는 메모리 공간을 삭제하고, 30번째 문장은 **ap**가 가리키는 메모리를 삭제한다.

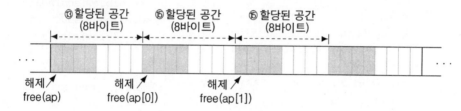

2차원 배열을 포인터 배열로 동적 할당할 경우 배열의 크기가 반드시 컴파일 시점에서 결정되어야 하지만, 이중 포인터를 사용할 경우 프로그램 실행 시점에서 사용자 임의로 그 크기를 결정할 수 있다는 장점이 있다.

연습문제 11.4

1. 다음과 같은 배열을 힙에 저장하기 위해 **malloc()**, **calloc()**, **free()**가 어떻게 사용될 수 있는가? 포인터 배열과 다중 포인터를 사용한 방법을 설명하시오.

① char str[10];

② int arr[10][20];

③ float arr2[10][20][30];

2. 동적 메모리 할당으로 10개의 **int**형 데이터를 저장할 수 있는 공간을 확보하시오. 사용자로부터 10개의 데이터를 입력받아 이 영역에 저장하고, 홀수 데이터의 합을 출력하는 프로그램 작성하시오.

3. 2차원 배열을 포인터 배열로 동적 메모리 할당할 경우의 단점은 무엇인가?

4. 예제 11-10의 29, 30번째 문장의 순서가 반대일 경우 어떤 결과가 출력되겠는가?

종합문제

1. 학생의 이름과 나이를 저장할 수 있는 구조체 student를 정의하시오. 사용자로부터 학생 수를 입력받아 그 학생들의 데이터들을 저장할 수 있도록 메모리를 동적 할당하시오. 그리고 할당된 메모리에 데이터를 저장하여 출력하는 프로그램을 작성하시오.

2. 행, 열의 크기와 데이터를 사용자로부터 입력받아 두 행렬의 곱을 계산하는 프로그램을 동적 메모리 할당과 이중 포인터를 사용하여 작성하시오.

3. 학급 수와 학생 수 그리고 각 학생에 대한 국어, 영어 성적을 저장할 수 있도록 메모리를 동적 할당하시오. 그리고 각 반의 학생별로 영어, 수학 성적을 입력받아 저장하고, 성적과 평균을 출력하시오. 이 프로그램을 위해 메모리의 동적 할당을 위해 다중 포인터를 사용하시오.

4. 문자나 숫자와 같은 일련의 데이터들을 그 크기 순서로 나열하는 것을 **정렬**(sort)이라 한다. 정렬에는 작은 크기에서 큰 크기의 순서로 정렬하는 것을 오름차순 정렬과 큰 크기부터 작은 크기의 순서로 정렬하는 것을 내림차순이 있다. 정렬을 위한 알고리즘 중 가장 간단한 알고리즘은 **버블 정렬**(bubble sort)로써 오름차순의 정렬은 다음과 같은 방법으로 수행된다.

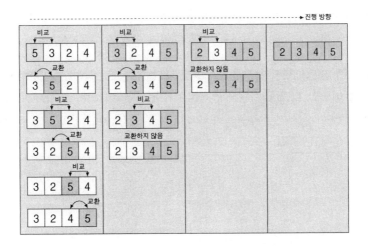

    그림과 같이 먼저 제일 왼쪽의 데이터와 그 다음의 데이터를 서로 비교한다. 만일 왼쪽의 데이터가 다음 데이터보다 클 경우 두 수를 서로 교환하고, 크지 않을 경우 다음 데이터로 넘어간다. 이것을 프로그램으로 작성하면 다음과 같다.

```
1:   #include <stdio.h>
2:   int main(void)
3:   {
4:       int arr[4] = {5, 3, 2, 4};
5:       int i, j, tmp;
6:
7:       for(i=0; i<3; i++) //마지막 데이터는 비교 대상이 아니므로 3까지만 반복한다.
8:               for(j=0; j<3-i; j++) {
9:                       if(arr[j] > arr[j+1]) {
10:                              tmp = arr[j];
11:                              arr[j] = arr[j+1];
12:                              arr[j+1] = tmp;
13:                       }
14:              }
15:       for(i=0; i<4; i++) printf("%d ", arr[i]);
16:       return 0;
17: }
```

❶••• 실행 결과

2 3 4 5

위의 설명을 참고로 하여 사용자로부터 정렬할 데이터의 수를 입력받아 내림차순으로 정렬하는 프로그램을 작성하시오. 모든 데이터는 정수이며 동적 메모리 할당을 사용하시오.

5. 4번 문제를 수정하여 정렬된 결과를 이진 파일로 저장하고 파일에서 데이터를 읽어 화면에 출력하시오. 이때 입출력할 파일의 이름은 사용자로부터 입력받는다.

6. 텍스트 파일에 저장된 정수들을 읽고, 내림차순으로 정렬하여 출력하는 프로그램을 동적 메모리 할당을 사용하여 작성하시오. 파일의 이름은 사용자로부터 입력받으며, 파일에 저장된 정수의 개수를 함께 출력한다. 여기서 파일에 저장된 정수의 개수는 정해지지 않은 것으로 가정한다.

Chapter 12

기타 자료형과 연산자

이 장에서는 지금까지 다루지 않았던 몇 가지 자료형과 연산자들에 관하여 학습한다. 먼저 변수가 가질 수 있는 값이 제한적일 때 유용하게 사용될 수 있는 열거형에 관하여 알아보고, 기존의 자료형을 새로운 이름으로 정의하여 사용하는 **typedef**에 관하여 살펴본다. 그리고 비트 연산자와 콤마 연산자 등의 연산자들에 관하여 설명한다.

12.1 열거형

열거형(enumeration)은 **나열형**이라고도 하며, 변수가 가질 수 있는 값들을 정수 상수들의 목록으로 나열한 것이다. 열거형을 사용할 때 키워드 **enum**을 사용하며, 사용법은 다음과 같이 구조체와 유사하다.

```
enum week {sun, mon, wed, thu, fri, sat} day;
```

위의 선언문에서 **week**는 열거형의 이름이며, **sun~sat**를 열거형 상수라 한다. 그리고 이 열거형을 사용할 실제 변수는 **day**가 된다. 컴파일러는 열거형 **week** 변수 **day**가 가지고 있는 열거형 상수들을 내부적으로 0부터 증가하는 정수 상수값으로 할당한다. 따라서 위 예에서 **sun**은 0, **mon**은 1 그리고 **sat**는 5로 할당된다. 또한 위의 선언문을 다음과 같이 사용할 수도 있다.

```
enum week {sun, mon, wed, thu, fri, sat};
enum week day2, day3;
```

위의 선언문은 열거형의 정의문과 변수 선언문을 분리해 놓은 것이며, 두 번째 문장에 의해 열거형 **week** 변수 **day1**, **day2**가 선언된다. 예제를 통해 사용법을 살펴보자.

예제 12-1

```
1:  #include<stdio.h>
2:  int main(void)
3:  {
4:      enum CAL {ADD, SUB, MUL, DIV} op;
5:      int num1=20, num2=10;
6:
7:      for(op=ADD; op<=DIV; op++) {
8:          switch(op) {
```

```
9:              case ADD : printf("더하기 : %d \n", num1+num2);
10:                 break;
11:             case SUB : printf("빼기 : %d \n", num1-num2);
12:                 break;
13:             case MUL : printf("곱하기 : %d \n", num1*num2);
14:                 break;
15:             case DIV : printf("나누기 : %d \n", num1/num2);
16:             }
17:     }
18:     return 0;
19: }
```

4번째 줄에서 열거형 **CAL** 변수 **op**는 열거형 상수인 **ADD ~ DIV** 값을 가지게 되고, 이 값들은 0 ~ 3의 정수값을 각각 갖게 된다. 8번째 줄의 **switch** 문에서 변수 **op**는 0 ~ 3의 값이 할당 되므로 **ADD ~ DIV** 중 하나의 **case** 문을 수행하게 된다.

열거형의 상수들은 별도의 지정이 없을 경우 0으로 시작하지만, 이것을 다른 값으로 지정할 경우에는 다음과 같은 방법을 사용한다.

```
enum computer {APPLE=10, SUN, IBM=20, HP, DELL} maker;
```

위의 예에서 열거형 상수 **APPLE**은 10이 되고, **SUN**은 11이 된다. 그리고 **IBM**이 20으로 지정되었기 때문에 **HP**는 21, **DELL**은 22의 값을 가지게 된다.

열거형 상수들은 다른 변수의 이름과 중복되어 사용할 수 없으며, 열거형 상수들이 동일한 이름을 가질 수도 없다. 반면 열거형 상수들이 가질 수 있는 값은 동일할 수 있으며, 음수를 가지는 것도 가능하다. 따라서 다음과 같은 형식은 모두 올바르다.

```
enum computer {APPLE=10, SUN=10, IBM=20, HP=-2, DELL} maker;
```

위와 같이 사용될 경우 열거 목록의 상수 **APPLE**과 **SUN**은 동일한 10의 값을 가지게 된다. 또한 열거 목록의 상수는 음수를 가질 수 있으므로 **HP**는 -2, **DELL**은 -1의 값을 가진다.

열거형의 사용은 프로그램을 읽기 쉽게 작성할 수 있다는 장점을 가진다. 즉, 컴퓨터 회사의 이름을 지정하기 위해 **maker=20**이라는 문장 보다는, **maker = IBM**이라는 문장이 그 의미가 더 명확하다고 할 수 있다.

1. 다음 프로그램은 어떻게 수행되는가?

```
1:   #include<stdio.h>
2:   int main(void)
3:   {
4:       enum YESORNO{YES='Y', NO='N'} ans;
5:              ...
6:       do {
7:              printf("Continue? :");
8:              ans = getchar();
9:              if(ans == NO) break;
10:             ...
11:      }while(...)
12:      return 0;
13:  }
```

2. 다음 프로그램에서 잘못된 부분은 무엇인가?

```
1:   #include<stdio.h>
2:   int main(void)
3:   {
4:       enum CAR {HYUNDAI, KIA, DAEWOO, BMW} maker;
5:
6:       maker = BMW;
7:       puts(maker);
8:       return 0;
9:  }
```

12.2 자료형의 재정의(typedef)

typedef는 기존 자료형을 새로운 자료형으로 재정의하여 사용할 수 있도록 한다. **typedef**의 사용 예는 다음과 같다.

```
typedef unsigned int UINT;
typedef unsigned char BYTE;
```

첫 번째는 **unsigned int**를 **UINT**라는 이름으로 재정의 한다. 따라서 프로그램에서 **UINT**를 사용할 경우, 이것은 **unsigned int**를 사용한 것과 동일하게 된다. **BYTE**의 사용은 **unsigned char**를 사용한 것과 동일하다. 다음 예제를 살펴보자.

예제 12-2

```
1:   #include<stdio.h>
2:   #include<stdlib.h>
3:   int main(void)
4:   {
5:       typedef unsigned char BYTE;
6:       BYTE i, *bp;
7:
8:       bp = (BYTE *)malloc(sizeof(BYTE)*10);
9:       for(i=97; i<123; i++) bp[i] = i;
10:      for(i=97; i<123; i++) putchar(bp[i]);
11:      free(bp);
12:      return 0;
13: }
```

5번째 줄에서 **unsigned char**를 **BYTE**로 재정의 하였다. 8번째 줄에서 **sizeof(BYTE)*10**의 크기만큼 할당하는 메모리는 **sizeof(unsigned char)*10**의 크기인 80바이트가 된다. 예제와 같이 **typedef**가 **main()** 내에서 정의될 경우 **BYTE**의 사용 범위는 **main()** 내로 제한된다. 만일 프로그램 전체에서 **BYTE**를 사용해야 한다면, 함수의 외부에서 사용되어야 한다.

다음 예제와 같이 **typedef**를 사용하여 구조체나 열거형을 재정의 할 수도 있다. 이러한 경우 변수의 선언문을 조금 간결하게 작성할 수 있는 이점이 있다.

예제 12-3

```
1:   #include<stdio.h>
2:   #include<string.h>
3:   int main(void)
4:   {
5:       typedef unsigned char STRING;
6:       enum grad {freshman=1, sophomore, junior, senior};
7:       typedef enum grad GRAD;
8:       struct student {
9:               STRING name[20];
10:              GRAD gr;
11:      };
12:      typedef struct student STU;
```

```
13:     STU st;
14:     strcpy(st.name, "홍길동");
15:     st.gr = senior;
16:     printf("이름 : %s \n", st.name);
17:     printf("학년 : %d \n", st.gr);
18:     return 0;
19: }
```

5, 7, 12번째 줄에서 **unsigned char**, **enum grad**, **struct student**를 **STRING**, **GRAD**, **STU**로 재정의 하였고, 9, 10번째 줄의 구조체 정의문과 12번째 줄의 구조체 변수 선언문에 사용되었다. 따라서 이하의 모든 **enum grad**과 **struct student** 변수의 선언문은 **GRAD**와 **STU**로 대신할 수 있으므로 변수의 선언문이 간단해 질 수 있다.

자료형의 재정의는 **typedef** 대신 **#define**문을 사용할 수도 있지만, **#define**문은 다음 예와 같이 적용되는 범위에 제한이 있다.

```
#define STRING char *
typedef char * STRP;
STRING s1, s2;  // char *s1, s2;와 동일
STRP s3, s4; // char *s3, *s4;와 동일
```

#define문은 특정 문자열을 대치시키기 때문에 예의 **STRING s1, s2;**는 **char *s1, char s2**를 선언한 것과 동일한 문장이 된다. 그러나 **typedef**문은 자료형을 재정의 하는 것이므로 **STRP s3, s4;**는 **char *s3, *s4**를 선언한 문장이 된다.

연습문제 12.2

1. 다음 문장의 의미를 설명하시오.

   ① typedef enum {FALSE, TRUE} BOOL;

   ② typedef int * p;

   ③ typedef char str[80];

2. 다음 프로그램에서 잘못된 부분은 무엇인가?

```
1:  #include<stdio.h>
2:  UINT func(UINT b);
3:  int main(void)
4:  {
```

```
 5:    typedef unsigned int UINT;
 6:    UINT a = 3;
 7:
 8:    printf("%u \n", func(a));
 9:    return 0;
10: }
11:
12: UINT func(UINT b)
13: {
14:    return b*b;
15: }
```

12.3 기타 연산자

12.3.1 비트 연산자

비트 연산자(bit operator)는 데이터를 비트 단위로 연산한다. C에서 사용할 수 있는 비트 연산자의 종류는 다음과 같다.

표 12-1 : 비트 연산자

연산자	의미	장치
&	비트 AND	두 피연산자의 대응 비트가 1일 경우에만 결과가 1 (이항 연산자)
|	비트 OR	두 피연산자의 대응 비트가 0일 경우에만 결과가 0 (이항 연산자)
^	비트 XOR	두 피연산자의 대응 비트가 다를 경우에만 결과가 1 (이항 연산자)
~	비트 NOT	피 연산자의 비트를 모두 반전 (단항 연산자)

~ 연산자를 제외한 나머지 연산자는 모두 이항 연산자이며, 비트 연산자들은 정수형만 사용 가능하며 실수나 포인터에는 사용할 수 없다. 다음 예제를 살펴보자.

예제 12-4

```
1:  #include<stdio.h>
2:  int main(void)
3:  {
4:     short a=10, b=20;
5:
6:     printf("a & b : %d \n", a & b);
```

```
7:      printf("a¦b : %d \n", a¦b);
8:      printf("a ^ b : %d \n", a ^ b);
9:      printf("~a: %d, ~b : %d \n", ~a, ~b);
10:     return 0;
11: }
```

실행 결과

```
a & b : 0
a¦b : 30
a ^ b : 30
~a: -11, ~b : -21
```

6번째 줄의 비트 **&**는 다음 그림과 같이 두 변수 **a, b**를 각 비트별로 **AND** 연산을 수행한다.

a	0	0	0	0	0	0	0	0	0	0	0	0	1	0	1	0
b	0	0	0	0	0	0	0	0	0	0	0	1	0	1	0	0
a & b	0	0	0	0	0	0	0	0	0	0	0	0	0	0	0	0

7번째 줄의 비트¦는 두 변수 **a, b**를 각 비트별로 **OR** 연산을 수행한다.

a	0	0	0	0	0	0	0	0	0	0	0	0	1	0	1	0
b	0	0	0	0	0	0	0	0	0	0	0	1	0	1	0	0
a ¦ b	0	0	0	0	0	0	0	0	0	0	0	1	1	1	1	0

8번째 줄의 비트 **^**는 변수 **a, b**를 각 비트별로 **XOR** 연산을 수행한다.

a	0	0	0	0	0	0	0	0	0	0	0	0	1	0	1	0
b	0	0	0	0	0	0	0	0	0	0	0	1	0	1	0	0
a ^ b	0	0	0	0	0	0	0	0	0	0	0	1	1	1	1	0

9번째 줄의 **~** 연산은 단항 연산이며, 아래 그림과 같이 두 변수 **a**, **b**의 각 비트를 반전시킨다. **~** 연산자는 **NOT** 연산자 또는 보수 연산자라 부르기도 한다.

a	0	0	0	0	0	0	0	0	0	0	0	0	1	0	1	0
~a	1	1	1	1	1	1	1	1	1	1	1	1	0	1	0	1

b	0	0	0	0	0	0	0	0	0	0	0	1	0	1	0	0
~b	1	1	1	1	1	1	1	1	1	1	1	0	1	0	1	1

변수 **~a**의 결과 **1111 1111 1111 0101**는 정수로 출력할 경우 -11이 되며, 변수 **~b**의 **1111 1111 1110 1011**은 -21로 출력된다.

12.3.2 쉬프트 연산자

쉬프트(shift) 연산은 데이터를 구성하는 비트를 왼쪽이나 오른쪽으로 이동시키는 연산이다. 쉬프트 연산을 위해 사용되는 연산자는 오른쪽 쉬프트 연산자 **<<**와 왼쪽 쉬프트 연산자 **>>**의 두 가지가 있으며, 두 연산자의 사용 형식은 다음과 같다.

```
x << n; → x의 비트 값을 오른쪽으로 n 만큼 이동
x >> n; → x의 비트 값을 왼쪽으로 n 만큼 이동
```

쉬프트 연산자는 정수형 데이터만 사용 가능하다. 다음 예제를 살펴보자.

예제 12-5

```
#include<stdio.h>
int main(void)
{
    short a=3;

    printf("a << 1 : %d \n", a << 1);
    printf("a << 2 : %d \n", a << 2);
```

```
 8:    a=24;
 9:    printf("a >> 1 : %d \n", a >> 1);
10:    printf("a >> 2 : %d \n", a >> 2);
11:    return 0;
12: }
```

---

①··· 실행 결과

```
a << 1 : 6
a << 2 : 12
a >> 1 : 12
a >> 2 : 6
```

6번째 줄의 **a << 1**은 아래의 그림과 같이 변수 **a**의 비트들을 왼쪽으로 1 만큼 이동시킨다.

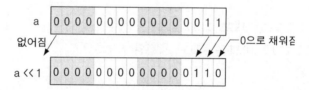

그림에서와 같이 변수 **a**의 하위 두 비트 1이 왼쪽으로 1만큼 이동하므로, 출력 결과는 6이 된다. 이때 비트 이동 뒤의 하위 1비트는 0으로 채워지며, 상위 1비트는 없어진다.

7번째 줄의 **a << 2**는 변수 **a**의 비트를 왼쪽으로 2 만큼 이동하므로, 실행 결과는 아래의 그림과 같이 12가 된다.

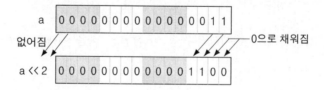

9번째 줄의 **a >> 1**연산은 왼쪽 쉬프트 연산과 반대로 아래의 그림과 같이 변수 **a**의 비트를 오른쪽으로 1 만큼 이동 시킨다. 이때 하위 1비트는 없어지게 되고, 상위 1비트는 0으로 채워진다. 10번째 줄의 **a >> 2**의 연산 역시, 이동하는 자릿수만 다를 뿐 **a >> 1**과 동일하게 수행된다.

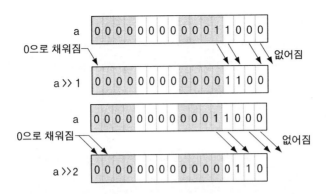

쉬프트 연산을 산술 연산에 사용하기도 한다. 이것은 왼쪽 쉬프트 연산이 데이터를 2로 곱한 정수 연산과 같으며, 오른쪽 쉬프트 연산은 데이터를 2로 나눈 정수 연산과 동일하기 때문이다. 쉬프트 연산자를 사용한 산술 연산은 일반 연산과 비교하여 월등히 빠른 수행 속도로 수행되므로, 고속 연산이 필요한 곳에서 효율적으로 사용될 수 있다.

x << n; → x를 2^n 만큼 곱한 것과 동일
x >> n; → x를 2^n 만큼 나눈 것과 동일 (단, x가 음수가 아닐 경우)

다음 예제를 살펴보자.

예제 12-6

```
1:  #include<stdio.h>
2:  int main(void)
3:  {
4:      unsigned char a=1, b;
5:      int i;
6:
7:      for(i=1; i<8; i++) {
8:              b = a << i;
9:              printf("a << %u : %u \n", i, b);
10:     }
11:     a = 128;
12:     for(i=1; i<8; i++) {
13:             b = a >> i;
14:             printf("a >> %u : %u \n", i, b);
15:     }
16:     return 0;
17: }
```

8번째 줄의 **a << i** 연산은 **a**를 2^i만큼 곱한 결과와 같으며, 13번째 줄의 **a >> i** 연산은 **a**를 2^i만큼 나눈 결과와 같다. 쉬프트 연산은 주어진 수만큼 오른쪽 또는 왼쪽으로 비트를 이동시키지만, 변수 자체의 데이터는 변경시키지 않는다.

12.3.3 치환 연산자의 다양한 사용 형태

치환 연산자 **=**를 사용하여 여러 개의 변수에 동일한 값을 치환하기 위해서는 다음과 같은 형식을 사용한다.

```
변수1 = 변수2 = 변수3 = ... = 변수N = 값;
```

위의 형식은 **변수1 ~ 변수N**에 동일한 하나의 값을 치환한다. 예를 들어 변수 **a, b, c**에 10이라는 값을 치환하기 위해서 치환 연산자를 다음과 같이 사용한다.

```
a = b = c = 10;
```

치환 연산자는 우 결합성을 가지므로 이 문장은 **a=(b=(c=10));** 과 동일한 문장이다.

치환 연산자와 산술 연산자 또는 비트 연산자를 결합하여 복합적인 형식으로 사용할 수 있다. 치환 연산자와 결합할 수 있는 산술 연산자, 비트 연산자는 다음 표와 같다.

표 12-2 : 복합 치환 연산자

연산자	예제	의미
+=	a+=b;	a = a + b;와 동일
-=	a-=b;	a = a - b;와 동일
*=	a*=b;	a = a * b;와 동일
/=	a/=b;	a = a / b;와 동일
%=	a%=b;	a = a % b;와 동일
&=	a&=b;	a = a & b;와 동일
|=	a|=b;	a = a | b;와 동일
^=	a^=b;	a = a ^ b;와 동일
<<=	a<<=b;	a = a << b;와 동일
>>=	a>>=b;	a = a >> b;와 동일

다음 예제를 확인해 보자.

예제 12-7

```
1:  #include<stdio.h>
2:  int main(void)
3:  {
4:      unsigned a, b;
5:
6:      a=b=3;
7:      printf("%d, %d \n", a+=b, a-=b);
8:      printf("%d, %d \n", a*=b, a/=b);
9:      printf("%d, %d \n", a%=b, a&=b);
10:     printf("%d, %d \n", a|=b, a^=b);
11:     printf("%d \n", a<<=b);
12:     printf("%d \n", a>>=b);
13:     return 0;
14: }
```

12.3.4 콤마 연산자

콤마는 C의 연산자 중의 하나이며 다음 예제와 같이 변수들을 구분하거나, 여러 개의 문장들을 한 줄로 작성하기 위해 사용한다.

예제 12-8

```
1:  #include<stdio.h>
2:  int main(void)
3:  {
4:      int a=2, b=3; //콤마 연산자의 사용
5:
6:      a++, a+=b; //콤마 연산자의 사용
7:      printf("%d \n", a);
8:      return 0;
9:  }
```

6번째 줄은 두 개의 문장을 콤마 연산자를 사용하여 하나의 문장으로 작성하였다. 이 경우 문장의 수행 순서는 왼쪽에서 오른쪽으로 수행된다.

콤마 연산자와 치환 연산자가 함께 사용될 경우 콤마로 분리된 가장 오른쪽 문장의 결과가 치환된다.

예제 12-9

```
1:  #include<stdio.h>
2:  int main(void)
3:  {
4:      int a=2, b=3, c;
5:
6:      c = (a++, a+=b, a/=2);
7:      printf("%d \n", a);
8:      return 0;
9:  }
```

6번째 줄의 문장은 **a++**, **a+=b**, **a/=2**의 순서로 수행되며, 변수 **c**에 치환되는 값은 가장 오른쪽 문장인 **a/=2**의 결과이다. 콤마 연산자는 모든 연산자들 중에서 우선순위가 가장 낮기 때문에 위의 예제와 같이 사용될 경우 반드시 팔호를 사용하여 문장들을 묶어 주어야 한다.

콤마 연산자가 가장 일반적으로 사용되는 경우는 **for** 반복문이다. **for** 반복문의 초기화나 증감 연산 부분에 두 개 이상의 문장을 사용할 때 콤마 연산자를 사용한다.

예제 12-10

```
1:  #include<stdio.h>
2:  int main(void)
3:  {
4:      int i, j;
5:
6:      for(i=5, j=0; j<5; i--, j++) printf("i=%d, j=%d \n", i, j);
7:      return 0;
8:  }
```

12.3.5 연산자의 우선순위

여러 개의 연산자가 함께 사용될 경우 연산자의 우선순위와 연산의 실행 방향(결합성)에 따라 연산이 수행된다. C의 모든 연산자는 연산자의 우선순위와 결합성이 다음 표와 같이 미리 정의되어 있다.

표 12-3 : 연산자의 우선순위와 결합성

우선순위	연산자	결합성
1	( ), [ ], ->, .	왼쪽에서 오른쪽으로 수행 (좌 결합성)
2	!, ~, ++, --, +(부호), -(부호), *(포인터), &(주소), sizeof, (cast)(자료형 변환)	오른쪽에서 왼쪽으로 수행 (우 결합성)
3	*(산술), /, %	왼쪽에서 오른쪽으로 수행 (좌 결합성)
4	+(산술), -(산술)	왼쪽에서 오른쪽으로 수행 (좌 결합성)
5	<<, >>	왼쪽에서 오른쪽으로 수행 (좌 결합성)
6	<, <=, >, >=	왼쪽에서 오른쪽으로 수행 (좌 결합성)
7	==, !=	왼쪽에서 오른쪽으로 수행 (좌 결합성)
8	&(비트)	왼쪽에서 오른쪽으로 수행 (좌 결합성)
9	^	왼쪽에서 오른쪽으로 수행 (좌 결합성)
10	|	왼쪽에서 오른쪽으로 수행 (좌 결합성)
11	&&	왼쪽에서 오른쪽으로 수행 (좌 결합성)
12	||	왼쪽에서 오른쪽으로 수행 (좌 결합성)
13	?=(삼항)	오른쪽에서 왼쪽으로 수행 (우 결합성)
14	=, +=, -=, *=, /=, %=, ^=, |=, <<=, >>=	오른쪽에서 왼쪽으로 수행 (우 결합성)
15	,(콤마)	왼쪽에서 오른쪽으로 수행 (좌 결합성)

연습문제 12.3

1. **short**형 정수를 입력받아 임의의 음수로 만드는 프로그램을 작성하시오. 음수로 변환하기 위해 비트 **OR** 연산자를 사용하여 MSB를 1로 만드시오.

2. 사용자로부터 임의의 정수를 입력받아 2를 곱셈한 결과와 2로 나눈 결과를 출력하는 프로그램을 쉬프트 연산자를 사용하여 작성하시오.

3. 다음 프로그램의 수행 결과는 무엇이며, 어떤 의미를 가지는가?

```
1:  #include<stdio.h>
2:  int main(void)
3:  {
4:      short a=1;
```

```
5:
6:     printf("%d \n", (a << 1) + a);
7:     printf("%d \n", (a << 3) + a);
8:     printf("%d \n", (a << 4) - a);
9:     printf("%d \n", (a << 6) - (a << 2));
10:    return 0;
11: }
```

4. 비트 마스크(bit mask)는 어떤 변수나 수식에서 원하는 비트만 추출하거나 변경하기 위해 사용하는 상수나 변수를 말한다. 비트 마스크는 어떤 2진수 값에서 특정 비트의 값을 알고자 할 때 사용할 수 있다. 예를 들어 어떤 **char**형 변수 **a**와 비트 마스크를 가지는 변수 **b**를 다음 그림과 같이 사용하여 비트 AND를 수행하면 변수 **a**에 4번째 비트가 1인지의 여부를 알아낼 수 있다.

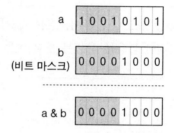

사용자로부터 **short**형 정수를 입력받아 이 정수가 음수인지 양수인지를 구별하는 프로그램을 비트 마스크를 사용하여 작성하시오.

 종합문제

1. 사용자로부터 하나의 **short**형 정수를 입력받아 2진수로 출력하는 프로그램을 비트 연산자 **&**와 쉬프트 연산자 **>>**, 비트 마스크를 사용하여 작성하시오.

2. 사용자로부터 두 개의 **short**형 정수를 입력받아 각 비트별로 비교하는 프로그램을 비트 마스크를 사용하여 작성하시오. 대응되는 비트가 동일할 경우 해당 비트의 자리 수를 화면에 출력한다.

3. 다음의 요구 사항을 충족시키는 프로그램을 작성하시오.
   - 사용자로부터 임의의 문자열을 입력받아 이진 파일로 저장하는 프로그램을 작성한다.
   - 이때 파일로 저장되는 문자열은 암호화되어 저장된다.
   - 사용자로부터 처음 프로그램 시작 시 암호화와 복호화 중 원하는 것을 선택할 수 있다.
   - 암호화의 방법은 각 문자를 비트 **NOT** 시킨 다음, 사용자가 입력한 하나의 문자(암호 키)와 비트 **XOR**하여 저장한다.
   - 복호화는 암호화 방법과 동일하며, 파일에서 하나의 문자를 읽어 비트 **NOT** 시킨 후 사용자가 입력한 암호 키와 비트 **XOR**를 수행한다. 만일 암호 키가 일치하지 않을 경우 올바른 문자열을 출력하지 않을 것이다.
   - 파일의 이름은 프로그래머 임의로 지정하며, 사용자가 "quit"를 입력하면 프로그램은 종료한다.

4. C 언어는 비트를 회전시키기 위한 **회전 연산자**(rotate operator)를 가지고 있지 않다. 비트의 회전이란 쉬프트 연산 후 MSB나 LSB에서 이동되어 나오는 비트를 다른 한쪽의 끝에 삽입하는 것을 말한다. 예를 들어 다음 그림은 변수 **unsigned short**형 변수 **a**의 값을 왼쪽으로 1회전 했을 때의 결과이다.

```
1 0 0 0 0 0 0 0 0 0 0 0 0 0 0 1   a

0 0 0 0 0 0 0 0 0 0 0 0 0 0 1 1   왼쪽으로
                                  1회전
```

이러한 기능을 위해 라이브러리 함수 **_rotl()**을 사용할 수 있다.

```
#include <stdlib.h> // 사용하는 헤더 파일
unsigned _rotl(unsigned value, int count);
```

_rotl()는 **value**의 값을 **count**만큼 왼쪽으로 회전시킨다. 공용체와 왼쪽 쉬프트 연산자를 사용하여 **_rotl()**의 기능을 수행하는 사용자 정의 함수 **rotate_left()**를 작성하고, 그 사용법을 보이시오.

5. 문제 4번을 수정하여 주어진 값을 오른쪽으로 회전시키는 사용자 정의 함수 **rotate_right()**를 작성하고, 그 사용법을 보이시오.

C 언어 프로그래밍

Chapter 13

조건부 컴파일과
전처리 지시어들

이 장은 전처리기와 매크로의 나머지 부분에 대하여 학습한다. 먼저 컴파일의 조건을 설정할 수 있는 조건부 컴파일에 관련된 내용을 살펴보고, 전처리기에 사용되는 지시어와 내장 매크로에 관하여 다룬다. 이 장에서 다루는 내용들은 큰 프로그램을 작성하거나 프로그램의 세부적인 관리를 위해 필요한 내용들이다.

13.1 조건부 컴파일과 지시어들

조건부 컴파일이란 C 프로그램의 일부분을 특정 조건이 만족했을 때만 컴파일 하도록 하는 것이다. 조건부 컴파일을 위해 사용되는 지시어는 **#if**, **#else**, **#elif**, **#ifdef**, **#ifndef**, **#endif**가 있다. 이러한 지시어들은 컴파일되기 전에 특정 코드를 컴파일 과정에 포함시키거나 제외시키는 역할을 한다.

#if, **#else**, **#elif**, **#ifdef**, **#ifndef** 지시어들은 **#endif** 지시어를 만날 때까지 특정 코드를 조건에 따라 컴파일하게 된다. 먼저 **#if** 지시어에 관하여 살펴보자. **#if** 지시어의 사용 형식은 다음과 같다.

```
#if 상수_식
    문장들;
#endif
```

#if ~ #endif는 **if**문과 유사하다. **#if** 다음의 **상수_식**은 조건에 해당하며 매크로 상수의 존재 여부나 상수 값을 이용한 수식이 일반적으로 사용된다. **#if**와 같은 조건부 컴파일 지시어들은 컴파일하기 전에 먼저 수행되므로, 프로그램 수행 중에 결정되는 변수의 값이나 함수의 반환값은 수식에 사용될 수 없다. 만일 **#if** 다음의 **상수_식**이 참일 경우 **#endif** 전까지의 다음의 문장들을 컴파일하며, 거짓일 경우 **#if** 이하의 문장을 컴파일 하지 않는다.

위의 형식에 **#else**를 사용하여 **if ~ else**와 같은 조건문 형식을 구성할 수도 있다.

```
#if 상수_식
    문장들;
#else
    문장들;
#endif
```

위의 형식은 **상수_식**이 참일 경우 **#if** 이하의 문장들을 컴파일 하고, 조건이 거짓일 경우 **#else** 이하의 문장들을 컴파일 한다. 다음 예제를 살펴보자.

예제 13-1

```
1:  #include < stdio.h>
2:  #define DEBUG_MODE 1
3:  #define PI 3.141592654
4:  int main(void)
5:  {
6:      double rad;
7:
8:      printf("반지름 입력 : ");
9:      scanf("%lf", &rad);
10: #if DEBUG_MODE == 1
11:     printf("입력된 반지름 : %.3f \n", rad);
12:     printf("면적 : %.3f \n", PI*rad*rad);
13: #else
14:     printf("면적 : %.3f \n", PI*rad*rad);
15: #endif
16:     return 0;
17: }
```

◑ ••• 실행 결과

```
반지름 입력 : 3⏎
입력된 반지름 : 3.000
면적 : 28.274
```

2번째 줄에서 매크로 상수 **DEBUG_MODE**가 1로 정의되었다. 따라서 10번째 줄의 **#if**는 참이 되어 실행 결과와 같이 화면에 11, 12번째 줄의 결과를 출력한다. 만일 **DEBUG_MODE**가 1이 아닐 경우 **#else** 이하의 14번째 줄의 결과만 화면에 출력한다.

#if와 **#elif** 지시어를 사용할 경우 **if-else-if** 조건문 형식의 조건 컴파일 문을 구성할 수 있다. **#if-#elif-#endif**의 형식은 다음과 같다.

```
#if 상수_식_1
    문장들_1;
#elif 상수_식_2
    문장들_2;
#elif 상수_식_3
    문장들_3;
        ...
#endif
```

#if 다음의 **상수_식_1**의 조건이 참이면 **#if** 이하의 **문장들_1**을 컴파일하며, 그 이하의 조건부 컴파일 문장들은 무시한다. 만일 **#if** 다음의 식의 거짓일 경우 **#elif**의 **상수_식_2**를 검사하게 되고, 이것이 참일 경우 **문장들_2**를 컴파일 한다.

예제 13-2

```
 1: #include < stdio.h>
 2: #define DEBUG_MODE 4
 3: #define PI 3.141592654
 4: int main(void)
 5: {
 6:     double rad;
 7:
 8:     printf("반지름 입력 : ");
 9:     scanf("%lf", &rad);
10: #if DEBUG_MODE == 1
11:     printf("입력된 반지름 : %.3f \n", rad);
12:     printf("면적 : %.3f \n", PI*rad*rad);
13: #elif DEBUG_MODE == 2
14:     printf("면적 : %.3f \n", PI*rad*rad);
15: #elif DEBUG_MODE == 3
16:     printf("둘레 : %.3f \n", 2.0*PI*rad);
17: #else
18:     printf("입력된 반지름 : %.3f \n", rad);
19: #endif
20:     return 0;
21: }
```

조건부 컴파일의 다른 방법은 **#ifdef** 지시어를 사용하는 것이다. **#ifdef** 지시어의 형식은 다음과 같다.

```
#ifdef 매크로_이름
    문장들;
#endif
```

#ifdef는 매크로_이름이 정의되어 있는지의 여부를 확인한다. 만일 매크로가 정의되어 있다면, **#ifdef** 이하의 문장들을 컴파일하고, 정의되어 있지 않다면 **#ifdef ~ #endif** 사이의 문장들을 무시한다. 또한 다음의 형식과 같이 **#ifdef** 지시어는 **#else**와 함께 사용될 수 있다.

```
#ifdef 매크로_이름
     문장들;
#else
     문장들;
#endif
```

위 형식과 같이 **#ifdef**가 사용될 경우 매크로_이름이 정의되어 있지 않다면 **#else**
이하의 문장을 컴파일 한다. **#ifdef** 지시어는 매크로의 정의 여부에 의해서만 문장을
컴파일 하기 때문에 **#elif** 지시어와는 함께 사용될 수 없다.

예제 13-3

```
1:  #include < stdio.h>
2:  #define DEBUG_MODE
3:  #define PI 3.141592654
4:  int main(void)
5:  {
6:      double rad;
7:
8:      printf("반지름 입력 : ");
9:      scanf("%lf", &rad);
10: #ifdef DEBUG_MODE
11:     printf("입력된 반지름 : %.3f \n", rad);
12:     printf("면적 : %.3f \n", PI*rad*rad);
13: #else
14:     printf("면적 : %.3f \n", PI*rad*rad);
15: #endif
16:     return 0;
17: }
```

10번째 줄의 **#ifdef**는 **DEBUG_MODE** 매크로가 정의 되어 있는지를 확인한다. 예제
에서는 **DEBUG_MODE** 매크로가 정의되어 있으므로 11, 12번째 줄의 문장을 컴파일하게
된다.

#ifndef 지시어는 **#ifdef** 지시어와 반대의 개념을 가진다. 이 지시어의 사용 형식
은 다음과 같다.

```
#ifndef 매크로_이름
     문장들;
#else
     문장들;
#endif
```

#ifndef는 매크로_이름이 정의되어 있지 않다면 **#ifndef** 이하의 문장을 컴파일하고, 정의되어 있다면 **#else** 이하의 문장을 컴파일 한다.

매크로의 이름이 정의 되어 있는지를 확인하는 방법으로 다음과 같이 **#if**와 키워드 **defined**를 사용할 수도 있다.

```
#if defined DEBUG_MODE          #ifdef DEBUG_MODE
    ...                             ...
#endif                          #endif
```

왼쪽의 형식과 같이 사용할 경우, 오른쪽의 **#ifdef**를 사용한 형식과 동일하게 된다. **#if defined** 형식을 사용할 때의 장점은 관계 연산자를 사용하여 여러 개의 매크로를 함께 조건으로 사용할 수 있게 된다. 반면 **#ifdef**의 경우는 하나의 매크로 이름 밖에는 사용할 수 없다. 다음 형식은 **#if defined**와 **#ifdef**를 비교한 것이다. **#if defined**는 가능하지만, **#ifdef**는 불가능하다.

```
#if defined DEBUG_MODE || defined RELEASE_MODE //가능
        ...
#endif
```

```
#ifdef DEBUG_MODE || RELEASE_MODE // 불가능
        ...
#endif
```

defined 앞에 ! 연산자를 사용하여 조건을 반대로 만들 수 있다. 이 경우 다음 형식과 같이 **#ifndef**를 사용한 것과 동일하게 된다.

```
#if !defined DEBUG_MODE          #ifndef DEBUG_MODE
    ...                              ...
#endif                           #endif
```

연습문제 13.1

1. 조건부 컴파일 지시어를 사용하여 매크로 상수 **COUNTER**가 0부터 10 사이일 경우 **int arr[10]**을 선언하고, **COUNTER**가 11에서 20 사이일 경우 **int arr[20]**, 그 이상의 크기가 지정될 경우 **int arr[30]**을 선언하시오. 그리고 배열 **arr**에 1부터 할당되는 배열의 크기까지 숫자를 입력하고, 그 내용을 출력하는 프로그램을 작성하시오.

2. 사용자로부터 정수를 입력받아 1부터 입력받은 수 까지 누적 결과를 출력하는 프로
그램을 작성하시오. 결과를 출력할 때 **DEBUG** 매크로가 정의 되어 있을 경우, 실행
결과와 같이 각 단계의 결과를 출력하고, **DEBUG** 매크로가 정의되지 않았을 경우 총
합만 출력한다.

> ❶ ··· 실행 결과 [**DEBUG** 매크로가 정의되어 있을 경우]

정수 입력 : 3↵
1번째 반복의 누적 값 : 1
2번째 반복의 누적 값 : 3
총합 : 3

> ❶ ··· 실행 결과 [**DEBUG** 매크로가 정의되어 있지 않을 경우]

정수 입력 : 3↵
총합 : 3

13.2 전처리 지시어들

조건부 컴파일이외에 C에서는 전처리에 사용되는 **#undef**, **#error**, **#pragma** 지시
어를 제공한다. **#undef** 지시어는 **#define** 지시어로 정의된 매크로를 제거할 때 사용
한다. **#undef**의 사용 형식은 다음과 같다.

```
#undef 매크로_이름
```

위 형식과 같이 **#undef** 다음에 삭제하고자 하는 매크로의 이름을 기재한다. 일반적
으로 **#define**으로 정의된 매크로를 삭제하는 경우는 흔치 않으며, 대부분은 다음 예제
와 같이 **#define**에 의해 정의된 매크로의 값을 다른 값으로 재정의 할 때 사용된다.

예제 13-4

```
1:  #include<stdio.h>
2:  #define MAX 10
3:  int main(void)
4:  {
5:      printf("최댓값 : %d \n", MAX);
6: #undef MAX
7: #define MAX 20
8:      printf("최댓값 : %d \n", MAX);
9:      return 0;
10: }
```

6번째 줄에서 **#undef MAX**에 의해 매크로 **MAX 10**을 제거하고, 7번째 줄에서 **MAX**를 20으로 재정의 하고 있다.

#error 지시어는 컴파일러에게 컴파일을 중지시키고, **#error** 지시어에 지정된 에러 메시지를 출력하는 역할을 한다. **#error** 지시어의 형식은 다음과 같다.

```
#error 에러_메시지
```

#error 메시지는 단독으로 사용할 경우 컴파일이 불가능 하므로, 대부분 다음 예와 같이 조건부 컴파일 지시어와 함께 사용하여 어떤 조건에 의해 컴파일이 불가능 하다는 것을 프로그래머에게 알려주는 역할로 사용된다.

예제 13-5

```
1:  #include<stdio.h>
2:  #define DEBUG
3:  #ifndef DEBUG
4:  #error This program run in DEBUG mode!
5:  #endif
6:  int main(void)
7:  {
8:      printf("Hello!");
9:      return 0;
10: }
```

위의 예제에서 **DEBUG** 매크로가 정의되지 않을 경우 컴파일러는 **#error** 지시어 다음의 메시지를 컴파일러의 오류 메시지 창에 출력한다.

#pragma는 컴파일러의 기능을 확장시킬 수 있는 컴파일러에 종속적인 지시어이다. **#pragma** 지시어는 컴파일러에 따라 그 기능이 다르기 때문에 컴파일러를 변경했을 때 이 지시어의 동작 여부를 보장하지 못하며, 만일 컴파일러가 해석할 수 없는 **#pragma** 지시어를 만나게 되면 무시해 버린다. **#pragma**의 형식은 다음과 같다.

```
#pragma 명령
```

#pragma는 컴파일러에게 뒤에 나오는 **명령**에 따라 어떤 일을 수행하라고 지시한다. **#pragma** 지시어에 사용될 수 있는 명령은 컴파일러에 따라 그 종류가 매우 다양하다. VC++에서 사용될 수 있는 명령들 중 하나만 살펴보도록 하자.

```
#pragma pack(byte)
```

위 형식에서 **byte**에는 1, 2, 4, 8, 16의 값이 사용될 수 있다. **#pragma pack**은 구조체나 공용체를 메모리에 할당할 때 메모리의 할당 단위를 조절(alignment)할 때 사용하며, 이것을 **메모리 패킹**(packing)이라 한다. 다음 예제를 살펴보자.

```
1:  #include<stdio.h>
2:  int main(void)
3:  {
4:      struct test {
5:              char ch;
6:              int a;
7:      }st;
8:      printf("%d \n",sizeof(st));
9:      return 0;
10: }
```

```
1:  #include<stdio.h>
2:  int main(void)
3:  {
4:  #pragma pack(1)
5:      struct test {
6:              char ch;
7:              int a;
8:      }st;
9:      printf("%d\n",sizeof(st));
10:     return 0;
11: }
```

❶… 실행 결과

크기 : 8

❶… 실행 결과

크기 : 5

VC++는 구조체를 메모리에 할당하기 위한 단위로 4바이트를 사용한다. 따라서 왼쪽 예제와 같이 메모리 패킹을 하지 않았을 경우, 구조체 두 멤버 변수 **ch**, **a**의 합은 5바이트가 되지만, 메모리의 할당 단위가 4바이트씩이므로 구조체 **st**는 8바이트가 할당된다.

오른쪽 예제는 4번째 줄에서 **#pragma pack(1)**을 사용하여 메모리의 할당 단위를 1바이트로 조절하였다. 따라서 실행 결과와 같이 구조체 **st**의 할당 크기는 5바이트가 된다.

13.3 내장 매크로

대부분의 ANSI C 컴파일러들은 사용자가 정의하지 않아도 사용할 수 있는 기본 매크로를 지원한다. 이 기본 매크로를 **내장 매크로**(predefined macro)라 하며, 프로그래머의 편의를 위해 컴파일 중에 참고할 만한 정보를 제공하기 위해 사용된다. ANSI C에 의해 미리 정의된 5개의 내장 매크로는 다음과 같으며, 매크로 이름 앞뒤로 밑줄(_)이 두 개씩 포함된다.

표 13-1 : 내장 매크로	
매크로 이름	**의미**
__DATE__	컴파일된 날짜를 월 일 년으로 나타내는 문자열
__FILE__	현재 소스 파일의 이름을 나타내는 문자열 (경로 포함)
__LINE__	현재 컴파일되고 있는 프로그램을 줄 번호를 나타내는 정수
__TIME__	컴파일된 시간을 시:분:초로 나타내는 문자열
__STDC__	컴파일러가 ANSI C표준을 따를 경우 1로 정의, ANSI C 컴파일러가 아닌 경우에는 STDC가 정의되어 있지 않음.

간단한 예제를 통해 내장 매크로를 출력해 보자.

예제 13-7

```
1:  #include<stdio.h>
2:  int main(void)
3:  {
4:  #line 100
5:      printf("컴파일 시간 : %s \n", __DATE__);
6:      printf("소스 파일의 이름과 경로 : %s \n", __FILE__);
7:      printf("프로그램의 현재 행 번호 : %d \n", __LINE__);
8:      printf("컴파일된 시간 : %s \n", __TIME__);
9:  #if __STDC__
10:     printf("This compiler conforms with the ANSI C standard. \n");
11: #else
12:     printf("This compiler doesn't conform with the ANSI C standard. \n");
13: #endif
14:     return 0;
15: }
```

❗··· 실행 결과

```
컴파일 시간 : MAR 29 2005
소스 파일의 이름과 경로 : c:\test\test.c
프로그램의 현재 행 번호 : 102
컴파일된 시간 : 15:00:13
This compiler doesn't conform with the ANSI C standard.
```

9번째 줄의 **#if** 문은 **__STDC__** 매크로가 정의되어 있는 지를 확인하고 있다. **__STDC__** 는 ANSI C 컴파일러의 경우 **#define __STDC__ 1**로 정의 되어 있지만, VC++과 같은 컴파일러는 C++ 컴파일러기 때문에 **__STDC__** 매크로가 정의가 되어 있지 않다.

13.4　#과 ## 전처리 연산자

#과 **##** 연산자는 전처리기에서 사용되는 연산자로 **#define** 문에서만 사용한다. 전처리기에서만 사용되는 연산자이므로 C의 다른 연산자들과의 우선순위나 결합 규칙을 가지지는 않는다. 먼저 **#** 연산자부터 살펴보자.

연산자는 **#define** 매크로 함수의 선언문에서 전달되는 인수에 큰따옴표를 추가하여 문자열 상수로 변경할 때 사용한다. 다음 예제를 살펴보자.

예제 13-8

```
1:  #include<stdio.h>
2:  #define FUNC1(x) x
3:  #define FUNC2(x) #x
4:  int main(void)
5:  {
6:      printf("func1의 결과 : %d \n", FUNC1(5+3));
7:      printf("func2의 결과 : %s \n", FUNC2(5+3));
8:      return 0;
9:  }
```

❗••• 실행 결과

```
func1의 결과 : 8
func2의 결과 : 5+3
```

7번째 줄에서 매크로 함수 **func2()**에 전달되는 **5+3**을 **#** 연산자에 의해 **"5+3"**의 문자열로 변환되어 출력 결과는 문자열 **"5+3"**이 된다.

연산자는 **#** 연산자와 마찬가지로 **#define** 문에서만 사용하며, 전달되는 인수들을 하나의 **토큰**(token)으로 결합시킨다. 프로그램 언어에서 토큰은 문법적으로 더 이상 나눌 수 없는 기본적인 구성 요소를 의미하며, 하나의 키워드나 연산자 또는 세미콜론 등이 토큰이 된다. 예들 들어 **int a=10;** 이라는 문장은 **int, a, =, 10, ;**의 5개의 토큰으로 볼 수 있다. **##** 연산자를 사용한 간단한 예제를 살펴보자.

예제 13-9

```
1:  #include<stdio.h>
2:  #define FUNC(x, y) x##y
3:  int main(void)
```

```
4: {
5:     printf("func의 결과 : %d \n", FUNC(5, 3));
6:     printf("func의 결과 : %s \n", FUNC("abc", "def"));
7:     return 0;
8: }
```

---

❶ ··· 실행 결과

```
func의 결과 : 53
func의 결과 : abcdef
```

2번째 줄의 매크로 함수 **func()**는 전달되는 두 인수 **x, y**를 하나의 토큰으로 결합한다. 따라서 5번째 줄의 결과는 **func()**의 **x, y**에 전달된 두 인수가 **53**이라는 하나의 토큰으로 결합되어 정수 **53**으로 대치되고, 6번째 줄은 문자열 **"abc", "def"**가 문자열 **"abcdef"**라는 하나의 토큰으로 결합된다.

연습문제 13.4

1. 다음 프로그램의 수행 결과는 무엇인가?

```
1: #include<stdio.h>
2: #define POUT(a, b) printf(#a "+" #b "=%d \n", a+b)
3: int main(void)
4: {
5:     POUT(3, 2);
6:     return 0;
7: }
```

2. 다음 프로그램의 수행 결과는 무엇인가?

```
1: #include<stdio.h>
2: #define X(k) x##k
3: int main(void)
4: {
5:     int X(1) = 1;
6:     int X(2) = 2;
7:
8:     printf("%d %d\n", X(1), X(2));
9:     return 0;
10: }
```

1. 다음 프로그램을 컴파일하면 오류가 발생한다. 올바르게 컴파일 되도록 프로그램을 수정하시오.

```
// test.h 파일
1: #define TRUE 1
2: #define SAM int main(void){printf("hello");return 0}
```

```
// test.c 파일
1: #include <stdio.h>
2: #if TRUE
3: #include "test.h"
4: SAM
5: #endif
```

2. 다음 프로그램의 수행 결과는 무엇인가? 그 이유는 무엇인가?

```
1:  #include <stdio.h>
2:  #define DATA x
3:  #define COMB(a, b) a##b
4:  int main(void)
5:  {
6:      int x[5] = {1, 2, 3, 4, 5};
7:      int i;
8:
9:      for(i=0; i<5; i++) printf("%3d", COMB(DATA, [i]));
10:     return 0;
11: }
```

3. 다음 함수를 매크로 함수로 정의하고, 그 사용법을 보이시오.

```
1: int reverse(int a)
2: {
3:     return ~a;
4: }
```

C 언어 프로그래밍

부록

부록 A : ASCII Code Table

Dec	Hex	Char	Description	Dec	Hex	Char	Dec	Hex	Char	Dec	Hex	Char
0	0	NULL	null	32	20	Space	64	40	@	96	60	`
1	1	SOH	start of heading	33	21	!	65	41	A	97	61	a
2	2	STX	start of text	34	22	"	66	42	B	98	62	b
3	3	ETX	end of text	35	23	#	67	43	C	99	63	c
4	4	EOT	end of transmission	36	24	$	68	44	D	100	64	d
5	5	ENQ	enquiry	37	25	%	69	45	E	101	65	e
6	6	ACK	acknowledge	38	26	&	70	46	F	102	66	f
7	7	BEL	bell	39	27	'	71	47	G	103	67	g
8	8	BS	backspace	40	28	(	72	48	H	104	68	h
9	9	TAB	horizontal tab	41	29	)	73	49	I	105	69	i
10	A	LF	new line	42	2A	*	74	4A	J	106	6A	j
11	B	VT	vertical tab	43	2B	+	75	4B	K	107	6B	k
12	C	FF	new page	44	2C	,	76	4C	L	108	6C	l
13	D	CR	carriage return	45	2D	-	77	4D	M	109	6D	m
14	E	SO	shift out	46	2E	.	78	4E	N	110	6E	n
15	F	SI	shift in	47	2F	/	79	4F	O	111	6F	o
16	10	DLE	data link escape	48	30	0	80	50	P	112	70	p
17	11	DC1	device control 1	49	31	1	81	51	Q	113	71	q
18	12	DC2	device control 2	50	32	2	82	52	R	114	72	r
19	13	DC3	device control 3	51	33	3	83	53	S	115	73	s
20	14	DC4	device control 4	52	34	4	84	54	T	116	74	t
21	15	NAK	negative acknowledge	53	35	5	85	55	U	117	75	u
22	16	SYN	synchronous idle	54	36	6	86	56	V	118	76	v
23	17	ETB	end of trans. block	55	37	7	87	57	W	119	77	w
24	18	CAN	cancel	56	38	8	88	58	X	120	78	x
25	19	EM	end of medium	57	39	9	89	59	Y	121	79	y
26	1A	SUB	substitute	58	3A	:	90	5A	Z	122	7A	z
27	1B	ESC	escape	59	3B	;	91	5B	[	123	7B	{
28	1C	FS	file separator	60	3C	<	92	5C	\	124	7C		
29	1D	GS	group separator	61	3D	=	93	5D	]	125	7D	}
30	1E	RS	record separator	62	3E	>	94	5E	^	126	7E	~
31	1F	US	unit separator	63	3F	?	95	5F	_	127	7F	DEL

B-1 수학 함수

math.h을 사용하며, 반환값과 매개변수로 **double**형을 사용한다. 보다 자세한 사용법은 컴파일러의 매뉴얼을 참고하자.

- **double acos(double x);**
  - ☞ radian x의 arc cosine(cos의 역함수) 값을 반환한다.
- **double asin(double x);**
  - ☞ radian x의 arc sine(sin의 역함수) 값을 반환한다.
- **double atan(double x);**
  - ☞ radian x의 arc tangent(tangent의 역함수) 값을 반환한다.
- **double atan2(double x, double y);**
  - ☞ x/y의 arc tangent 값을 반환하며 atan(y/x)와 동일하다.
- **double ceil(double x);**
  - ☞ x보다 큰 정수 중 최소값을 반환한다.
- **double cos(double x);**
  - ☞ radian x의 cos 값을 반환한다.
- **double cosh(double x);**
  - ☞ radian x의 hyperbolic cosine 값을 반환한다.
- **double exp(double x);**
  - ☞ 자연 로그 e에 대한 x의 지수승 값(e^x)을 반환한다.
- **double fabs(double x);**
  - ☞ 부동 소수점 x의 절대값을 반환한다.
- **double floor(double x);**
  - ☞ x보다 크지 않은 가장 큰 정수를 반환한다.
- **double log(double x);**
  - ☞ x의 자연로그 값을 반환한다. x가 음수 또는 0이면 오류.
- **double log10(double x);**
  - ☞ x의 상용로그 값을 반환한다. x가 음수 또는 0이면 오류.

- **double pow(double x, double y);**

  ☞ x의 y 지수승(x^y)을 계산한다.

- **double sin(double x);**

  ☞ radian x의 sin 값을 반환한다.

- **double sinh(double x);**

  ☞ radian x의 hyperbolic sine 값을 반환한다.

- **double sqrt(double x);**

  ☞ x의 제곱근을 계산한다.

- **double tan(double x);**

  ☞ radian x의 tangent 값을 반환한다.

- **double tanh(double x);**

  ☞ radian x의 hyperbolic tangent 값을 반환한다.

> ※ **radian = degree*3.141592654/180**

B-2 문자 관련 함수

ctype.h를 사용하며, 반환형은 **int**형, 매개변수는 **char**형을 사용한다. 보다 자세한 사용법은 컴파일러의 매뉴얼을 참고하자.

- **int isalnum(int ch);**

  ☞ ch가 A-Z, a-z, 0-9 문자가 아닐 경우 0을 반환한다.

- **int isalpha(int ch);**

  ☞ ch가 A-Z, a-z 문자가 아닐 경우 0을 반환한다.

- **int iscnrl(int ch);**

  ☞ ch가 제어문자가 아닐 경우 0을 반환한다.

- **int isdigit(int ch);**

  ☞ ch가 0-9 문자가 아닐 경우 0을 반환한다.

- **int isgraph(int ch);**

  ☞ ch가 출력 가능한 문자가 아닐 경우 0을 반환한다.

- **int islower(int ch);**
    - ☞ ch가 a~z 문자가 아닐 경우 0을 반환한다.
- **int isprint(int ch);**
    - ☞ ch가 프린트 가능한 문자가 아닐 경우 0을 반환한다.
- **int ispunct(int ch);**
    - ☞ ch가 공백 문자를 제외한 구두점(punctuation) 문자가 아닐 경우 0을 반환한다.
- **int isspace(int ch);**
    - ☞ ch가 공백, 탭, 수직 탭, 폼 피드, 캐리지 리턴, 뉴라인 문자가 아닐 경우 0을 반환한다.
- **int isupper(int ch);**
    - ☞ ch가 A~Z의 대문자가 아닐 경우 0을 반환한다.
- **int isxdigit(int ch);**
    - ☞ ch가 16진수 표현에 사용되는 문자가 아닐 경우 0을 반환한다.

B-3 문자열 관련 함수

문자열 관련 함수들은 **string.h**을 사용한다. 보다 자세한 사용법은 컴파일러의 매뉴얼을 참고하자.

- **char *strchr(const char *s, int c);**
    - ☞ s가 가리키는 문자열에 문자 c가 있을 경우, c가 있는 포인터를 반환한다. c가 존재하지 않을 경우 널 포인터를 반환한다.
- **int stricmp(const char *s1, const char *s2);**
    - ☞ strcmp()와 같이 두 문자열의 크기를 비교하며, 대·소문자를 구별하지 않는다.
- **char *strlwr(char *s);**
    - ☞ s가 가리키는 문자열 내의 대문자를 소문자로 변경한다.
- **char *strncat(const char *dest, const char *src, size_t len);**
    - ☞ dest 문자열 뒤에 src를 len 길이만큼 결합한다.
- **int strncmp(const char *s1, const char *s2, size_t len);**
    - ☞ 두 문자열의 크기를 len 길이만큼 비교한다. 대·소문자를 구별한다.

- **char *strncpy(char *dest, char *src, size_t len);**
  - ☞ src의 문자열을 dest에 len의 길이만큼 복사한다.
- **int strnicmp(const char *s1, const char *s2, size_t len);**
  - ☞ 두 문자열의 크기를 len 길이만큼 비교한다. 대소문자를 구별하지 않는다.
- **char *strset(char *s, int ch);**
  - ☞ s가 가리키는 배열을 ch의 문자로 채운다.
- **char *strpbrk(const char *s1, const char *s2);**
  - ☞ s1의 문자열 내에 s2에 있는 문자가 하나라도 있을 경우, 그 포인터를 반환한다.
- **char *strrchr(const char *s, int c);**
  - ☞ s가 가리키는 문자열에 문자 c가 있을 경우, c가 있는 포인터를 반환한다.
- **char *strrev(char *s);**
  - ☞ 문자열 s의 내용을 역순으로 서로 바꾼다.
- **char *strstr(const char *s1, const char *s2);**
  - ☞ s1 문자열 내에 s2가 포함되어 있을 경우 그 부분의 포인터를 반환한다.
- **char *strupr(char *s);**
  - ☞ s가 가리키는 문자열 내의 소문자를 대문자로 변경한다.

B-3 기타 함수

다음은 앞서 설명한 부류에 포함되지 않는 함수들이며, **stdlib.h**를 사용한다. 보다 자세한 사용법은 컴파일러의 매뉴얼을 참고하자.

- **int abs(int x);**
  - ☞ int형 x의 절대값을 반환한다.
- **long atol(const char *s);**
  - ☞ s의 문자열을 long형으로 변환한다.
- **void exit(int status);**
  - ☞ 프로그램을 즉시 종료한다. status의 값이 0일 경우 정상적인 프로그램 종료를 의미하고, 0이 아닌 값일 경우 에러의 발생을 의미한다.
- **long labs(long x);**
  - ☞ long형 x의 절대값을 반환한다.
- **int rand(void);**
  - ☞ 예측할 수 없는 하나의 난수를 생성한다.

부록 C : 연습문제 답안

1.2절

- 1.2절 1번
  컴파일러, 컴파일
- 1.2절 2번
  .c
- 1.2절 3번
  디버깅
- 1.2절 3번
  문법적으로 문제가 없지만 잘못될 가능성이 있다고 판단되는 문장

1.3절

- 1.3절 1번
  함수란 함수는 정해진 규칙에 의해 일련의 작업을 수행하는 부프로
  그램
- 1.3절 2번
  사용자 정의 함수와 라이브러리 함수
- 1.3절 3번
  호출(call)
- 1.3절 4번
  문장이란 문장은 컴퓨터에게 작업 명령을 내리는 기본 단위. 모든
  문장들은 세미콜론(;)으로 종료
- 1.3절 5번

```
반환형  함수_이름(매개변수_목록)
{
    문장들;
}
```

- 1.3절 6번
  - A~Z, a~z, 0~9, _ 사용
  - 숫자가 처음에 올 수 없음
  - 대/소문자를 구별
  - 예약어는 사용 불가
- 1.3절 7번
  ② yes_or_no
- 1.3절 8번
  ① void sum(void) { }
  ② int multi(void) { }
- 1.3절 9번
  main 함수
- 1.3절 10번
  프로그램 작성 시 자주 사용되는 기능을 미리 만들어 프로그래머에
  게 제공하는 함수
- 1.3절 11번
  문자열
- 1.3절 12번
  함수의 이름과 괄호를 기재, 괄호 안에는 함수에 전달할 인수들을

나열
- 1.3절 13번
  인수
- 1.3절 14번
  ① "hello! world"
  ② 없음
  ③ "%d", &i
- 1.3절 15번
  라이브러리 함수들의 정보가 포함된 파일
- 1.2절 16번
  #include 지시어 사용

2.2절

- 2.2절 1번
  ①num-1 ③lost+found ⑤float_실수
- 2.2절 2번
  - int a, b=4, c=5;
  - double f=0.5, d;
- 2.2절 3번
  - double형 : ① 0.0 ④3.14 ⑧-20.3
  - char형 : ②' ' ③'$'
  - int형 : ⑦1000
  - float형 : ⑥3.14F
- 2.2절 4번
  ① char alpha = '0';
  ② double beta = 2.414;
- 2.2절 5번
  - 선언 위치와 초기값의 차이
  - 지역 변수는 함수의 내부에 선언됨

2.3절

- 2.3절 1번
  ```
  #include <stdio.h>
  int main(void)
  {
     printf("   * \n");
     printf("  ** \n");
     printf(" *** \n");
     printf("**** \n");
     return 0;
  }
  ```
- 2.3절 2번
  ```
  #include <stdio.h>
  int main(void)
  {
     printf("이름 : 홍길동 \n");
     printf("나이 : %d \n", 21);
     printf("학번 : %d-%d \n", 2005, 100);
     printf("학점 : B+(%f) \n", 3.5);
     return 0;
  ```

```
}
```

- 2.3절 3번

```c
#include <stdio.h>
int main(void)
{
    printf("%d * %d = %d \n", 2, 1, 2);
    printf("%d * %d = %d \n", 2, 2, 4);
    printf("%d * %d = %d \n", 2, 3, 6);
    printf("%d * %d = %d \n", 2, 4, 8);
    return 0;
}
```

- 2.3절 4번

```c
#include <stdio.h>
int main(void)
{
    printf("금리 : %f%c \n", 5.2, '%');
    return 0;
}
```

- 2.3절 5번

전역 변수는 초기값이 없을 경우 0으로 초기화되고, 지역변수는 쓰레기 값으로 초기화됨. 따라서 변수 b의 값은 0, 변수 a의 값은 쓰레기 값이 출력

2.5절

- 2.5절 1번

```c
#include <stdio.h>
int main(void)
{
    int width, height;
    printf("가로 입력 : ");
    scanf("%d", &width);
    printf("세로 입력 : ");
    scanf("%d", &height);
    printf("넓이 : %d \n", width*height);
    return 0;
}
```

- 2.5절 2번

```c
#include <stdio.h>
int main(void)
{
    int a, b, c;
    printf("a 입력 : ");
    scanf("%d", &a);
    printf("b 입력 : ");
    scanf("%d", &b);
    printf("c 입력 : ");
    scanf("%d", &c);
    printf("%d \n", (a-b)*(b+c)*(a%c));
    return 0;
}
```

- 2.5절 3번

```c
#include <stdio.h>
int main(void)
{
    int x;
    printf("x 입력 : ");
    scanf("%d", &x);
    printf("결과 : %d \n", x*x*x);
    return 0;
}
```

- 2.5절 4번

```c
#include <stdio.h>
int main(void)
{
    double R1, R2, R3;
    printf("R1 입력 : ");
    scanf("%lf", &R1);
    printf("R2 입력 : ");
    scanf("%lf", &R2);
    printf("R3 입력 : ");
    scanf("%lf", &R3);
    printf("전압:%fV\n", 5.0*(R1+R2+R3));
    return 0;
}
```

- 2.5절 5번

```c
#include <stdio.h>
int main(void)
{
    char ch;
    printf("문자 입력 : ");
    scanf("%c", &ch);
    printf("ASCII 코드값:%d\n",ch);
    return 0;
}
```

- 2.5절 6번

```c
#include <stdio.h>
int main(void)
{
    int mile;
    double km;
    printf("마일 입력 : ");
    scanf("%d", &mile);
    km = mile*1.609344;
    printf("%d마일=%fKm \n",mile, km);
    return 0;
}
```

- 2.5절 7번

```c
#include <stdio.h>
int main(void)
{
    double m2, py;
    printf("평방 입력 : ");
    scanf("%lf", &m2);
    py = m2*(121.0/400.0);
```

```
    printf("%f평방미터=%f평\n",m2, py);
    return 0;
}
```

2.7절

● 2.7.1.1절 1번

함수의 원형 : void mytest(void); => 호출 : mytest();
함수의 원형 : void myintro(void); => 호출 : myintro();

● 2.7.1.1절 2번

myfunc_1()은 함수의 원형이 필요 없지만, myfunc_2()는 함수의 원형이 필요하다. 출력 결과는 다음과 같다.

```
**** START ****
One
Two
Three
**** END ****
```

● 2.7.1.1절 3번

main()는 프로그램을 시작하는 함수이며, 이 정보를 컴파일러가 이미 알고 있기 때문에 원형을 사용할 필요가 없음.

● 2.7.1.1절 4번

```
#include <stdio.h>
void print_line(void);
int main(void)
{
    print_line();
    printf("학번 : 2008011234 \n");
    print_line();
    printf("이름 : 홍길동 \n");
    print_line();
    printf("나이 : 19세 \n");
    print_line();
    return 0;
}

void print_line(void)
{
    printf("---------------- \n");
}
```

● 2.7.1.1절 5번

```
//마일 -> km
#include <stdio.h>
void conv_mile_to_km(void);
int main(void)
{
    conv_mile_to_km();
    return 0;
}

void conv_mile_to_km(void)
{
    int mile;
    double km;
```

```
    printf("마일 입력 : ");
    scanf("%d", &mile);
    km = mile*1.609344;
    printf("%d마일=%fKm \n",mile, km);
}
```

```
//평방미터 -> 평
#include <stdio.h>
void conv_m2_to_py(void);
int main(void)
{
    conv_m2_to_py();
    return 0;
}
void conv_m2_to_py(void)
{
    double m2, py;
    printf("평방 입력 : ");
    scanf("%lf", &m2);
    py = m2*(121.0/400.0);
    printf("%f평방미터=%f평\n",m2, py);
}
```

● 2.7.1.2절 1번

```
#include <stdio.h>
void print_char(int, char);
int main(void)
{
    int x=2;
    char ch='a';
    print_char(x, ch);
    return 0;
}

void print_char(int a, char ch)
{
    printf("%d 번째 문자 : %c \n", a, ch);
}
```

● 2.7.1.2절 2번

```
#include <stdio.h>
void add(int a, int b);
int main(void)
{
    add(3, 2);
    return 0;
}

void add(int a, int b)
{
    printf("%d \n", a+b);
}
```

● 2.7.1.2절 3번

```
#include <stdio.h>
void bang(int x, int c);
int main(void)
{
```

```
    int x, c;
    printf("x : ");
    scanf("%d", &x);
    printf("c : ");
    scanf("%d", &c);
    bang(x, c);
    return 0;
}

void bang(int x, int c)
{
    int y;
    y = 2*x + c;
    printf("y = %d \n", y);
}
```

- 2.7.1.2절 4번

```
#include <stdio.h>
void output(double r);
int main(void)
{
    double r;
    printf("반지름 : ");
    scanf("%lf", &r);
    output(r);
    return 0;
}

void output(double r)
{
    printf("둘레:%f\n", 2.0*3.141592654*r);
    printf("면적:%f\n", 3.141592654*r*r);
}
```

- 2.7.1.2절 5번

```
//x -> x^3
#include <stdio.h>
void x3(int x);
int main(void)
{
    int x;
    printf("x입력 : ");
    scanf("%d", &x);
    x3(x);
    return 0;
}

void x3(int x)
{
    int x_3;
    x_3 = x*x*x;
    printf("%d^3=%d\n",x, x_3);
}
```

```
//마일 -> km
#include <stdio.h>
void conv_mile_to_km(int mile);
```

```
int main(void)
{
    int mile;
    printf("마일 입력 : ");
    scanf("%d", &mile);
    conv_mile_to_km(mile);
    return 0;
}

void conv_mile_to_km(int mile)
{
    double km;
    km = mile*1.609344;
    printf("%d마일=%fKm \n",mile, km);
}
```

```
//평방미터 -> 평
#include <stdio.h>
void conv_m2_to_py(double m2);
int main(void)
{
    double m2;
    printf("평방 입력 : ");
    scanf("%lf", &m2);
    conv_m2_to_py(m2);
    return 0;
}
void conv_m2_to_py(double m2)
{
    double py;
    py = m2*(121.0/400.0);
    printf("%f평방미터=%f평\n",m2, py);
}
```

- 2.7.1.3절 1번
  - float result;를 int result로 수정
  - main()내의 printf()에서 %f를 %d로 수정
- 2.7.1.3절 2번

```
#include <stdio.h>
double fahrenheit(void);
int main(void)
{
    printf("화씨:%f\n", fahrenheit());
    return 0;
}

double fahrenheit(void)
{
    double c;
    printf("섭씨 입력:");
    scanf("%lf", &c);
    return 1.8*c+32;
}
```

- 2.7.1.3절 3번

```
#include <stdio.h>
float avg(void);
int main(void)
```

```
{
    printf("평균:%f\n", avg());
    return 0;
}

float avg(void)
{
    float a, b, c;
    printf("1번째 숫자 입력:");
    scanf("%f", &a);
    printf("2번째 숫자 입력:");
    scanf("%f", &b);
    printf("3번째 숫자 입력:");
    scanf("%f", &c);
    return (a+b+c)/3.0f;
}
```

• 2.7.1.3절 4번

```
//x -> x^3
#include <stdio.h>
int x3(void);
int main(void)
{
    int x_3;
    x_3 = x3();
    printf("결과=%d\n", x_3);
    return 0;
}

int x3(void)
{
    int x;
    printf("x 입력:");
    scanf("%d", &x);
    return x*x*x;
}
```

```
//마일 -> km
#include <stdio.h>
double conv_mile_to_km(void);
int main(void)
{
    double km;
    km = conv_mile_to_km();
    printf("결과=%fKm \n", km);
    return 0;
}

double conv_mile_to_km(void)
{
    int mile;
    printf("마일 입력 : ");
    scanf("%d", &mile);
    return mile*1.609344;
}
```

```
//평방미터 -> 평
#include <stdio.h>
double conv_m2_to_py(void);
int main(void)
{
    double py;
    py = conv_m2_to_py();
    printf("결과=%f평\n", py);
    return 0;
}

double conv_m2_to_py(void)
{
    double m2;
    printf("평방 입력 : ");
    scanf("%lf", &m2);
    return m2*(121.0/400.0);
}
```

• 2.7.1.4절 1번

```
#include <stdio.h>
int bang(int x);
int main(void)
{
    int x;
    printf("x 입력 : ");
    scanf("%d", &x);
    printf("y = %d\n", bang(x));
    return 0;
}

int bang(int x)
{
    return x*x+2*x+3;
}
```

• 2.7.1.4절 2번

```
#include <stdio.h>
double avg(double a, double b);
int main(void)
{
    double x, y;
    printf("실수 1 입력 : ");
    scanf("%lf", &x);
    printf("실수 2 입력 : ");
    scanf("%lf", &y);
    printf("평균 : %lf",avg(x, y));
    return 0;
}

double avg(double a, double b)
{
    return (a+b)/2.0;
}
```

• 2.7.1.4절 3번

```
//x -> x^3
#include <stdio.h>
int x3(int x);
int main(void)
{
    int x, x_3;
    printf("x 입력:");
    scanf("%d", &x);
    x_3 = x3(x);
    printf("%d^3 = %d\n", x, x_3);
    return 0;
}

int x3(int x)
{
    return x*x*x;
}
```

```
//마일 -> km
#include <stdio.h>
double conv_mile_to_km(int mile);
int main(void)
{
    double km;
    int mile;
    printf("마일 입력 : ");
    scanf("%d", &mile);
    km = conv_mile_to_km(mile);
    printf("%d마일=%fKm \n", mile, km);
    return 0;
}

double conv_mile_to_km(int mile)
{
    return mile*1.609344;
}
```

```
//평방미터 -> 평
#include <stdio.h>
double conv_m2_to_py(double m2);
int main(void)
{
    double py, m2;
    printf("평방 입력 : ");
    scanf("%lf", &m2);
    py = conv_m2_to_py(m2);
    printf("%f평방미터=%f평\n", m2, py);
    return 0;
}

double conv_m2_to_py(double m2)
{
    return m2*(121.0/400.0);
}
```

- 2.7.1.4절 4번

```
#include <stdio.h>
double fahrenheit(double c);
int main(void)
```

```
{
    double f, c;
    printf("섭씨 입력:");
    scanf("%lf", &c);
    f=fahrenheit(c);
    printf("섭씨:%f=화씨:%f\n", c, f);
    return 0;
}

double fahrenheit(double c)
{
    return 1.8*c+32;
}
```

- 2.7.1.4절 4번

```
#include <stdio.h>
float avg(float a, float b, float c);
int main(void)
{
    float a, b, c;
    printf("1번째 숫자 입력:");
    scanf("%f", &a);
    printf("2번째 숫자 입력:");
    scanf("%f", &b);
    printf("3번째 숫자 입력:");
    scanf("%f", &c);
    printf("평균:%f\n", avg(a, b, c));
    return 0;
}

float avg(float a, float b, float c)
{
    return (a+b+c)/3.0f;
}
```

- 2.7.2절 1번

```
#include <stdio.h>
#include <math.h>
int main(void)
{
    double a, b, c;
    printf("a 입력:");
    scanf("%lf", &a);
    printf("b 입력:");
    scanf("%lf", &b);
    c=sqrt(a*a + b*b);
    printf("결과:%f\n", c);
    return 0;
}
```

- 2.7.2절 2번

```
#include <stdio.h>
#include <math.h>
int main(void)
{
    double x, y;
```

```c
    printf("x 입력 : ");
    scanf("%lf", &x);
    printf("y 입력 : ");
    scanf("%lf", &y);
    printf("%f^%f=%f\n", x, y, pow(x, y));
    return 0;
}
```

● 2.7.2절 3번
```c
#include <stdio.h>
#include <math.h>
int main(void)
{
    double x, y, z, w, d;
    printf("x 입력 : ");
    scanf("%lf", &x);
    printf("y 입력 : ");
    scanf("%lf", &y);
    printf("x 입력 : ");
    scanf("%lf", &z);
    printf("y 입력 : ");
    scanf("%lf", &w);
    d = sqrt((x-z)*(x-z)+(y-w)*(y-w));
    printf("거리 : %f\n", d);
    return 0;
}
```

● 2.7.2절 4번
```c
#include <stdio.h>
#include <math.h>
int main(void)
{
    double x, y, e;
    printf("x 입력 : ");
    scanf("%lf", &x);
    printf("y 입력 : ");
    scanf("%lf", &y);
    e = exp(y*log(x));
    printf("결과 : %f\n", e);
    return 0;
}
```

● 2.7.2절 5번
```c
#include <stdio.h>
#include <math.h>
int main(void)
{
    double s, c, t, r;
    r=750*3.141592654/180.0;
    s = sin(r);
    c = cos(r);
    t = tan(r);
    printf("sin750 = %f\n", s);
    printf("cos750 = %f\n", c);
    printf("tan750 = %f\n", t);
    return 0;
}
```

3.1절

● 3.1절 1번
```c
#include <stdio.h>
int main(void)
{
    int num1, num2;
    printf("정수 1 입력 : ");
    scanf("%d", &num1);
    printf("정수 2 입력 : ");
    scanf("%d", &num2);
    if(num1>num2) printf("큰 수 : %d\n", num1);
    if(num1<num2) printf("큰 수 : %d\n", num2);
    return 0;
}
```

● 3.1절 2번
```c
#include <stdio.h>
int main(void)
{
    int op;
    double num1, num2;
    printf("선택(1:+, 2:-, 3:*, 4:/) : ");
    scanf("%d", &op);
    printf("실수 1 입력 : ");
    scanf("%lf", &num1);
    printf("실수 2 입력 : ");
    scanf("%lf", &num2);
    if(op == 1) printf("결과 : %f \n", num1+num2);
    if(op == 2) printf("결과 : %f \n", num1-num2);
    if(op == 3) printf("결과 : %f \n", num1*num2);
    if(op == 4) printf("결과 : %f \n", num1/num2);
    return 0;
}
```

3.2절

● 3.2절 1번
```c
#include <stdio.h>
int main(void)
{
    int num;
    printf("정수 입력 : ");
    scanf("%d", &num);
    if(num%2) printf("홀수\n");
    else printf("짝수\n");
    return 0;
}
```

● 3.2절 2번
```c
#include <stdio.h>
int main(void)
{
    int num;
```

```
printf("2+2?");
scanf("%d", &num);
if(num == 2+2) printf("정답! \n");
else printf("오답! \n");
return 0;
}
```

3.3절

• **3.3절 1번**

```
#include <stdio.h>
int main(void)
{
    int width, height, op;
    double r;
    printf("연산 선택(원:1, 사각형:2): ");
    scanf("%d", &op);
    if(op == 1) {
        printf("반지름 입력 : ");
        scanf("%lf", &r);
        printf("넓이: %f\n", 3.141592654*r*r);
    }
    else {
        printf("가로 입력: ");
        scanf("%d", &width);
        printf("세로 입력: ");
        scanf("%d", &height);
        printf("넓이: %d\n", width*height);
    }
    return 0;
}
```

3.4절

• **3.4절 1번**

```
#include <stdio.h>
int main(void)
{
    int i, num, sum=0;
    printf("정수: ");
    scanf("%d", &num);
    for(i=1; i<=num; i++) sum = sum + i;
    printf("합: %d\n", sum);
    return 0;
}
```

• **3.4절 2번**

```
#include <stdio.h>
int main(void)
{
    int i, num1, num2, sum=0;
    printf("정수 1 입력 : ");
    scanf("%d", &num1);
```

```
    printf("정수 2 입력 : ");
    scanf("%d", &num2);
    if(num1<num2)
        for(i=num1; i<=num2; i++) sum = sum + i;
    if(num1<num2) printf("합: %d\n", sum);
    return 0;
}
```

• **3.4절 3번**

```
#include <stdio.h>
int main(void)
{
    int i;
    printf("결과: ");
    for(i=1; i<=20; i++) if(i%3 == 0) printf("%d ", i);
    return 0;
}
```

• **3.4절 4번-1**

```
#include <stdio.h>
int main(void)
{
    int i;
    printf("결과: ");
    for(i=1; i<300; i=i+6) printf("%d ", i);
    return 0;
}
```

• **3.4절 4번-2**

```
#include <stdio.h>
int main(void)
{
    int i;
    printf("결과: ");
    for(i=3; i<300; i=i+i) printf("%d ", i);
    return 0;
}
```

• **3.4절 5번-1**

```
#include <stdio.h>
int main(void)
{
    int i, sum=0;
    for(i=1; i<300; i=i+6) sum=sum+i;
    printf("결과: %d \n", sum);
    return 0;
}
```

• **3.4절 5번-2**

```
#include <stdio.h>
int main(void)
{
    int i, sum=0;
    for(i=3; i<300; i=i+i) sum=sum+i;
    printf("결과: %d \n", sum);
    return 0;
}
```

3.5절

• 3.5절 1번

```c
#include <stdio.h>
int main(void)
{
    int i;
    for(i=1; i<=10; i++) printf("%d\t", i);
    return 0;
}
```

• 3.5절 2번

```c
#include <stdio.h>
int main(void)
{
    printf("\"c:\\exam\\test\"\n");
    return 0;
}
```

3.6절

• 3.6절 1번

① a>=0 && a<10
② b>=1 or b<100
③ c<a && c<b
④ (x<y || x<z) && x>0

• 3.6절 2번

```c
#include <stdio.h>
int main(void)
{
    int time;
    printf("시간 : ");
    scanf("%d", &time);
    if(time>=0 && time<=12) printf("good morning \n");
    if(time>=13 && time<=18) printf("good afternoon \n");
    if(time>=19 && time<=24) printf("good evening \n");
    return 0;
}
```

• 3.6절 3번

```c
#include <stdio.h>
int xor(int a, int b);
int main(void)
{
    int a, b;
    printf("A 입력 : ");
    scanf("%d", &a);
    printf("B 입력 : ");
    scanf("%d", &b);
    printf("Y: %d \n", xor(a, b));
    return 0;
}

int xor(int a, int b)
```

```c
{
    return (a&&!b)||(!a&&b);
}
```

• 3.6절 4번

- if(1<=num<=10)을 if(num>=1 && num<=10)으로 수정

4.1절

• 4.1절 1번

```c
#include <stdio.h>
int main(void)
{
    int op;
    double num1, num2;
    printf("선택(1:+, 2:-, 3:*, 4:/) : ");
    scanf("%d", &op);
    printf("실수 1 입력 : ");
    scanf("%lf", &num1);
    printf("실수 2 입력 : ");
    scanf("%lf", &num2);
    if(op == 1) printf("결과 : %f \n", num1+num2);
    else if(op == 2) printf("결과 : %f \n", num1-num2);
    else if(op == 3) printf("결과 : %f \n", num1*num2);
    else if(op == 4) printf("결과 : %f \n", num1/num2);
    return 0;
}
```

• 4.1절 2번

```c
#include <stdio.h>
int main(void)
{
    int width, height, op;
    double r, base, height2;
    printf("연산 선택(원:1, 사각형:2, 삼각형:3): ");
    scanf("%d", &op);
    if(op == 1) {
        printf("반지름 입력 : ");
        scanf("%lf", &r);
        printf("넓이: %f\n", 3.141592654*r*r);
    }
    else if(op == 2){
        printf("가로 입력: ");
        scanf("%d", &width);
        printf("세로 입력: ");
        scanf("%d", &height);
        printf("넓이: %d\n", width*height);
    }
    else if(op == 3){
        printf("밑변 : ");
        scanf("%lf", &base);
        printf("높이 : ");
        scanf("%lf", &height2);
        printf("넓이: %f \n", base*height2*0.5);
```

```
    }
    return 0;
  }
```

• 4.1절 3번
```c
#include <stdio.h>
int main(void)
{
  int time;
  printf("시간 : ");
  scanf("%d", &time);
  if(time>=0&&time<=12) printf("good morning \n");
  else if(time>=13&&time<=18)printf("good afternoon \n");
  else if(time>=19&&time<=24)printf("good evening \n");
  return 0'
}
```

• 4.1절 4번
```c
#include <stdio.h>
int main(void)
{
  int i, j, k;
  printf("정수 1 입력 : ");
  scanf("%d", &i);
  printf("정수 2 입력 : ");
  scanf("%d", &j);
  k = (i > j) ? i-j : j-i;
  printf("결과 : %d \n", k);
  return 0;
}
```

4.3절

• 4.3절 1번

다음과 같이 while문의 조건을 항상 참으로 설정한다.
```c
while(1)
{
      ...
}
```

• 4.3절 2번
```c
#include <stdio.h>
int main(void)
{
  int dan, i=9;
  printf("출력할 단을 입력 하세요 : ");
  scanf("%d", &dan);
  while(i != 0) {
    printf("%d * %d = %d \n", dan, i, dan*i);
    i--;
  }
  return 0;
}
```

• 4.3절 3번
```c
#include <stdio.h>
```

```c
int main(void)
{
  int sum=0, num=1;
  while(num!=0) {
    printf("정수 입력 : ");
    scanf("%d", &num);
    sum = sum + num;
    printf("누적 값 : %d \n", sum);
  }
  return 0;
}
```

4.4절

• 4.4절 1번

다음과 같이 do-while문의 조건을 항상 참으로 설정한다.
```c
do{
      ...
}while(1)
```

• 4.4절 2번
```c
#include <stdio.h>
int main(void)
{
  int i=0, n, sum=0;
  printf("n 입력 : ");
  scanf("%d", &n);
  do {
    i++;
    sum = sum + (i*i);
  }while(sum<5000 && i<n);
  printf("n이 %d일 때 총합 : %d \n", i, sum);
  return 0;
}
```

4.5절

• 4.5절 1번
```c
#include <stdio.h>
int main(void)
{
  int i, j;
  printf("*** 구구단 *** \n");
  for(i=2; i<=9; i++)
    for(j=1; j<=9; j++)
      printf("%d * %d = %d \n", i, j, i*j);
  return 0;
}
```

• 4.5절 2번
```c
#include <stdio.h>
int main(void)
{
```

```
   int i, j, k;
   for(i=1; i<=6; i++)
      for(j=1; j<=6; j++) {
         if(i+j == 5)
            printf("주사위1 : %d, 주사위2 : %d \n", i, j);
      }
   return 0;
}
```

- 4.5절 3번
```
#include <stdio.h>
int main(void)
{
   int i, j;
   for(i=5; i>0; i--) {
      for(j=1; j<=i; j++) printf("*");
      printf("\n");
   }
   return 0;
}
```

- 4.5절 4번
```
#include <stdio.h>
int main(void)
{
   int i, j, i_sum, t_sum=0;
   for(i=1; i<11; i++) {
      i_sum = 1;
      for(j=1; j<=3; j++) i_sum = i_sum*i;
      t_sum = t_sum + i_sum;
   }
   printf("결과 : %d\n", t_sum);
   return 0;
}
```

4.6절

- 4.6절 1번
```
#include <stdio.h>
int main(void)
{
   int i, n, fact=1;
   printf("n 입력 : ");
   scanf("%d", &n);
   for(i=n;i>=1;i--) {
      fact = fact * i;
      if(fact > 500000) break;
   }
   if(fact<500000) printf("%d! : %d\n", n, fact);
   else printf("500000 초과\n");
   return 0;
}
```

- 4.6절 2번
```
#include <stdio.h>
int main(void)
```

```
{
   int num=1, i, j;
   printf("정수 1 입력 : ");
   scanf("%d",&i);
   printf("정수 2 입력 : ");
   scanf("%d",&j);
   while(1) {
      if((num%i==0) && (num%j==0)) break;
      num=num+1;
   }
   printf("최소 공배수 : %d \n", num);
   return 0;
}
```

4.7절

- 4.7절 1번
```
#include <stdio.h>
int main(void)
{
   int a, b;
   for(a=1; a<10; a++) {
      for(b=1; b<10; b++) {
         if(a+b==15) printf("%d+%d=%d\n", a, b, a+b);
         else continue;
      }
   }
   return 0;
}
```

4.8절

- 4.8절 1번
```
#include <stdio.h>
int main(void)
{
   int x;
   printf("정수 입력 :  ");
   scanf("%d", &x);
   switch(x) {
   case 1 :
      printf("%d^2 : %d \n", x, x*x);
      break;
   case 2 :
      printf("%d^3 : %d \n", x, x*x*x);
      break;
   case 3 :
      printf("%d^4 : %d \n", x, x*x*x*x);
      break;
   default : printf("END \n");
   }
   return 0;
```

```
    }
```

• 4.8절 2번

```c
#include <stdio.h>
int main(void)
{
    int year;
    printf("태어난 년도 : ");
    scanf("%d",&year);
    switch(year%12) {
    case 0 :
        printf("원숭이띠\n");
        break;
    case 1 :
        printf("닭띠\n");
        break;
    case 2 :
        printf("개띠\n");
        break;
    case 3 :
        printf("돼지띠\n");
        break;
    case 4 :
        printf("쥐띠\n");
        break;
    case 5 :
        printf("소띠\n");
        break;
    case 6 :
        printf("범띠\n");
        break;
    case 7 :
        printf("토끼띠\n");
        break;
    case 8 :
        printf("용띠\n");
        break;
    case 9 :
        printf("뱀띠\n");
        break;
    case 10 :
        printf("말띠\n");
        break;
    case 11 :
        printf("양띠\n");
        break;
    }
    return 0;
}
```

4.9절

• 4.9절 1번

```c
#include <stdio.h>
int main(void)
```

```c
{
    int x;
    printf("정수 입력 : ");
    scanf("%d", &x);
    if(x == 1) goto x2;
    else if(x == 2) goto x3;
    else if(x == 3) goto x4;
    else goto x5;
x2: printf("%d의 2승은 %d \n", x, x*x);
    return 0;
x3: printf("%d의 3승은 %d \n", x, x*x*x);
    return 0;
x4: printf("%d의 4승은 %d \n", x, x*x*x*x);
    return 0;
x5: printf("END \n");
    return 0;
}
```

5.1절

• 5.1절 1-1번

두 변수 us, si에는 65535가 1111 1111 1111 1111의 비트값으로 저장되며, printf()에서 us를 %hu, 즉 부호 없는 2바이트 정수로 출력하므로 65535가 출력된다. si는 %hd, 즉, 부호 있는 2바이트 정수로 출력되므로 MS가 부호 비트가 되어 -1을 출력한다.

• 5.1절 1-2번

변수 a에는 -3의 비트값 1111 1111 1111 1101이 저장되고, 변수 b에는 2의 비트값 0000 0000 0000 0010이 저장된다. 따라서 변수 c에는 a + b의 결과인 비트값 1111 1111 1111 1111이 저장된다. printf()에서 c를 %hu로 출력하면, 부호 없는 2바이트 정수로 출력하므로 65535를 출력하고, %hd로 출력하면 부호 있는 2바이트 정수로 출력되므로 MS가 부호 비트가 되어 -1을 출력한다.

• 5.1절 2번

변수 si의 표현 범위는 -32768에서 32767이지만, 반복문의 조건에 의해서 변수 si는 32768까지 증가한다. 따라서 변수 si가 32767(0111 1111 1111 1111)에서 다시 1증가하면 32768(1000 0000 0000 0000)이 되며, 이 값은 반복문의 조건식에서 -32768(1000 0000 0000 0000)의 음수로 해석하여 반복이 무한히 계속된다.

```
** 변수 si의 비트 값의 변화와 해석되는 값 **
// 0000 0000 0000 0000 -> 0
// 0000 0000 0000 0001 -> 1
//          ...
// 0111 1111 1111 1111 -> 32767
// 1000 0000 0000 0000 -> -32768
// 1000 0000 0000 0001 -> -32767
//          ...
// 1111 1111 1111 1111 -> -1
// 0000 0000 0000 0000 -> 0
//          ...
```

5.2절

- 5.2절 1-1번
  - scanf()의 형식지정자 "%e"를 "%le"나 "%lf" 또는 "%lg"로 수정
  - printf()의 형식 지정자 "%e"를 "%f"로 수정
- 5.2절 1-1번
  12345.0을 정수형 상수 12345로 수정
- 5.2절 2번
  각 상수의 크기 4, 4, 8, 4를 출력

5.3절

- 5.3절 1번
```c
#include <stdio.h>
int main(void)
{
    int i;
    for(i=1; i<101; i++) {
        printf("%-5d", i);
        if(i%5 == 0) printf("\n");
    }
    return 0;
}
```
- 5.3절 2번
  1부터 20까지 정수를 10진수 8진수 16진수로 출력한다. 출력 데이터는 최대 자릿수 5, '%-#'에 의해 좌측 정렬로 출력되고, 8진수와 16진수 앞에 0, 0x기호가 함께 출력된다.
- 5.3절 1번
  2, 1, 3을 출력.
- 5.3절 2번
  선언되는 위치, 접근할 수 있는 범위, 메모리에서 삭제되는 시기 그리고 변수의 초기화의 차이점을 가진다.

5.4절

- 5.4절 1번
  int b=a; 문장이 오류. 전역 변수의 초기화는 상수만 가능하다.

5.5절

- 5.5절 1번
  ① double
  ② double
  ③ double

5.6절

- 5.6절 1-1번
  변수 j와 d의 곱셈 결과는 4.2가 되지만, 정수형 변수 i에 치환될

때 4만 치환된다. 따라서 화면에는 i=4를 출력한다.
- 5.6절 1-2번
  10/3의 결과는 3이 되며, 이 값이 double형 변수 d에 치환되면서 실수 3.000000으로 저장된다. 따라서 화면에는 d=3.000000을 출력한다.

5.7절

- 5.7절 1번
  - sqrt(d)는 2의 루트값을 출력.
  - (int)sqrt(d)는 자료형 변환 연산자를 사용하여 2의 루트값 중 정수부만 출력.
  - sqrt(d)-(int)sqrt(d)는 자료형 변환 연산자를 사용하여 2의 루트값 중 소수부만 출력.
- 5.7절 2번
  ① printf("%Lf", (long double)num);
  ② num = (int)123.456;
- 5.7절 3번
  ① (double)a / b => a를 double형으로 변환하고, 그 값을 b로 나눔.
  ② (double)(a / b) => a/b의 결과를 double형으로 변환.

6.1절

- 6.1절 1번
```c
#include <stdio.h>
#include <conio.h>
int main(void)
{
    char ch;
    printf("문자 입력 : ");
    ch = getch();
    while(ch != '\r') {
        putchar(ch);
        ch = getch();
    }
    return 0;
}
```
- 6.1절 2번
```c
#include <stdio.h>
#include <conio.h>
int main(void)
{
    char cz, ch;
    int i=0;
    cz = 'z';
    printf("문자입력 : ");
    while(i<10) {
        ch = getche();
        if(ch < cz) cz = ch;
        i++;
    }
```

```
    printf("\n제일 먼저 오는 문자 : %c \n", cz);
    return 0;
}
```

6.2절

• 6.2절 1번
```c
#include <stdio.h>
#include <conio.h>
int main(void)
{
    char arr[10];
    int i;
    printf("10개의 문자 입력 : ");
    for(i=0; i<10; i++) arr[i] = getche();
    printf("\n역순으로 출력 :");
    for(i=9; i>=0; i--) putchar(arr[i]);
    return 0;
}
```

• 6.2절 2번
소문자를 대문자로 변환하여 출력

• 6.2절 3번
```c
#include <stdio.h>
int main(void)
{
    int data[10];
    int i, max = 0;
    for(i=0; i<5; i++) {
        printf("정수 %d 입력 : ", i+1);
        scanf("%d", &data[i]);
    }
    for(i=0; i<5; i++)
        if(data[i] > max) max = data[i];
    printf(">> 결과 : %d \n", max);
    return 0;
}
```

• 6.2절 4번
```c
#include <stdio.h>
int main(void)
{
    int score[10];
    int i, sum=0;
    for(i=0; i<10; i++) {
        printf("%d번 학생의 국어 점수 : ", i+1);
        scanf("%d", &score[i]);
        sum = sum + score[i];
    }
    printf(">> 총점 : %d \n", sum);
    printf(">> 평균 : %d \n", sum/10);
    return 0;
}
```

• 6.2절 5번

• 6.2절 5번
```c
#include <stdio.h>
int main(void)
{
    int score[10];
    int i, sum=0, min = 100, max = 0;
    for(i=0; i<10; i++) {
        printf("%d번 학생의 국어 점수 : ", i+1);
        scanf("%d", &score[i]);
        sum = sum + score[i];
    }
    printf(">> 총점 : %d \n", sum);
    printf(">> 평균 : %d \n", sum/10);
    for(i=0; i<10; i++) {
        if(score[i] < min) min = score[i];
        if(score[i] > max) max = score[i];
    }
    printf(">> 최고 성적 : %d \n", max);
    printf(">> 최저 성적 : %d \n", min);
    return 0;
}
```

• 6.2절 6번
```c
#include <stdio.h>
#include <conio.h>
int main(void)
{
    char ch, arr[10];
    int i, j;
    printf("10개의 문자 입력 : ");
    for(i=0; i<10; i++) arr[i] = getche();
    printf("\n>> 동일한 문자 : ");
    for(i=0; i<10; i++) {
        ch = arr[i];
        for(j=i+1; j<10; j++)
            if(ch == arr[j]) putchar(arr[j]);
    }
    return 0;
}
```

6.3절

• 6.3절 1번
① k=1, 공백 문자와 널 종료문자가 복사
② k=0, 널 종료 문자만 복사(널 문자열이라 부름)

• 6.3절 2번
```c
#include <stdio.h>
#include <string.h>
int main(void)
{
    char str[80];
    int i;
    printf("문자열 입력 : ");
    gets(str);
```

```
      printf("역순으로 출력 :");
      for(i=strlen(str-1); i>=0; i--) putchar(str[i]);
      return 0;
   }
```

• 6.3절 3번
```
   #include <stdio.h>
   #include <string.h>
   int main(void)
   {
      char str[80];
      int i, j;
      printf("연산 : ");
      gets(str);
      printf("정수 1 입력 : ");
      scanf("%d", &i);
      printf("정수 2 입력 : ");
      scanf("%d", &j);
      if(!strcmp(str,"add")) printf("%d\n", i+j);
      else if(!strcmp(str,"subtract")) printf("%d\n", i-j);
      else if(!strcmp(str,"multiply")) printf("%d\n",i*j);
      return 0;
   }
```

• 6.3절 4번
```
   #include <stdio.h>
   #include <string.h>
   int main(void)
   {
      char str[80], str2[80];
      strcpy(str2, "string - ");
      while(1) {
         printf("문자열 입력 : ");
         gets(str);
         if((strcmp(str,"quit")==0)||
               (strlen(str2)+strlen(str)>80)) break;
         strcat(str2, str);
         printf("문자열 : %s \n", str2);
      }
      return 0;
   }
```

• 6.3절 5번
① a부터 z, A부터 Z까지의 문자를 입력.
② a부터 z, A부터 Z, 공백 문자를 입력.
③ a부터 m, 2부터 5, -를 제외한 문자를 입력.

6.4절

• 6.4절 1번
```
   #include <stdio.h>
   int main(void)
   {
      int arr[4][4][4];
      int i, j, k, count=1;
```

```
      for(i=0; i<4; i++)
         for(j=0; j<4; j++)
            for(k=0; k<4; k++) arr[i][j][k] = count++;
      for(i=0; i<4; i++)
         for(j=0; j<4; j++) {
            for(k=0;k<4;k++)printf("%3d",arr[i][j][k]);
               putchar('\n');
         }
      return 0;
   }
```

• 6.4절 2번
```
   #include <stdio.h>
   int main(void)
   {
      int a[3][3], b[3][3];
      int i, j, count=1;
      for(i=0; i<3; i++)
         for(j=0; j<3; j++) {
            a[i][j] = count;
            b[i][j] = count+1;
            count = count + 2;
         }
      for(i=0; i<3; i++) {
         for(j=0; j<3; j++)
            printf("%3d",a[i][j]+b[i][j]);
            putchar('\n');
      }
      return 0;
   }
```

6.5절

• 6.5절 1번
① 쓰레기 값으로 초기화 된다.
② 초기값들을 중괄호 내에 기재하지 않았기 때문에 오류이다.
③ 모든 배열의 요소는 0으로 초기화 된다.
④ arr의 열의 크기는 3이지만, 두 번째 행의 초기값이 4개이므로 오류이다.

• 6.5절 2번
배열 arr의 크기는 6으로 결정되지만, 길이가 13인 문자열 "Good Morning"이 복사되므로 오류가 발생한다.

• 6.5절 3번
```
   #include <stdio.h>
   int main(void)
   {
      int arr1[2][3] = {2, 4, 7, 8, 9, 1};
      int arr2[3][2];
      int i, j;
      for(i=0; i<2; i++)
         for(j=0; j<3; j++) arr2[j][i] = arr1[i][j];
      puts("** A의 전치 행렬 **");
      for(i=0; i<3; i++) {
```

```
        for(j=0; j<2; j++) printf("%3d", arr2[i][j]);
        putchar('\n');
    }
    return 0;
}
```

6.6절

- 6.6절 1번
```
#include <stdio.h>
#include <string.h>
int main(void)
{
    char str[5][80];
    int i, count=0;
    for(i=0; i<5; i++)  {
        printf("문자열 %d 입력 : ", i+1);
        gets(str[i]);
    }
    for(i=0; i<5; i++) count = count + strlen(str[i]);
    printf("문자의 총 개수 : %d \n", count);
    return 0;
}
```

- 6.6절 2번
  ① 맞음 : str1[0]에는 "Apple", str1[1]에는 "Orange" 그리
  고 초기값이 없는 str1[2], str1[3]은 0으로 초기화 된다.
  ② 틀림 : str2는 최대 3개의 문자열을 저장할 수 있다. 그러나 초
  기화에 사용된 문자열은 4개 이므로 오류가 발생한다.
  ③ 틀림 : "Apple"과 "Orange", "Grape"와 "Melon"은 내부에
  또 다른 중괄호 내에 위치하며, 내부의 중괄호들은 하나의 면을
  구성하게 된다. 따라서 초기화에 사용된 문자열은 char str3[
  ][2][50]의 3차원 배열을 사용하여야 한다.

- 6.6절 3번
```
#include <stdio.h>
int main(void)
{
    char str[][10] = {"zero", "one", "two", "three",
                      "four", "five", "six", "seven",
                      "eight", "nine"};
    int i;
    for( ; ; ) {
        printf("숫자 입력 : ");
        scanf("%d", &i);
        if(i<0 || i>9) break;
        printf("영어 단어 : %s \n", str[i]);
    }
    return 0;
}
```

7.1절

- 7.1절 1번
  ① int형 포인터 변수 p를 선언하기 위해 사용된 간접 연산자.
  ② 변수 k와 j를 곱하기 위해 사용된 산술 연산자.

③ 포인터 변수 p가 가리키는 내용을 참조하기 위한 간접 연산자.

- 7.1절 2번
  ① int형 포인터 변수에 치환될 값은 int형 변수의 주소 값이므로
  int형 변수의 주소를 구할 수 있는 문장이 있어야 한다.
  ② int형 포인터 변수를 읽으므로 int형 변수의 주소 값이 치환될
  것이다. 따라서 주소 값을 저장할 수 있는 다른 int형 포인터
  변수가 와야 한다.
  ③ int형 포인터 변수가 가리키고 있는 변수에 저장된 값을 읽으므
  로 int형 변수가 와야 한다.
  ④ int형 포인터 변수가 가리키고 있는 변수는 int형 변수이므로
  int형의 어떤 값을 치환시켜야 한다.

- 7.1절 3번
  포인터 변수의 자료형은 가리키는 객체를 참조하여 데이터를 처리
  하는 방법을 결정.

- 7.1절 4번
```
#include <stdio.h>
int main(void)
{
    int x, *p;
    p = &x;
    x=100;
    printf("변수 x의 값 : %d \n", x);
    printf("포인터 p의 값 : %p \n", p);
    printf("변수 x의 주소 : %p \n", &x);
    printf("포인터 p의 주소 : %p \n", &p);
    printf("포인터 p가 가리키는 변수의 값 : %d \n", *p);
    return 0;
}
```

- 7.1절 5번
  널(null) 포인터란 아무것도 가리키지 않는 포인터를 말하며, 포
  인터 변수에 0 또는 NULL을 치환시킴으로써 생성할 수 있다.

7.2절

- 7.2절 1번
  ① 틀림. 포인터에 곱셈 연산을 할 수 없다.
  ② 틀림. 포인터에 나눗셈 연산을 할 수 없다.
  ③ 틀림. 포인터에 나머지 연산을 할 수 없다.
  ④ 포인터에 실수 연산을 할 수 없다.
  ⑤ 포인터 변수끼리의 덧셈은 불가능하다.
  ⑥ 포인터 p2의 값을 포인터 p1에 치환할 수 있다.
  ⑦ 맞음. 동일한 자료형의 포인터 끼리 비교 연산이 가능하다.
  ⑧ 맞음. 포인터 p2가 널 포인트인지를 확인하는 문장.

- 7.2절 2번
  - 1000 //cp값 1000 출력.
  - a //*cp의 값 a 출력. 포인터 cp는 1001로 증가.
  - 1003 //cp+2의 값 1003 출력. cp의 값은 불변.
  - 1001 //cp의 값 1001을 출력하고, cp의 값을 1 만큼 감소. cp
    는 1000.
  - 999 //cp-1의 값 999 출력. 포인터 cp의 값은 불변.
  - c //(*cp)+2의 결과 c 출력.
  - 쓰레기값 출력 //cp+2의 결과인 1002 번지의 값을 읽은 후 출력.

7.3절

- **7.3절 1번**
```c
#include <stdio.h>
void func(int *p);
int main(void)
{
    int k = 0;
    func(&k);
    printf("%d \n", k);
    return 0;
}

void func(int *p)
{
    *p = 300;
}
```
- **7.3절 2번**
  split()의 반환값은 하나만 존재할 수 있으므로, 전역 변수를 사용하지 않는 이상 값에 의한 호출 방법으로는 변경할 수 없다.

7.4절

- **7.4.1절 1번**
  배열의 포인터
- **7.4.1절 2번**
  ① char형 포인터를 사용해야 한다.
  ② double형 포인터를 사용해야 한다.
- **7.4.1절 3번**
  pa[0]은 *(pa+0)과 같고 이것은 *pa와 동일하므로 사용가능한 문장이다.
- **7.4.1절 4번**
```c
#include <stdio.h>
int main(void)
{
    int a[10]={1, 2, 3, 4, 5, 6, 7, 8, 9, 10};
    int *p, i;
    p = a;
    for(i=1; i<10; i=i+2)
    printf("a[%i] : %d \n", i, *(p+i));
    return 0;
}
```
- **7.4.2절 1번**
  ① p는 문자열 상수를 가리고 있으므로 그 문자열 상수를 변경할 수 없다.
  ② 배열의 이름은 포인터 상수이므로 그 값을 변경할 수 없다.
- **7.4.2절 2번**
  "The C Programming Language"를 출력한다.
- **7.4.2절 3번**
```c
#include <stdio.h>
int main(void)
{
```

```c
    char *str1="The C Programming Language";
    char str2[80];
    int i;
    for(i=0; *(str1+i); i++) *(str2+i) = *(str1+i);
    *(str2+i) = '\0';
    printf("복사된 문자열 : %s \n", str2);
    return 0;
}
```
- **7.4.3절 1번**
```c
void cpystr(char *ca, char *cb)
{
    while(*cb) *ca++ = *cb++;
    *ca = '\0';
}
```
- **7.4.3절 2번**
```c
#include <stdio.h>
void multi(int a[], int b[], int an);
int main(void)
{
    int a[] = {1, 3, 5, 7, 9};
    int b[] = {2, 4, 6, 8, 10};
    multi(a, b, sizeof(a)/sizeof(int));
    return 0;
}

void multi(int a[], int b[], int an)
{
    int i;

    printf("결과 : ");
    for(i=0; i<an; i++) printf("%d ", a[i]*b[i]);
}
```

7.5절

- **7.5절 1번**
  ① char *str1[3];
  ② char *str2[][2];
- **7.5절 2번**
  *(str[i]+2)에 의해 각 문자열의 3번째 문자인 e, o, n을 출력한다.

7.6절

- **7.6.2절 1번**
  - 1000, 1002, 1004
  - 1000, 1002, 1004
  - 1000, 1001, 1002
  - 1002, 1003, 1004
  - 1000, 1003
  - 1000, 1001, 1002
  - a, b, c

- 7.6.2절 2번
  ① *(*(d+5)+20) = 3.14;
  ② *(*(*(s+3)+2)+1) = 30;
- 7.6.3절 1번
  ① char (*p)[80];
  ② double (*p)[3][4];
- 7.6.4절 1번
  ① void sum(int *p, int n); 또는 void sum(int p[], int n);
  ② void mul(int (*p)[3], int n); 또는 void mul(int p[][3], int n);
- 7.6.4절 2번
```c
#include <stdio.h>
void multi(int (*pa)[2], int (*pb)[2]);
int main(void)
{
    int a[2][2]={1, 3, 5, 7};
    int b[2][2]={2, 4, 6, 8};
    multi(a, b);
    return 0;
}

void multi(int (*pa)[2], int (*pb)[2])
{
    int i, j;
    printf("결과 : ");
    for(i=0; i<2; i++)
      for(j=0; j<2; j++)
            printf("%d ", pa[i][j] * pb[i][j]);
}
```

7.7절

- 7.7절 1번
  programming을 출력한다.
- 7.7절 2번
```c
#include <stdio.h>
int main(void)
{
    char *str[2] = {"Programming", "Language"};
    char **sp = str;
    int i;
    sp = &str[1];
    for(i=0; *(*sp+i); i++) putchar(*(*sp+i));
    return 0;
}
```
- 7.7절 3번
  void func(char **sp) 또는 void func(char *sp[])로 선언한다.

7.8절

- 7.8절 1번
```c
#include <stdio.h>
```

```c
int main(void)
{
    int i, a[5] = {1, 2, 3, 4, 5};
    void *vp = a;
    for(i=0; i<5; i++) {
        printf("%d", *(int *)vp);
        vp = (int *)vp+1; //int형 포인터로 변환하여 4바이트
        만큼 증가시킴
    }
    return 0;
}
```

8.1절

- 8.1절 1번
  배열 arr의 가장 큰 요소 값을 출력한다.

8.2절

- 8.2절 1번
  ① void (*fp)(char, int);
  ② int (*fp)(int *);
  ③ double *(*fp)(double *, int *);
- 8.2절 2번
  func(add)는 에서 함수 add()의 주소가 전달됨. 따라서 func()의 매개변수는 다음과 같은 함수 포인터가 되어야 한다.
```c
void func(int (*a)(int))
{
    printf("결과 : %d \n", a(5));
}
```

8.3절

- 8.3절 1번
```c
#include <stdio.h>
#include <stdlib.h>
int main(int argc, char *argv[])
{
    int sum;
    if(argc != 3) {
        puts("인수의 개수가 틀립니다.!");
        puts("<사용방법 : 실행파일 정수 정수[enter]>");
    }
    else {
        sum = atoi(argv[1])*atoi(argv[2]);
        printf("합 : %d \n", sum);
    }
    return 0;
}
```
- 8.3절 2번
```c
#include <stdio.h>
```

```c
#include <string.h>
int main(int argc, char *argv[])
{
  if(argc != 2) {
    puts("인수의 개수가 틀립니다.!");
    puts("<사용방법 : 실행파일 암호[enter]>");
  }
  else {
    if(strcmp(argv[1], "password")) puts("PASSWORD
    INCORRECT");
    else puts("PASS");
  }
  return 0;
}
```

8.4절

• 8.4절 1번
```c
#include <stdio.h>
#include <stdarg.h>
int func(int num, ...);
int main(void)
{
  printf("func(3, 1, 3, 5) 호출 결과 : %d \n",
  func(3,1,3,5));
  printf("func(5, 1, 3, 5, 7, 2) 호출 결과 : %d \n",
  func(5, 1, 3, 5, 7, 2));
  return 0;
}

int func(int num, ...)
{
  int i, tmp, sum=0;
  va_list vl;
  va_start(vl, num);
  for(i=0; i<num; i++) {
    tmp = va_arg(vl, int);
    if(tmp % 2) sum = sum + tmp;
  }
  va_end(vl);
  return sum;
}
```

8.5절

• 8.5절 1번
자기 순환 함수 내에 함수를 종료하기 위한 조건이 없으므로 함수
호출이 무한 반복된다.
• 8.5절 2번
```c
#include <stdio.h>
void func(int num);
int main(void)
```

```c
{
  func(1);
  return 0;
}

void func(int num)
{
  if(num<11) {
    printf("%d ", num);
    func(num+1);
  }
}
```

8.6절

• 8.6절 1번
① 전처리 지시어에서 세미콜론은 사용할 수 없다.
② 매크로 상수의 이름은 숫자로 시작할 수 없다.
③ 맞음
• 8.6절 2번
전처리 지시어는 선언위치에 관계없으므로 올바른 문장이다.
• 8.6절 3번
printf()의 C*C는 A+B*A+B와 같으므로 5+8*5+8의 결과인 53
이 출력된다.

9.1절

• 9.1절 1번
태그 이름은 자료형에 해당하므로 자료형만 사용하여 데이터를 치
환할 수 없다. 따라서 구조체 자료형을 가지는 구조체 변수를 선언
하여 사용해야 한다.

```c
#include <stdio.h>
#include <string.h>
struct student {
  char name[15];
  int age;
};
int main(void)
{
  struct student s;
  strcpy(s.name, "Hong Gil-Dong");
  s.age = 21;
  printf("%s, %d \n", s.name, s.age);
  return 0;
}
```

• 9.1절 2번
```c
#include <stdio.h>
#include <string.h>
struct company {
  char c_name[15];
  int emp;
  int exp;
  double rate;
```

```
    };
    int main(void)
    {
       struct company ca={"Hankook Corp.",2000,100, 8.8};
       printf("회사명 : %s \n", ca.c_name);
       printf("근로자 수 : %d명 \n", ca.emp);
       printf("수출금액 : %d억 \n", ca.exp);
       printf("이익률 : %.2f%% \n", ca.rate);
       return 0;
    }
```

9.2절

● 9.2절 1번

구조체 배열의 색인은 구조체 변수 다음에 기재해야 한다.

```
    #include <stdio.h>
    #include <string.h>
    struct student {
       char name[15];
       int age;
    };
    int main(void)
    {
       struct student s[3];
       strcpy(s[1].name, "홍길동");
       s[1].age = 21;
       printf("%s, %d \n", s[1].name, s[1].age);
       return 0;
    }
```

● 9.2절 2번

```
#include <stdio.h>
#include <string.h>
struct company {
   char c_name[15];
   int emp;
   int exp;
   double rate;
};
int main(void)
{
   struct company ca[3]={{"Hankook Corp.",2000,100, 8.8},
                   {"Japan Corp.", 1200, 80, 7.0},
                   {"USA Corp.", 1000, 50, 7.7}};
   int i;
   for(i=0; i<3; i++) {
      printf("회사명 : %s \n", ca[i].c_name);
      printf("근로자 수 : %d명 \n", ca[i].emp);
      printf("수출금액 : %d억 \n", ca[i].exp);
      printf("이익률 : %.1f%% \n", ca[i].rate);
   }
   return 0;
}
```

9.3절

● 9.3절 1번

13번째 줄 문장에서 sp는 구조체 포인터 이므로 sp->age=21;의 문장이 되어야 한다.

● 9.3절 2번

```
#include <stdio.h>
struct student {
   int no;
   int kor, eng, math;
   int sum;
   double avg;
};
int main(void)
{
   struct student exam[10];
   struct student *ep=exam;
   int j;
   for(j=0; j<10; j++) {
      puts("==============");
      printf("번호 : ");
      scanf("%d", &ep->no);
      printf("국어 : ");
      scanf("%d", &ep->kor);
      printf("영어 : ");
      scanf("%d", &ep->eng);
      printf("수학 : ");
      scanf("%d", &ep->math);
      ep++;
   }
   ep=exam;
   for(j=0; j<10; j++) {
      ep->sum = ep->kor + ep->eng + ep->math;
      ep++;
   }
   ep=exam;
   for(j=0; j<10; j++) {
      ep->avg = ep->sum / 3.0;
      ep++;
   }
   ep=exam;
   for(j=0; j<10; j++) {
      puts("==================================");
      printf("번호:%2d,   총점:%3d,   평균:%.2f  \n",
      ep->no, ep->sum, ep->avg);
      ep++;
   }
   return 0;
}
```

9.4절

- 9.4절 1번
  구조체 배열 sa의 내용을 출력한다.

9.5절

- 9.5절 1번
  st.gr.kor, st.gr.math, st.gr.eng
- 9.5절 2번
  sap[0], sap[1]의 내용을 출력한다.

9.6절

- 9.6절 1번
```c
#include <stdio.h>
struct b_type {
    unsigned a: 2;
    unsigned b: 3;
    unsigned c: 4;
};
int main(void)
{
    struct b_type bv;
    bv.a = 3;
    bv.b = 7;
    bv.c = 15;
    printf("a:%d, b:%d, c:%d \n", bv.a, bv.b, bv.c);
    return 0;
}
```
- 9.6절 2번
  unsigned형 변수 u에 저장된 데이터를 각 바이트 별로 출력한다.
  x86 기반의 시스템에서는 저장되는 데이터가 하위 바이트에서 상
  위 바이트 순의 역으로 저장되기 때문에 c[0]에는 78, c[1]에는
  56, c[2]에는 34, c[3]에는 12가 저장된다.

10.1절

- 10.1절 1번
```c
#include <stdio.h>
int main(void)
{
    FILE *fp, *fp2;
    fp = fopen("test.txt", "w");
    fp2 = fopen("test.bin", "wb");
    fclose(fp);
    fclose(fp2);
    return 0;
}
```
- 10.1절 2번
  다음과 같이 수정할 수 있다.

```c
#include <stdio.h>
int main(void)
{
    FILE *fp;
    fp = fopen("c:\\test\\test.txt", "w+");
    fclose(fp);
    return 0;
}
```

10.2절

- 10.2절 1번
  stdin에서 EOF, 즉 Ctrl-Z가 입력되면 반복을 종료한다.
- 10.2절 2번
```c
#include <stdio.h>
int main(void)
{
    FILE *fp;
    char ch, str[80];
    int count=0;
    printf("파일 이름 입력 : ");
    gets(str);
    if((fp = fopen(str, "r")) == NULL) {
        puts("File Open Error!");
        return 1;
    }
    while((ch =fgetc(fp)) != EOF)
            if(ch == 'a') count++;
    printf("문자 a의 개수 : %d \n", count);
    fclose(fp);
    return 0;
}
```
- 10.2절 3번
```c
#include <stdio.h>
int main(int argc, char *argv[])
{
    FILE *fp;
    char ch;
    int count=0;
    if(argc != 3) {
        puts("사용방법 : 실행파일 파일이름 문자[enter]");
    }
    else {
        if((fp = fopen(argv[1], "r")) == NULL) {
            puts("File Open Error!");
            return 1;
        }
        while((ch =fgetc(fp)) != EOF)
                if(ch == *argv[2]) count++;
        printf("문자 %c의 개수:%d\n",*argv[2], count);
        fclose(fp);
    }
    return 0;
}
```

10.3절

• 10.3절 1번

```c
#include <stdio.h>
#include <string.h>
int main(void)
{
    FILE *fp; char str[80];
    if((fp = fopen("sample.txt", "w")) == NULL) {
        puts("File Open Error!");
        return 1;
    }
    while(strcmp(str, "quit\n")){
        printf("문자열 입력 : ");
        gets(str);
        strcat(str, "\n");
        fputs(str, fp);
    }
    fclose(fp);
    if((fp = fopen("sample.txt", "r")) == NULL) {
        puts("File Open Error!");
        return 1;
    }
    do{
        fgets(str, sizeof(str), fp);
        printf("입력된 문자열 : %s", str);
    }while(strcmp(str, "quit\n"));
    fclose(fp);
    return 0;
}
```

10.4절

• 10.4절 1번

```c
#include <stdio.h>
int main(void)
{
    FILE *fp;
    int i, num, a[5]={123, 456, 789, 234, 251};
    if((fp = fopen("sample.txt", "w")) == NULL) {
        puts("File Open Error!");
        return 1;
    }
    for(i=0; i<5; i++) fprintf(fp, "%5d", a[i]);
    fclose(fp);
    if((fp = fopen("sample.txt", "r")) == NULL) {
        puts("File Open Error!");
        return 1;
    }
    for(i=0; i<5; i++) {
        fscanf(fp, "%5d", &num);
        printf("%5d ", num);
```

```c
    }
    fclose(fp);
    return 0;
}
```

• 10.4절 2번

```c
#include <stdio.h>
#include <string.h>
int main(void)
{
    FILE *fp;
    char str[80];
    int num=1;
    if((fp = fopen("sample.txt", "w")) == NULL) {
        puts("File Open Error!");
        return 1;
    }
    while(1){
        printf("%d번째 문자열 입력 : ", num);
        gets(str);
        if(!strcmp(str, "quit")) {
            fprintf(fp, "%d %s\n", num++, str);
            break;
        }
        fprintf(fp, "%d %s\n", num++, str);
    }
    fclose(fp);
    if((fp = fopen("sample.txt", "r")) == NULL) {
        puts("File Open Error!");
        return 1;
    }
    while(1){
        fscanf(fp, "%d %s", &num, str);
        if(!strcmp(str, "quit")) break;
        printf("번호 : %d, 문자열 : %s \n", num, str);
    }
    fclose(fp);
    return 0;
}
```

10.5절

• 10.5절 1번

```c
#include <stdio.h>
#define SIZE 6
int main(void)
{
    FILE *fp;
    double da[2][3]={3.11,3.12,3.13,3.14,3.15,3.16};
    int i;
    if((fp = fopen("sample.dat", "wb")) == NULL) {
        puts("File Open Error!");
        return 1;
```

```
        }
        if(fwrite(da, sizeof(double), SIZE, fp) != SIZE)
        {puts("File Write Error!");
            return 1;
        }
        fclose(fp);
        if((fp = fopen("sample.dat", "rb")) == NULL) {
            puts("File Open Error!");
            return 1;
        }
        if(fread(da, sizeof(double), SIZE, fp) != SIZE) {
            puts("File Read Error!");
            return 1;
        }
        fclose(fp);
        for(i=0; i<SIZE; i++)
            printf("%.2f ", *((double *)da+i));
        return 0;
    }
```

• 10.5절 2번
```
#include <stdio.h>
#define SIZE 1
int main(void)
{
    FILE *fp;
    double da[2][3]={3.11,3.12,3.13,3.14,3.15,3.16};
    int i;
    if((fp = fopen("sample.dat", "wb")) == NULL) {
        puts("File Open Error!");
        return 1;
    }
    if(fwrite(da, sizeof(da), SIZE, fp) != SIZE) {
        puts("File Write Error!");
        return 1;
    }
    fclose(fp);
    if((fp = fopen("sample.dat", "rb")) == NULL) {
        puts("File Open Error!");
        return 1;
    }
    if(fread(da, sizeof(da), SIZE, fp) != SIZE) {
        puts("File Read Error!");
        return 1;
    }
    fclose(fp);
    for(i=0; i<6; i++)
            printf("%.2f ", *((double *)da+i));
    return 0;
}
```

10.6절

• 10.6절 1번

feof()가 파일의 끝을 확인하기 위해서는 파일에 존재하는 마지막 데이터 다음의 EOF까지를 읽어야 파일의 끝인지 아닌지를 판단할 수 있기 때문에, 마지막 데이터를 읽은 후 반복이 한 번 더 수행된다. 따라서 fread()는 더 이상 읽을 데이터가 없으므로 구조체 변수 sd에는 fread()가 마지막으로 읽어 저장한 데이터가 그대로 남아 있게 된다. 이 데이터를 printf()가 출력을 하기 때문에 마지막 데이터가 두 번 출력된다.

• 10.6절 2번
```
#include <stdio.h>
int main(void)
{
    FILE *fp;
    char str[80], str2[256];
    printf("파일 이름 입력 : ");
    gets(str);
    if((fp = fopen(str, "r")) == NULL) {
        puts("File Open Error!");
        return 1;
    }
    while(!feof(fp)){
        if(fgets(str2, sizeof(str2), fp) == NULL) break;
        printf(str2);
    }
    fclose(fp);
    return 0;
}
```

10.7절

• 10.7절 1번
```
#include <stdio.h>
int main(void)
{
    FILE *fp;
    char ch, str[80];
    long cp;
    printf("문자열 입력 : ");
    gets(str);
    if((fp = fopen("sample.dat", "wb")) == NULL) {
        puts("File Open Error!");
        return 1;
    }
    if(fputs(str, fp) == EOF) {
        puts("Disk Write Error!");
        return 1;
    }
    fclose(fp);
    if((fp = fopen("sample.dat", "rb")) == NULL) {
        puts("File Open Error!");
        return 1;
    }
    fseek(fp, 0L, SEEK_END);
```

```
    cp = ftell(fp)-1; // EOF가 아닌 실제 데이터의 끝 위치
    를 지정하기 위해 -1을 함.
    while(cp>=0L) {
        fseek(fp, cp--, SEEK_SET);
        ch = fgetc(fp);
        putchar(ch);
    }
    fclose(fp);
    return 0;
}
```

• 10.7절 2번

```c
#include <stdio.h>
int main(void)
{
    FILE *fp;
    char str[80];
    printf("문자열 입력 : ");
    gets(str);
    if((fp = fopen("sample.dat", "wb")) == NULL) {
        puts("File Open Error!");
        return 1;
    }
    if(fputs(str, fp) == EOF) {
        puts("Disk Write Error!");
        return 1;
    }
    fclose(fp);
    if((fp = fopen("sample.dat", "rb")) == NULL) {
        puts("File Open Error!");
        return 1;
    }
    while(!feof(fp)) putchar(getc(fp));
    rewind(fp);
    while(!feof(fp)) putchar(getc(fp));
    fclose(fp);
    return 0;
}
```

11.2절

• 11.2절 1번

올바르지 않다. FILE2.c에서 사용되는 배열 str은 FILE1.c에 존재하므로 FILE2.c에서는 접근할 수 없다. 따라서 FILE2.c에서 extern 지정자를 사용하여 외부 변수의 사용을 알려야 한다.

```c
//FILE2.c
#include <stdio.h>
extern char str[80]; //수정
void input_name(void)
{
        printf("이름 입력 : ");
        gets(str);
}
```

• 11.2절 2번

func()의 변수 num은 정적 변수이므로 함수가 종료되어도 메모리에 계속 유지된다. 따라서 변수 count는 항상 10으로 출력되지만, 변수 num은 10부터 계속 증가된다.

11.3절

• 11.3절 1번
① 매개변수 src가 const로 선언되었으므로 strcpy() 내에서 src가 가리키는 변수를 변경할 수 없다.
② 매개변수 src가 const로 선언되었으므로 strcat() 내에서 src가 가리키는 변수를 변경할 수 없다.
③ 매개변수 s1, s2가 const로 선언되었으므로 strcmp() 내에서 s1, s2가 가리키는 변수를 변경할 수 없다.

• 11.3절 2번
func()의 포인터 매개변수 sp는 const로 선언되었다. 따라서 sp가 가리키는 배열 str은 포인터를 사용하여 변경될 수 없다. 그러나 *sp = *sp + 1; 문장은 sp를 사용하여 배열의 내용을 변경시키는 문장이므로 오류이다.

11.4절

• 11.4절 1번
①

```c
char *cp = (char *)malloc(sizeof(char)*10);
char *cp = (char *)calloc(10, sizeof(char));
free(cp);
```

②

```c
// 포인터 배열의 방법
int *ap[10];
int i;
//메모리 할당
for(i=0; i<10; i++) {
    //열의 크기만큼 할당
    ap[i] = (int *)malloc(sizeof(int)*20);
    if(ap[i] == NULL) return 1;
}
//메모리 해제
for (i=0; i<10; i++) free(ap[i]);
```

```c
// 이중 포인터의 방법
int **ap;
int i, j;
//행의 크기만큼 메모리 할당
ap = (int **)malloc(sizeof(int)*10);
for(i=0; i<10; i++) {
    //열의 크기만큼 할당
    ap[i] = (int*)malloc(sizeof(int)*20);
    if(ap[i] == NULL) return 1;
}
//메모리 해제
for (i=0; i<10; i++) free(ap[i]); //열 해제
free(ap); //행 해제
```

③
```
// 포인터 배열의 방법
int *ap[10][20];
int i, j, k;
//메모리 할당
for(i=0; i<10; i++)
    for(j=0; j<20; j++) {
    //성적과 평균을 위해 할당
    ap[i][j] = (int *)malloc(sizeof(int)*30);
    if(ap[i][j] == NULL) return 1;
}
//메모리 해제
for (i=0; i<10; i++)
    for(j=0; j<20; j++) free(ap[i][j]);
```

```
// 이중 포인터의 방법
int ***ap;
int i, j, k;
//면의 크기만큼 메모리 할당
ap = (int ***)malloc(sizeof(int)*10);
for(i=0; i<10; i++) {
    //행의 크기만큼 할당
    ap[i] = (int **)malloc(sizeof(int)*20);
    if(ap[i] == NULL) return 1;
    for(j=0; j<20; j++) {
        //열의 크기만큼 할당
        ap[i][j] = (int *)malloc(sizeof(int)*30);
        if(ap[i][j] == NULL) return 1;
    }
}
//메모리 해제
for (i=0; i<10; i++)
for(j=0; j<20; j++) free(ap[i][j]); //열 해제
for (i=0; i<10; i++) free(ap[i]); //행 해제
free(ap); //면 해제
```

- 11.4절 2번
```
#include <stdio.h>
#include <stdlib.h>
#define SIZE 10
int main(void)
{
    int *mp, i, sum=0;
    //동적 메모리 할당
    mp = (int *)malloc(sizeof(int)*SIZE);
    if(mp == NULL) {
        puts("메모리 할당 실패!");
        return 1;
    }
    for(i=0; i<SIZE; i++) {
        printf("%d번째 정수 입력 : ", i+1);
        scanf("%d", mp+i);
    }
    for(i=0; i<SIZE; i++)
        if(*(mp+i) % 2) sum = sum + *(mp+i);
    printf("합 : %d \n", sum);
    free(mp); // 메모리 해제
```

```
    return 0;
}
```

- 11.4절 3번
포인터 배열은 배열의 크기를 알려주어야 하기 때문에 열의 크기를 프로그램 실행 중에 결정할 수 없다.

- 11.4절 4번
ap를 먼저 해제할 경우 ap[0], ap[1]의 메모리를 해제할 수 없으므로 실행 중 오류가 발생하게 된다.

12.1절

- 12.1절 1번
열거형 변수 ans는 YES, NO를 목록으로 가지며, YES는 문자 'Y', NO는 문자 'N'로 초기화 된다. YES가 가지는 값은 ASCII 코드 값 89가 되고, NO가 가지는 값은 ASCII 코드값 78이 된다. 따라서 반복문 내에서 사용자가 'N'을 입력 할 경우 반복문을 종료하게 된다.

- 12.1절 2번
열거형 목록이 가지는 값은 정수형 상수이므로 문자열로 출력할 수 없다.

12.2절

- 12.2절 1번
① FALSE와 TRUE를 목록으로 가지는 열거형 BOOL을 정의
② int형 포인터를 p로 정의, 따라서 p a, b; 문장은 int *a, *b와 동일
③ 크기가 80인 문자형 배열을 str로 정의, 따라서 str a, b는 char a[80], b[80]과 동일.

- 12.2절 2번
typedef문이 main()내에서 선언되었기 때문에 UINT의 사용 범위가 main()내로 제한된다.

12.3절

- 12.3절 1번
```
#include<stdio.h>
int main(void)
{
    short i;
    printf("정수 입력 : ");
    scanf("%hd", &i);
    i = i | 0x8000;
    printf("%hd \n", i);
    return 0;
}
```

- 12.3절 2번
```
#include<stdio.h>
int main(void)
{
    int num;
    printf("정수 입력 : ");
```

```
    scanf("%d", &num);
    printf("2로 곱한 결과 : %d \n", num << 1);
    printf("2로 나눈 결과 : %d \n", num >> 1);
    return 0;
}
```

12.4절

● 12.4절 3번
- (a << 1) + a //a의 값을 3배로 한다.
- (a << 3) + a //a의 값을 9배로 한다.
- (a << 4) - a //a의 값을 15배로 한다.
- (a << 6) - (a << 2) //a의 값을 60배로 한다.

● 12.4절 4번
```
#include<stdio.h>
int main(void)
{
    short num=1;
    printf("정수 입력 : ");
    scanf("%hd", &num);
    if(num & 0x80000) printf("%hd는 음수\n", num);
    else printf("%hd는 양수\n", num);
    return 0;
}
```

13.1절

● 13.1절 1번
```
#include<stdio.h>
#define COUNTER 40
int main(void)
{
    int i, size;
#if COUNTER<=10
    int arr[10];
#elif COUNTER>=11 && COUNTER <=20
    int arr[20];
#else
    int arr[30];
#endif
    size = sizeof(arr);
    size = size/4;
    for(i=1; i<=size; i++) arr[i] = i;
    for(i=1; i<=size; i++) printf("%3d", arr[i]);
    return 0;
}
```

● 13.1절 2번
```
#include<stdio.h>
#define DEBUG
int main(void)
{
    int i, num, sum=0;
```

```
    printf("정수 입력 : ");
    scanf("%d", &num);
    for(i=1; i<num; i++) {
        sum = sum + i;
#ifdef DEBUG
        printf("%d번째 반복의 누적 값 : %d \n", i, sum);
#endif
    }
    printf("총합 : %d \n", sum);
    return 0;
}
```

13.4절

● 13.4절 1번
매크로 함수 pout()의 매개변수 a와 b에 3, 2가 전달되어 printf()내의 #a, #b는 "3"과 "2"의 문자열로 변환되고, a+b는 3+2가 된다. 따라서 printf(#a "+" #b "=%d \n", a+b)는 printf("3" "+" "2" "=%d \n", 3+2)의 형식으로 변경된다. 그리고 "3" "+" "=%d \n"은 하나의 문자열로 합쳐지게 되므로, 실제 대치되는 printf()는 printf("3+2=%d \n", 3+2)가 되어 화면에 3+2=5의 결과를 출력한다.

● 13.4절 2번
```
#include<stdio.h>
#define X(k) x##k
int main(void)
{
    int X(1) = 1; // int x1 = 1; 로 변환
    int X(2) = 2; // int x2 = 2; 로 변환
    printf("%d  %d\n", X(1), X(2)); //printf("%d
    %d\n", x1, x2);로 변환
    return 0;
}
```

index 찾아보기

index 찾아보기

index 찾아보기

index
찾아보기

원리와 실습
C언어프로그래밍

2013년 3월 05일 인쇄
2013년 3월 12일 발행

저　자　이춘수·홍성일·류근택
발행인　노소영
발행처　도서출판 월송
주　소　서울시 노원구 공릉동 380-1
전　화　02-909-2995
팩　스　02-943-2995
등　록　제25100-2010-000012호

ISBN 978-89-97265-15-2　93560
정가 18,000원

좋은 출판사가 좋은 책을 만듭니다.
도서출판 월송은 진실된 마음으로 책을 만드는 출판사입니다.
항상 독자 여러분과 함께 하겠습니다.